高职高专“十二五”规划教材

无机化学

张新锋　李　勇　主　编
巴新红　高业萍　副主编

化学工业出版社
·北京·

内容提要

这本《无机化学》教材是随着我国高职院校教学模式向“以任务为驱动，以项目为载体，教、学、做一体化”的教学模式的转变应运而生的。教材内容以实验项目为主线，穿插讲述物质结构、化学反应速率与化学平衡、酸碱平衡、氧化还原反应、沉淀溶解平衡、配位平衡、元素与化合物等无机化学的基础知识，辅以阅读材料，知识性、趣味性强，实用性广。本教材注重理论与生产实际相结合，在编写教材的过程中，编者多次到相关化工企业走访调研，结合目前化工企业岗位需求选取实验项目。

本教材可以作为高职高专无机化学及实验教材，适用于化工、环境、轻工、制药、生化等相关专业的教学。

图书在版编目（CIP）数据

无机化学/张新锋，李勇主编．—北京：化学工业出版社，2014.6（2023.8 重印）

高职高专“十二五”规划教材

ISBN 978-7-122-20447-9

Ⅰ.①无…　Ⅱ.①张…　②李…　Ⅲ.①无机化学-高等职业教育-教材　Ⅳ.①O61

中国版本图书馆 CIP 数据核字（2014）第 077260 号

责任编辑：窦　臻　　文字编辑：糜家铃

责任校对：宋　夏　　装帧设计：王晓宇

出版发行：化学工业出版社（北京市东城区青年湖南街 13 号　邮政编码 100011）

印　　装：北京建宏印刷有限公司

787mm×1092mm　1/16　印张 11¾　字数 286 千字　　2023 年 8 月北京第 1 版第 7 次印刷

购书咨询：010-64518888　　售后服务：010-64518899

网　　址：http://www.cip.com.cn

凡购买本书，如有缺损质量问题，本社销售中心负责调换。

定　　价：28.00 元

前 言

无机化学是化工、医药、食品、环保和农林等专业的重要专业基础课程。目前面向高职高专的《无机化学》教材版本很多，且各具特色。随着我国高职院校教学模式向“以任务为驱动，以项目为载体，教、学、做一体化”的教学模式的转变，教材需要进一步增强实用性。同时，高职院校生源知识层次也在不断变化。为了适应这些转变，我们编写了本教材。

本教材具有以下特点。

1. 与生产实际相结合。编写教材的过程中我们调动所有一线教师，充分利用黄河三角洲区域经济优势，到各大石化企业走访调研，认真听取企业技术人员的建议，并聘请有教学经验的企业专家为编委。教材内容密切联系真实生产装置与最新科研、监测技术，还结合了全国高职院校技能大赛的相关项目。

2. 小班化教学。建议本教材的课堂教学在多媒体实验室、仿真实训室等进行。

3. 以学生为中心，围绕“做”做文章。教材每章都选取了典型实验，实验以学生为主，教师为辅，学生“在做中学，在学中做”。

4. 知识性与趣味性相结合，理论性与实践性相结合，努力降低学生学习的疲劳感。每章的【生活常识】、【阅读材料】增强了教材的知识性与趣味性；每章的【实验项目】、【基础知识】又把理论与实践联系起来。这样学生有学习兴趣，容易接受知识，并不会有疲劳感。

5. 章结构设置包括【知识目标】、【能力目标】、【生活常识】、【实验项目】、【基础知识】、【练一练】、【想一想】、【阅读材料】、【本章小结】、【课后习题】等专题。

6. 本教材按【实验项目】为主线编排，辅以无机化学的基本理论知识、阅读材料。可以作为实验教学用书，也可以作为理论教学用书，更是项目化教学参考资料。知识体系包括物质结构、化学反应速率与化学平衡、酸碱平衡、氧化还原平衡、沉淀溶解平衡、配位平衡、元素与化合物，共8章。

本书由东营职业学院张新锋、李勇主编。第一、七章及附录由张新锋编写，绪论、第二～四章由巴新红编写，第五、六、八章由高业萍编写。全书由李勇教授统稿。中国石油大学安长华教授主审。另外参加编写、讨论及校稿人员有东营利华益集团李新强工程师，山东大王职业学院李少勇教授，福耀集团尚贵才工程师，东营职业学院孙秀芳、吴秀玲、王红等。在此一并表示感谢。

由于编者水平有限，时间仓促，有不当之处，恳请各位同仁批评指正。

编者

2014年3月

目 录

绪 论

知识纵览 1　化学发展简史

化学是研究物质的性质、组成、结构、变化和应用的科学。世界是由物质组成的，化学则是人类用以认识和改造物质世界的主要方法和手段之一，它是一门历史悠久而又富有活力的学科，它的成就是社会文明的重要标志。

化学是重要的基础学科之一，在与物理学、生物学、天文学等学科的相互渗透中，得到了迅速的发展，也推动了其他学科和技术的发展。例如，核酸化学的研究成果使今天的生物学从细胞水平提高到分子水平，建立了分子生物学；对地球、月球和其他星体的化学成分的分析，得出了元素分布的规律，发现了星际空间有简单化合物的存在，为天体演化和现代宇宙学提供了实验数据，还丰富了自然辩证法的内容。

一、化学的萌芽

原始人类从用火之时开始，由野蛮进入文明，同时也就开始了用化学方法认识和改造天然物质。燃烧就是一种化学现象。掌握了火以后，人类开始熟食；逐步学会了制陶、冶炼；以后又懂得了酿造、染色等等。这些由天然物质加工改造而成的制品，成为古代文明的标志。在这些生产实践的基础上，萌发了古代化学知识。

古人曾根据物质的某些性质对物质进行分类，并企图追溯其本原及变化规律。公元前 4 世纪或更早，中国提出了阴阳五行学说，认为万物是由金、木、水、火、土五种基本物质组合而成的，而五行则是由阴阳二气相互作用而成的。此说法是朴素的唯物主义自然观，用“阴阳”这个概念来解释自然界两种对立和相互消长的物质势力，认为二者的相互作用是一切自然现象变化的根源。此说为中国炼丹术的理论基础之一。

公元前 4 世纪，希腊也提出了与五行学说类似的火、风、土、水四元素说和古代原子论。这些朴素的元素思想，即为物质结构及其变化理论的萌芽。后来在中国出现了炼丹术，到了公元前 2 世纪的秦汉时代，炼丹术已颇为盛行，大致在公元 7 世纪传到阿拉伯国家，与古希腊哲学相融合而形成阿拉伯炼丹术，阿拉伯炼丹术在中世纪传入欧洲，形成欧洲炼金术，后逐步演进为近代化学。

炼丹术的指导思想是深信物质能转化，试图在炼丹炉中人工合成金银或修炼长生不老之药。他们有目的的将各类物质搭配烧炼，进行实验。为此涉及了研究物质变化用的各类器皿，如升华器、蒸馏器、研钵等，也创造了各种实验方法，如研磨、混合、溶解、结晶、灼烧、熔融、升华、密封等。

与此同时，进一步分类研究了各种物质的性质，特别是相互反应的性能。这些都为近代化学的产生奠定了基础，许多器具和方法经过改进后，仍然在今天的化学实验中沿用。

二、化学的中兴

16世纪开始，欧洲工业生产蓬勃兴起，推动了医药化学和冶金化学的创立和发展，使炼金术转向生活和实际应用，继而更加注意物质化学变化本身的研究。在元素的科学概念建立后，通过对燃烧现象的精密实验研究，建立了科学的氧化理论和质量守恒定律，随后又建立了定比定律、倍比定律和化合量定律，为化学进一步科学的发展奠定了基础。

19世纪初，建立了近代原子论，突出地强调了各种元素的原子的质量为其最基本的特征，其中量的概念的引入，是与古代原子论的一个主要区别。近代原子论使当时的化学知识和理论得到了合理的解释，成为说明化学现象的统一理论。分子假说建立了原子分子学说，为物质结构的研究奠定了基础。门捷列夫发现元素周期律后，初步形成了无机化学的体系，并且与原子分子学说一起形成化学理论体系。

通过对矿物的分析，发现了许多新元素，加上对原子分子学说的实验验证，经典性的化学分析方法也有了自己的体系。草酸和尿素的合成，原子价概念的产生，苯的六元环结构和碳价键四面体等学说的创立，酒石酸拆分成旋光异构体，以及分子的不对称性等等的发现，导致有机化学结构理论的建立，使人们对分子本质的认识更加深入，并奠定了有机化学的基础。

19世纪下半叶，热力学等物理学理论引入化学之后，不仅澄清了化学平衡和反应速率的概念，而且可以定量地判断化学反应中物质转化的方向和条件。相继建立了溶液理论、电离理论、电化学和化学动力学的理论基础。物理化学的诞生，把化学从理论上提高到一个新的水平。

三、20世纪的化学

进入20世纪以后，由于受到自然科学其他学科发展的影响，并广泛地应用了当代科学的理论、技术和方法，化学在认识物质的组成、结构、合成和测试等方面都有了长足的进展，而且在理论方面取得了许多重要成果。在无机化学、分析化学、有机化学和物理化学四大分支学科的基础上产生了新的化学分支学科。

近代物理的理论和技术、数学方法及计算机技术在化学中的应用，对现代化学的发展起了很大的推动作用。19世纪末，电子、X射线和放射性的发现为化学在20世纪的重大进展创造了条件。

在结构化学方面，由于电子的发现开始并确立的现代的有核原子模型，丰富和深化了对元素周期表的认识，而且发展了分子理论。应用量子力学研究分子结构，产生了量子化学。

从氢分子结构的研究开始，逐步揭示了化学键的本质，先后创立了价键理论、分子轨道理论和配位场理论。

研究物质结构的谱学方法也由可见光谱、紫外光谱、红外光谱扩展到核磁共振谱、电子自旋共振谱、光电子能谱、射线共振光谱、穆斯堡尔谱等，与计算机联用后，积累了大量物质结构与性能相关的资料，正由经验向理论发展。电子显微镜放大倍数不断提高，人们已可直接观察分子的结构。

经典的元素学说由于放射性的发现而产生深刻的变革。从放射性衰变理论的创立、同位素的发现到人工核反应和核裂变的实现、氘的发现、中子和正电子及其他基本粒子的发现，不仅使人类的认识深入到亚原子层次，而且创立了相应的实验方法和理论；不仅实现了古代炼丹家转变元素的思想，而且改变了人的宇宙观。

作为20世纪的时代标志，人类开始掌握和使用核能。放射化学和核化学等分支学科相继产生，并迅速发展；同位素地质学、同位素宇宙化学等交叉学科接踵诞生。元素周期表扩充了，已有109号元素，并且正在探索超重元素以验证元素“稳定岛假说”。

在化学反应理论方面，由于对分子结构和化学键的认识的提高，经典的、统计的反应理论得以进一步深化，在过渡态理论建立后，逐渐向微观的反应理论发展，用分子轨道理论研究微观的反应机理，并逐渐建立了分子轨道对称守恒定律和前线轨道理论。

分析方法和手段是化学研究的基本方法和手段。一方面，经典的成分和组成分析方法仍在不断改进，分析灵敏度从常量发展到微量、超微量、痕量；另一方面，发展出许多新的分析方法，可深入到进行结构分析，构象测定，同位素测定，各种活泼中间体如自由基、离子基、卡宾、氮宾、卡拜等的直接测定，以及对短寿命亚稳态分子的检测等。分离技术也不断革新，如离子交换、膜技术、色谱法等等。

合成各种物质是化学研究的目的之一。在无机合成方面，首先合成的是氨。氨的合成不仅开创了无机合成工业，而且带动了催化化学，发展了化学热力学和反应动力学。后来相继合成的有红宝石、人造水晶、硼氢化合物、金刚石、半导体、超导材料和二茂铁等配位化合物。

各种高分子材料的合成和应用，为现代工、农业，交通运输，医疗卫生，军事技术，以及人们衣、食、住、行各方面，提供了多种性能优异而成本较低的重要材料，成为现代物质文明的重要标志。高分子工业发展为化学工业的重要支柱。

20世纪以来，化学发展的趋势可以归纳为：由宏观向微观、由定性向定量、由稳定态向亚稳定态发展，由经验逐渐上升到理论，再用于指导设计和开创新的研究。一方面，为生产和技术部门提供尽可能多的新物质、新材料；另一方面，在与其他自然科学相互渗透的进程中不断产生新学科，并向探索生命科学和宇宙起源的方向发展。

知识纵览2　化学工业的重要性

一、化工与人类的关系

化工与人类的关系十分密切，在现代生活中，几乎随时随地都离不开化工产品，从衣、食、住、行等物质生活，到文化艺术、娱乐等精神生活，都需要化工产品为之服务。有些化工产品在人类发展历史中，起着划时代的重要作用。它们的生产和应用，甚至代表着人类文明的一定历史阶段。引火熟食是人类有史以来的一个了不起的进步；等到炙制药物、酿酒制醋、烧陶制砖、炼铜冶铁、熬油造漆、纺织印染、造纸印刷等化学加工技艺相继出现的时候，历史已流逝了几十万年。这些技艺的积累，创造了从古代到中世纪的宝贵遗产，并且也为化学工业的形成奠定了基础。

化学工业从它形成之时起，就为各工业部门提供必需的基础物质。作为各个时期工业革命的助手，正是它所担负的历史使命。18～19世纪的产业革命时期，手工业生产转变为机器生产，蒸汽机发明了，社会化大生产开始了，这正是近代化学工业形成的时候。面临产业革命的急需，吕布兰法制纯碱等技术应运而生，这使已有的铅室法制硫酸也得到发展，解决了纺织、玻璃、肥皂等工业对酸、碱的需要。同时，随着炼铁、炼焦工业的兴起，以煤焦油分离出的芳烃和以电石生产的乙炔为基础的有机化工也得到发展。合成染料、化学合成药、合成香料等相继问世，橡胶轮胎、赛璐珞和硝酸纤维素等也投入生产。这样，早期的化学工业就为纺织工业、交通运输业、电力工业和机器制造业提供了所必需的原材料和辅助品，促成了产业革命的成功。

20世纪经过两次世界大战，一方面石油炼制工业中的催化裂化、催化重整等技术先后出现，使汽油、煤油、柴油和润滑油的生产有了大幅度增长，特别是丙烯水合制异丙醇工业化以后，烃类裂解制取乙烯和丙烯等工艺相继成功，使基本有机化工生产建立在石油化工雄厚的技术基础之上，从而得以为各工业部门提供大量有机原料、溶剂、助剂等。从此，人们常以烃类裂解生产乙烯的能力，作为一个国家石油化工生产力发展的标志。另一方面，哈伯-博施法合成氨高压高温技术在工业上实现，硝酸投入生产，使大量的硝化物质出现，尤其是使火炸药工业从黑火药发展到奥克托今，炸药的比能量提高了十几倍。这不仅解决了战争之急需，更重要的是在矿山、铁路、桥梁等民用爆破工程上得到了应用。此外，对于核工程中同位素分离和航天事业中火箭推进剂的应用，化工都做出了关键性的贡献。

二、化工与农业

化工是发展农业的支柱。长期以来，人类的食物和衣着主要依靠农业。而农业自远古的刀耕火种开始，一直依靠大量人力劳作，受各种自然条件的制约，发展十分缓慢。19世纪，农业机械的运用，逐步改善了劳动状况。然而，在农业生产中，单位面积产量的真正提高，则是施用化肥、农药以后的事。实践证明，农业的各项增产措施中，化肥的作用达40%～65%。在石油化工蓬勃发展的基础上，合成氨和尿素生产大型化，使化肥的产量在化工产品中占据很大比重。1985年世界化肥总产量约达1.4亿吨，成为大宗化工产品之一。近年来，氮、磷、钾复合肥料和微量元素肥料的开发，进一步满足了不同土壤结构、不同作物的需求。

早期，人类采用天然动、植物和矿物来防治农作物病虫害。直到19世纪末，近代化学工业形成以后，采用巴黎绿（砷制剂）杀马铃薯甲虫、波尔多液防治葡萄霜霉病，农业才开始了化学防治的新时期。20世纪40年代生产了有机氯、有机磷、苯氧乙酸类等杀虫剂和除草剂，被广泛用于农业、林业、畜牧业和公共卫生。但这一代农药中有些因高残留、高毒，造成生态污染，已被许多国家禁用。近年来，开发了一些高效、低残留、低毒的新农药，其中拟除虫菊酯（除虫菊是具有除虫作用的植物）是一种仿生农药，每亩用量只几克，不污染环境，已经投入工业生产。此外，生物农药目前在农药研究中是最活跃的一个领域。

在农业方面，化工产品能补充天然物质的不足并替代天然物质，从而节省了大面积的耕地。例如，生产1万吨合成纤维相当于200km^{2}棉田所产棉花，制造1万吨合成橡胶相当于166.5km^{2}的天然橡胶。20世纪90年代世界化肥以年平均增率2%左右的速度增长，2000年世界化肥需求接近2亿吨。我国化肥产量从1949年的2.7万吨增加到1999年的2350万吨，增产近1000倍，为农业提供了农膜及灌溉用材、土壤改良、水土保持、农业机械、水利建设、人工降雨、农副产品深加工等。现代农业应用塑料薄膜（如高压聚乙烯、线型低密度聚乙烯等），用作地膜覆盖或温室育苗，可明显地提高作物产量，正在进行大面积推广。

三、化工是战胜疾病的武器

医学和药物学一直是人类努力探求的领域，在中国最早的药学著作《神农本草经》（公元1世纪前后编著）中，就记载了365种药物的性能、制备和配伍。明代李时珍的《本草纲目》中所记载药物已达1892种。这些药采自天然矿物或动植物，多数须经泡制处理，突出药性或消除毒性后才能使用。19世纪末至20世纪初，生产出解热镇痛药阿司匹林、抗梅毒药“606”（砷制剂）、抗疟药阿的平等，这些化学合成药成本低、纯度高、不受自然条件的影响，表现出明显的疗效。20世纪30年代，人们用化学剖析的方法，鉴定了水果和米糠中维生素的结构，用人工合成的方法生产出维生素C和维生素B_1等，解决了从天然物质中提取维生素产量不够、质量不稳的矛盾。1935年磺胺药投产以后，拯救了数以万计的产褥热患者。青霉素的发现和投产，在第二次世界大战中，救治伤病员，收到了惊人效果。链霉素以及对氨基水杨酸钠、雷米封等战胜了结核菌，结束了一个历史时期这种蔓延性疾病对人类的威胁。直到19世纪，抗病毒疫苗投入工业生产以后，天花、鼠疫、伤寒等曾一直是人类无法控制的传染病才基本上被消灭了。现在疫苗仍是人类与病毒性疾病斗争的有力武器。还有各种临床化学试剂和各种新药物剂型不断涌现，使医疗事业大为改观，人类的健康有了更可靠的保证。

四、化工是改善生活的手段

化工向人们提供的产品是丰富多彩的，它除了生产大量材料用于制成各种制品为人所用以外，还有用量很少、但效果十分明显的产品，使人们的生活得到不断改善。例如，用于食品防腐、调味、强化营养的各种食品添加剂；提高蔬菜、水果产量和保持新鲜程度的植物生长调节剂和保鲜剂；促使肉、蛋丰产的饲料添加剂；生产化妆品和香料、香精的基础原料和助剂；房屋、家具和各种工、器具装饰用的涂料；各种印刷油墨用的颜料；洗涤用品用的表面活性剂；等等；不胜枚举。还有电影胶片（感光材料）、录音（像）磁带（磁记录材料），以及现代推出的激光电视唱片（光盘）等。利用这些传播声像的手段，可加强通信联络，再现历史场景，表演精湛艺术。借助于信息记录材料，把人们的视野扩展到宇宙空间、海底深处或深入脏腑内部，甚至于解剖原子结构，为提高人类的精神文明，揭开自然界的奥秘，提供了条件。

为机械工业提供电石、模型浇铸用成型剂、黏合剂及酸洗、电镀等；为汽车制造业合成纤维、合成树脂、橡胶、涂料、石棉、玻璃等；为冶金工业提供基本无机化工原料酸和碱，金属表面活性剂等，化学试剂以及各种橡胶制品；为电子工业提供的化学品有焊接剂、超高纯试剂、特种气体、封装材料以及显像管用的碳酸锶、硅烷、高分子凝聚剂等；为国防工业提供的同位素、推进剂、密封材料、特种涂料、高性能复合材料等；为建筑业提供轻质建材，如塑料门窗、聚氯乙烯管道及卫生间塑料制品等。

总之，化学与国民经济各个部门、尖端科学技术各个领域以及人民生活各个方面都有着密切联系。它是一门重要的基础科学，它在整个自然科学中的关系和地位，正如美国的G. C. Pimentel在《化学中的机会——今天和明天》一书中指出的“化学是一门中心科学，它与社会发展各方面的需要都有密切关系。”它不仅是化学工作者的专业知识，也是广大人民科学知识的组成部分，化学教育的普及是社会发展的需要，是提高公民文化素质的需要。化学工业是国民经济的重要部门之一，在经济发展中举足轻重。化工生产总值一般占国民生产总值的5%～7%，占工业总产值的7%～10%，列于各工业部门的2～4位。世界化学工业的发展速度超前于工业平均增长速度。化学工业的发展反映了人类对化工产品的需求日益增加，化学工业在人类社会生活中的作用越来越重要。化工产品渗透到人类衣、食、住、行的各个领域，从化纤服装到塑料制品；从性能各异的食品添加剂、果蔬保鲜剂到用途广泛的卫生用品及医用高分子材料；从室内装饰材料到新型轻质的建筑材料；从家用商品到海、陆、空各种交通工具使用的轮胎、板材、管类等橡胶制品，都是由化工提供的原料制成。

教材纵览 本教材教学内容

目前，高等职业学校招生发生了新的变化，学生化学基础普遍不够扎实。为了适应这种现状，又要让学生打好应对后续专业课程的基础，我们组织了长期从事高职一线教学的教师编写了本套教材，《无机化学》是其中之一。

无机化学是化学的重要分支学科，是化学、化工类专业的重要基础课程。本教材立足于学生实际，从实验着手，让学生观察到事实，先培养学生的感性认识，继而用理论去说明事实，完成从感性认识到理性认识的升华。

本教材各章都精心设计了以下八项基本内容：学习目标——明确目标、有的放矢；生活常识——生活入手、激发兴趣；实验项目——感受事实、明白过程；任务解析——理论解释、明确思路；知识拓展——深刻剖析、拓展思维；阅读资料——开阔眼界、了解前沿；本章小结——系统把握、纵览全章；课后习题——总结应用、检查提高。

本《无机化学》教材适合于化工类、食品类、轻工类、生物类、农林类等相关高职专业。

学习方法 怎样学好“无机化学”

无机化学在创立之初，其知识内容就有四类，即事实、概念、定律和学说。用感官直接观察事物所得的材料，称为事实；对于事物的具体特征加以分析、比较、综合和概括得到概念，如元素、化合物、化合、分解、氧化、还原、原子等皆是无机化学最初明确的概念；组合相应的概念以概括相同的事实则成定律，例如，不同元素化合成各种各样的化合物，总结它们的定量关系得出质量守恒、定比、倍比等定律；建立新概念以说明有关的定律，该新概念又经实验证明为正确的，即成学说。

化学知识的这种派生关系表明它们之间的内在联系。定律综合事实，学说解释并贯穿定律，从而把整个化学内容组织成为一个有系统的科学知识。

人们认为近代化学是在道尔顿创立原子学说之后建立起来的，因为该学说把当时的化学内容进行了科学系统化。系统的化学知识是按照科学方法进行研究的。

科学方法主要分为以下三步：

第一步是搜集事实　搜集的方法有观察和实验。实验是控制条件下的观察。化学研究特别重视实验，因为自然界的化学变化现象都很复杂，直接观察不易得到事物的本质。例如，铁生锈是常见的化学变化，若不控制发生作用的条件，如水汽、氧、二氧化碳、空气中的杂质和温度等就不易了解所起的反应和所形成的产物。无论观察或实验，所搜集的事实必须切实准确。化学实验中的各种操作，如沉淀、过滤、灼烧、称重、蒸馏、滴定、结晶、萃取等等，都是在控制条件下获得正确可靠事实知识的实验手段。正确知识的获得，既要靠熟练的技术，也要靠精密的仪器，近代化学是由天平的应用开始的。通过对每一现象的测量，并用数字表示，才算对此现象有了确切知识。

第二步是建立定律　古代化学工艺和金丹术积累的化学知识虽然很多，但不能称为科学。要知识成为科学，必须将搜集到的大量事实加以分析比较，去粗取精，由此及彼地将类似的事实归纳成为定律。例如普鲁斯特注意化合物的成分，他分析了大量的、采自世界各地的、天然的和人工合成的多种化合物，经过八年的努力后发现每一种化合物的组成都是完全相同的，于是归纳这类事实，提出定比定律。

第三步是创立学说　化学定律虽比事实为少，但为数仍多，而且各自分立，互不相关。化学家要求理解各定律的意义及其相互关系。道尔顿由表及里地提出物质是由原子构成的概念，创立原子学说，解释了关于元素化合和化合物变化的质量关系的各个定律，并使之连贯起来，从而将化学知识按其形成的层次组织成为一门系统的科学。

本教材正是这样依据人类认识事物的规律，先完成实验，得到感性认识，再给出理论解释，让学生明确原理。对于文科生等化学基础很差的学生可以到此为止，而对于一些基础较好或有志于深造的学生可以进一步学习知识拓展部分的内容，阅读资料部分作为知识补充开阔眼界。所以，学生在使用本教材学习过程中，一定要做到以下八多。

多动手（做实验）：一定要注重课前预习，从仪器、药品、步骤、注意事项等各方面明确课堂要做的实验，课堂上才能有的放矢。

多观察（现象）：实验过程中发生的所有现象都要牢记，尤其是自己不能分析原因的，一定要记清楚，为下一步听课准备重点。

多听（听课）：完成实验后有教师讲解，这时学生要做到既能解释实验过程所发生现象，又能从总体上明确实验的目的。

多记（记概念，记公式）：只有平时多记些概念、公式，应用起来才会得心应手。

多看（看书）：俗话说见多识广，看到的相关知识多了就会触类旁通，别太计较一时的不明白，也许下一次看时就能明白。

多做（做作业）：教师布置的作业都是有针对性的，一定要完成，另外还要积极寻找更多的题目去练习，通过做题最能加深理解。

多问（不懂就问）：遇到不明白的问题要及时询问，问老师、问同学、问书本、问网络，别让自己的困惑像滚雪球一样越积越多，以致无法解决。

多复习：及时复习，经常总结，查缺补漏，让知识在脑海中形成脉络，便于提取。

以上方法固然重要，但更重要的是端正的学习态度和日常的逐渐积累！相信同学们通过积极努力，一定能学好这门课！

第一章

物质结构与元素周期律

知识目标

1. 掌握物质的结构单元及计量
2. 掌握主族元素性质的递变规律
3. 了解元素周期表，掌握常见元素符号
4. 掌握理想气体的状态方程及应用，了解分压及分体积定律

能力目标

1. 会设计实验证明同周期、同主族元素性质的递变规律
2. 小组成员间的团队协作能力
3. 培养学生的动手能力和安全生产的意识

科学常识　门捷列夫与元素周期表

1869年，俄国化学家门捷列夫在总结当时研究成果的基础上，提出了元素周期律，并制出了第一张元素周期表（当时只有63种元素），并科学地预言了周期表中空位上的元素及性质，为人类能动地认识世界做出了巨大贡献。

实验项目　主族元素性质的周期性

【任务描述】

通过实验比较同周期、同主族元素的化学性质并总结主族元素性质的递变规律。

【教学器材】

玻璃管（直径为1.5cm）、带玻璃尖嘴导管的橡皮塞、试管、玻璃漏斗、镊子、烧杯、小刀、滤纸、酒精灯。

【教学药品】

钠、镁条、铝条、蒸馏水、稀盐酸、酚酞、氢氧化钠溶液、0.1mol·L^{-1} KBr、氯水、溴水、CCl_4、0.1mol·L^{-1} KI。

【组织形式】

每三个同学为一实验小组，根据实验步骤，自行完成实验。

【注意事项】

钠、钾与水反应非常剧烈，按要求切下绿豆大小的量即可，不可过多。

【实验步骤】

1. 钠、镁、铝与水反应

用一块带缺口的橡皮片（或一小团卫生纸）塞入玻璃管一端，用镊子夹取如绿豆大小的一粒金属钠投入玻璃管中。玻璃管的另一端装上带有尖嘴玻璃导管的橡皮塞，然后把玻璃管浸入盛有蒸馏水（事先滴入酚酞试液）的烧杯中，3s 后，用燃着的火柴接近导管尖嘴，观察现象。

另取两个试管各注入约 5mL 的水，取一条镁条，用砂纸擦去表面的氧化物后，放入一个试管中。再取一片铝条，浸入氢氧化钠溶液中以除去表面氧化膜，然后取出，用水洗净，放入另一支试管中。若前面两支试管反应缓慢，可在酒精灯上加热，反应一段时间后再加入 2～3 滴酚酞试液，观察现象。

2. 钾与水的反应

切绿豆大小的一块金属钾，放在装有冷水的烧杯中，迅速用玻璃漏斗盖好。观察现象，并与钠在水中的燃烧实验对比。

3. 氯与溴化钾的反应

向一支试管中加入 6mL 0.1mol·L^{-1}的 KBr 溶液，再加入 6 滴氯水，振荡，观察现象（为使现象明显，可以加入 1mL CCl_4，振荡，观察四氯化碳层的颜色）。

4. 氯、溴与碘化钾的反应

向两支试管中分别加入 6mL 0.1mol·L^{-1}的 KI 溶液，再加入 2 滴淀粉溶液，然后分别加入氯水和溴水，观察溶液颜色变化。

【任务解析】

1. 钠、镁、铝与水反应

实验现象总结如下：钠与水剧烈反应，点燃导管口气体时有轻微爆鸣声。同时可以看到烧杯中的溶液变红；镁不易与冷水反应，铝与水的反应比镁更弱，但二者加热时，都能与水反应，且生成的溶液为红色。

$$2Na + 2H_2O \xlongequal{} 2NaOH + H_2\uparrow$$

$$Mg + 2H_2O \xlongequal{\triangle} Mg(OH)_2 + H_2\uparrow$$

$$2Al + 6H_2O \xlongequal{\triangle} 2Al(OH)_3 + 3H_2\uparrow$$

钠、镁、铝的金属性依次减弱。因为从钠到铝，原子的最外层电子数依次递增，元素的原子半径依次递减，原子核对最外层电子的引力逐步增强，原子失去最外层电子的能力逐步减弱，所以，元素的金属性依次减弱。

另外，硅是两性元素，常温下不与水反应，也不能与氢气直接化合，在1410℃以上时才与氢气化合生成SiH_4。硅的最高价氧化物对应的水化物H_2SiO_3为弱酸；磷的蒸气和氢气可以反应生成PH_3，但很困难，磷的最高价氧化物对应的水化物H_3PO_4为中强酸；硫在加热时能与氢气化合生成H_2S，硫的最高价氧化物对应的水化物H_2SO_4为强酸；氯气与氢气在光照或点燃时能剧烈反应生成HCl，氯的最高价氧化物对应的水化物$HClO_4$为无机界最强酸。

综上所述可知：同周期主族元素从左到右，金属性逐渐减弱，非金属性逐渐增强。

2. 钾与水的反应

钾与水反应比钠更剧烈，$2K+2H_2O = 2KOH+H_2\uparrow$可以使生成的氢气直接燃烧，甚至发生轻微爆炸。

3. 氯与溴化钾的反应

加入氯水后，可以看到，原先无色的溶液变为浅黄色。这是由于单质氯置换出了单质溴。

$$Cl_2+2KBr = 2KCl+Br_2$$

4. 氯、溴与碘化钾的反应

可以看到，两支试管中的溶液都变蓝色。这是由于单质氯、溴置换出了单质碘。

$$Cl_2+2KI = 2KCl+I_2$$
$$Br_2+2KI = 2KBr+I_2$$

综上所述可知：同主族元素从上到下，金属性逐渐增强，非金属性逐渐减弱。

【想一想】 1. 元素性质递变的原因是什么？

2. 相同物质的量的钠、镁、铝与足量盐酸反应放出氢气的体积比是多少？相同质量的钠、镁、铝与足量盐酸反应放出氢气的体积比是多少？

基础知识1 物质的结构单元与化学键

组成物质的微观粒子叫结构单元，例如原子、分子、离子、电子等微粒或是这些微粒的特定组合。

一、原子与共价键

1. 原子

原子是一种元素能保持其化学性质的最小微粒。它由一个致密的原子核及若干围绕在原子核周围带负电的电子构成。而原子核由带正电的质子和电中性的中子组成。质子、中子、电子的主要物理性质如表1-1所示。

表1-1 质子、中子、电子的主要物理性质

原子的组成		电量/1.6×10^{-19}C	质量	
			绝对质量/kg	相对质量①
原子核	质子(p)	+1	1.6726×10^{-27}	1.0072
	中子(n)	0	1.6748×10^{-27}	1.0086
电子(e^-)		−1	9.1095×10^{-31}	1/1837

①以碳12原子质量的1/12为标准。

当质子数与电子数相同时，这个原子就是电中性的；否则，就是带有正电荷或者负电荷的离子。

原子核所带电量又叫核电荷数，它决定于核内质子数。元素按原子的核电荷数由小到大排列的序次称为原子序数。因此对于同一元素的原子来说有下列等式：

原子序数＝核电荷数＝核内质子数＝核外电子数

因为电子的质量很小，原子的质量主要集中在原子核上。把原子核内质子和中子的相对质量取整数相加，就可以得到原子的相对质量，又称为质量数，则：

质量数(A)＝质子数(p)＋中子数(n)

核电荷数相同的一类原子总称元素。研究发现，许多元素具有质量数不同的几种原子，这是由于核内中子数不同引起的。具有不同中子数的同一种元素的不同原子互称为同位素。即质子数决定了该原子属于哪一种元素，而中子数则确定了该原子是此元素的哪一个同位素。

2. 共价键

化学上把相邻原子（或离子）间强烈的相互作用叫化学键。这种作用力产生的原因在于原子间的电子运动，是决定物质化学性质的主要因素。根据电子运动的方式不同，化学键可以分为共价键、离子键、金属键。金属键将在金属元素介绍，本节只简单介绍共价键、离子键。

共价键是化学键的一种，原子间通过共用电子对所形成的化学键叫做共价键。只以共价键形成的化合物叫共价化合物。

在共价键的形成过程中，因为每个原子所能提供的未成对电子数是一定的，一个原子的一个未成对电子与其他原子的未成对电子配对后，就不能再与其他电子配对，即，每个原子能形成的共价键总数是一定的，这就是共价键的饱和性。另外共价键在形成时有固定的方向，共价键的方向性决定着分子的构型。

二、离子与离子键

在化学反应中，金属元素原子失去最外层电子，非金属原子得到电子，从而使参加反应的原子或原子团带上电荷，我们称之为离子。带正电荷的叫做阳离子，带负电荷的叫做阴离子。阴、阳离子间相互静电作用力称为离子键，通过离子键形成的化合物叫离子化合物。例如，钠在氯气中燃烧，生成氯化钠，就是由于钠失去最外层的 1 个电子变成 Na^+，氯最外层得到 1 个电子变成 Cl^-，带正电荷的 Na^+ 与带负电荷的 Cl^- 相互作用从而生成氯化钠。

三、分子与分子间作用力

分子是能单独存在、并保持纯物质的化学性质的最小粒子。在化学变化中可以被分成更小的微粒。以水分子为例，将水不断分割下去，直至不破坏水的特性，这时出现的最小单元是由两个氢原子和一个氧原子组成的水分子。它的化学式写作 H_2O。水分子可用电解法或其他方法再分为两个氢原子和一个氧原子，但这时它们的特性已和水完全不同了。有的分子只由一个原子构成，称单原子分子，如氦和氩等分子属此类，这种单原子分子既是原子又是分子。由两个原子构成的分子称双原子分子，例如氧分子（O_2），由两个氧原子构成，为同核双原子分子；一氧化碳分子（CO），由一个氧原子和一个碳原子构成，为异核双原子分子。由两个以上的原子组成的分子统称多原子分子。分子中的原子数可为几个、十几个、几十个乃至成千上万个。例如二氧化碳分子（CO_2）由一个碳原子和两个氧原子构成。一个苯分子包含六个碳原子和六个氢原子（C_6H_6）。

分子间有一定的作用力称为分子间作用力，是决定物质物理性质的主要因素，其能量相当于化学键的键能的十分之一或几十分之一，且随着分子间距离的增大而迅速减小。分子间作用力包括取向力、诱导力和色散力。

【想一想】 共价键、离子键与分子间作用力的区别是什么？

基础知识 2　元素周期律

通过中学阶段的学习，我们知道在多电子的原子中，原子核外的电子因能量差异而分布到不同的电子层上，各电子层最多可以容纳 $2n^2$ 个电子，最外层不得超过 8 个电子（氢、氦除外），次外层不得超过 18 个电子。在长期的生产实践和科学实验中，科学家们发现原子结构和元素性质之间存在着某种联系，为了说明这一问题，我们首先比较一下 3～18 号元素的原子结构与元素性质的关系，如表 1-2 所示。

表 1-2　元素性质随原子序数的变化情况

原子序数	3	4	5	6	7	8	9	10
元素符号	Li	Be	B	C	N	O	F	Ne
每层电子数	2,1	2,2	2,3	2,4	2,5	2,6	2,7	2,8
原子半径/pm	152	111	80	77	74	74	71	154
金属性与非金属性	活泼金属	两性元素	不活泼非金属	非金属	活泼非金属	很活泼非金属	最活泼非金属	稀有气体
最高价氧化物的水化物	LiOH 碱性	$Be(OH)_2$ 两性	H_3BO_3 极弱酸	H_2CO_3 弱酸	HNO_3 强酸			
最高正氧化数及负氧化数	+1	+2	+3	+4 −4	+5 −3	−2	−1	
原子序数	11	12	13	14	15	16	17	18
元素符号	Na	Mg	Al	Si	P	S	Cl	Ar
每层电子数	2,8,1	2,8,2	2,8,3	2,8,4	2,8,5	2,8,6	2,8,7	2,8,8
原子半径/pm	186	160	143	118	110	103	99	188
金属性与非金属性	很活泼金属	活泼金属	两性金属	不活泼非金属	非金属	活泼非金属	很活泼非金属	稀有气体
最高价氧化物的水化物	NaOH 强碱性	$Mg(OH)_2$ 中强碱	$Al(OH)_3$ 两性	H_2SiO_3 弱酸	H_3PO_4 弱酸	H_2SO_4 强酸	$HClO_4$ 最强酸	
最高正氧化数及负氧化数	+1	+2	+3	+4 −4	+5 −3	+6 −2	+7 −1	

通过对比，可以发现元素的性质随原子序数的变化呈周期性变化，科学研究证明 18 号以后的元素其性质也随原子序数的变化呈周期性变化，这个规律叫元素周期律。主要包括以下几个方面。

一、核外电子排布呈周期性变化

从 3 号元素锂到 10 号元素氖，最外层电子从 1 个递增到 8 个电子的稳定结构。从 11 号元素钠到 18 号元素氩，最外层电子也从 1 个递增到 8 个电子的稳定结构。并且研究发现，每隔一定数目的元素，其原子最外层电子分布会出现重复的现象，即周期性变化。

二、原子半径呈周期性变化

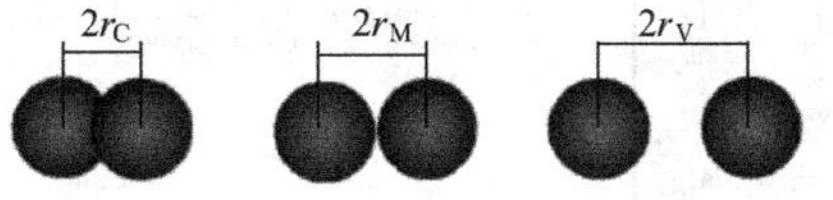

图 1-1　三种半径示意图

电子在核外的运动是无界的，因此所谓的原子半径一般指通过实验测得的相邻两个原子的原子核之间的距离（核间距），核间距被形象地认为是该两原子的半径之和。通常根据原子之间成键的类型不同，将原子半径分为三种，金属半径、共价半径和范德华半径，见图 1-1。金属半径是指金属晶体中相邻的两个原子核间距的一半。共价半径是指某一元素的两个原子以共价键结合时，两核间距的一半。范德华半径是指分子晶体中紧邻的两个非键合原子间距的一半。

由于作用力性质不同，三种原子半径相互间没有可比性。同一元素原子的范德华半径大于共价半径。原子半径的变化规律是从左到右原子半径逐渐减小，从上到下原子半径逐渐增大。

三、元素性质呈周期性变化

从 3 号元素锂到 10 号元素氖和从 11 号元素钠到 18 号元素氩，都是从活泼金属过渡到活泼非金属，最后以稀有气体结尾。18 号以后的元素，每隔一定数目的元素，也重复着这样的变化。另外从表 1-2 上还可以看出最高价氧化物对应水化物的酸碱性、氧化值都呈周期性变化。

【想一想】 周期律是否意味着原子核外的电子排布及元素的性质简单机械的重复？

基础知识 3　元素周期表

把电子层数相同的各元素，按原子序数递增的顺序从左到右排成横行；把不同行中外层电子数相同的元素，按电子层递增的顺序由上而下排成纵列，就可以得到一张表格，叫元素周期表。元素周期表是元素周期律的具体表现形式，见图 1-2。

一、周期

周期表中有 7 个横行，每个横行表示 1 个周期，一共有 7 个周期。第 1 周期只有 2 种元素，为特短周期；第 2、3 周期各有 8 种元素，为短周期；第 4、5 周期各有 18 种元素，为长周期；第 6 周期有 32 种元素，为特长周期；第 7 周期预测有 32 种元素，现只有 26 种元素，故称为不完全周期。

第 6 周期中，从 57 号元素 La 到 71 号元素 Lu 共 15 种元素，它们的电子层结构和性质十分相似，总称镧系元素。第 7 周期中，从 89 号元素 Ac 到 103 号元素 Lr，它们的电子层结构和性质十分相似，总称锕系元素。为使周期表结构紧凑，把它们分成 2 行排在周期表下方。

图 1-2 元素周期表

各周期的周期数目与其电子层数目相等。

二、族

周期表中的纵行，称为族，一共有 18 个纵行，分为 8 个主（A）族和 8 个副（B）族。

1. 主族元素

周期表中共有 8 个主族，表示为ⅠA～ⅧA。由于同一族中各元素原子核外电子层数从上到下递增，因此同族元素的化学性质具有递变性。ⅧA 族为稀有气体，它们的化学性质很不活泼，过去曾称为零族或惰性气体。

主族序数等于最外层电子数。

2. 副族元素

周期表中共有 8 个副族，即ⅢB～ⅧB～ⅡB，也称过渡元素。同一副族元素的化学性质也具有一定的相似性，但其化学性质递变性不如主族元素明显。

基础知识 4 物质结构单元的计量

构成物质的微粒如原子、分子、离子等都是肉眼看不见的，很难计量其质量和体积。在实际生产实践中我们可以称量大量微粒的集合体，也就是宏观的物质。如何把宏观的量与微观的粒子联系起来呢？经过研究，科学家提出了用物质的量作为宏观的量与微观的粒子联系的纽带。

一、物质的量及其单位

物质的量（符号 n）是国际单位制中 7 个基本物理量之一，其基本单位是摩尔（符号 mol），物质的量是表示物质所含微粒数（N）（如分子、原子等）与阿伏伽德罗常数（N_A）之比，即：

$$n=\frac{N}{N_A} \tag{1-1}$$

它是把微观粒子与宏观可称量物质联系起来的一种物理量。其表示物质所含粒子数目的多少。

单位物质的量的物质所包含的结构单元数与 0.012kg ^{12}C 的原子数目相等。实验测知，1 个 ^{12}C 原子的质量是 1.9927×10^{-26} kg，那么 0.012kg ^{12}C 的原子数目大约是 6.02×10^{23}，称为阿伏伽德罗常数。也就是说，1mol 的任何物质所含有的该物质的微粒数为 6.02×10^{23}。

注意，1mol 任何微粒的粒子数为阿伏伽德罗常数，其不因温度、压强等条件的改变而改变。我们在使用“摩尔”这个单位时，必须同时用化学式表明具体的结构单元。例如，1mol F，0.5mol CO_2，1.5mol $Na_2CO_3\cdot10H_2O$ 等。

【练一练】 1. 0.5mol 水含有__________个水分子。

2. 2mol 水中含有__________个水分子，__________个氢原子。

3. 1mol H_2SO_4 中含有__________个 H_2SO_4 分子，__________个硫酸根离子。

二、摩尔质量

单位物质的量的物质所具有的质量称为摩尔质量，用符号 M 表示。

$$M=\frac{m}{n} \tag{1-2}$$

当物质的质量以克为单位时，摩尔质量的单位为 $g\cdot mol^{-1}$，在数值上等于该物质的相对原子质量或相对分子质量。对于某一纯净物来说，它的摩尔质量是固定不变的，而物质的质量则随着物质的物质的量不同而发生变化。例如，1mol O_2 的质量是 32g，2mol O_2 的质量是 64g，但 O_2 的摩尔质量并不会发生任何变化，还是 $32g\cdot mol^{-1}$。

【练一练】 1. 0.5mol 水的质量是__________；180g 水的物质的量是__________，含有__________个水分子。

2. ________g 铁与 128g 铜所含原子个数相同。

三、气体的摩尔体积

体积除以物质的量称为该物质的摩尔体积（V_m），即：

$$V_m=\frac{V}{n} \tag{1-3}$$

气体摩尔体积常用单位，$L\cdot mol^{-1}$ 或 $m^3\cdot mol^{-1}$。

对于气体、液体和固体来说，物质的量一定，其体积的大小与状态有关，表 1-3 列出了 1mol 的不同状态的、不同物质的体积。

表 1-3 1mol 的不同状态的、不同物质的体积

物质	粒子数	质量/g	密度(25℃)	体积
Fe	6.02×10^{23}	55.8	$7.88g\cdot cm^{-3}$	$7.2cm^3$
Al	6.02×10^{23}	26.98	$2.78g\cdot cm^{-3}$	$10cm^3$
Pb	6.02×10^{23}	207.2	$11.38g\cdot cm^{-3}$	$18.3cm^3$
H_2O	6.02×10^{23}	18.0	$1.0g\cdot mL^{-1}$(4℃)	18.0mL
H_2SO_4	6.02×10^{23}	98.0	$1.83g\cdot mL^{-1}$	53.6mL
H_2	6.02×10^{23}	2.016	$0.0899g\cdot L^{-1}$(标况)	22.4L
O_2	6.02×10^{23}	32.00	$1.43g\cdot L^{-1}$(标况)	22.4L
CO_2	6.02×10^{23}	44.01	$1.977g\cdot L^{-1}$(标况)	22.3L

研究证明，决定物质体积大小的因素有，构成物质的粒子数目、粒子的大小、粒子之间的距离。

由于 1mol 任何物质构成它的粒子数目是相同的（也可能为特定组合），都约为 6.02×10^{23}个，因此在粒子数目相同的情况下，物质体积的大小就主要取决于构成物质粒子的大小和粒子之间的距离。当粒子之间距离很小，物质的体积就主要决定于构成物质的粒子的大小；而当粒子之间距离较大时，物质的体积就主要决定于粒子之间的距离。

在 1mol 不同固态或液态物质中，因粒子大小不同，且粒子之间的距离又是非常小的，这就使得固态或液态物质体积主要决定于粒子的大小，所以 1mol 不同的固态物质或液态物质的体积是不相同的。

气体中，因分子间距离约为分子本身的直径的 10 倍，气体的体积大小主要决定于气体的分子之间的距离，而不是分子本身的体积的大小。而分子之间的距离与温度和压力有关，一定质量的气体，当压力不变、温度升高时，分子间距离增大；温度降低时，分子间距离减小。当温度不变、压力增大时，分子间距离减小；压力减小时，分子间距离增大。

当温度和压力一定时，分子间的距离可以看作相等，故 1mol 气体在相同温度和压力下，体积相等。

大量科学实验证明以得出一个结论：在标准状况下（简称标况），1mol 任何气体所占的体积都约为 22.4L。

【练一练】 1. 在标准状况下，22g 二氧化碳的体积是多少？

2. 在标准状况下，某气体的体积是 $500cm^3$，质量为 0.714g，该气体的摩尔质量是多少？

基础知识 5 物质的存在状态

我们日常接触的物质总是以一定的聚集状态存在。在自然界，物质通常有气态、液态和固态三种存在形式，在一定条件下这三种状态可以相互转变。

一、气体

气体的基本特征是分子间距离较大，分子间作用力小，无一定的体积和形状，具有扩散性和可压缩性。气体的存在状态主要由体积 V、压力 p、温度 T 和物质的量 n 4 个因素决定，通常用气体状态方程式来反映这 4 个物理量之间的关系。

1. 理想气体状态方程式

理想气体的微观模型是分子之间没有相互作用力，分子本身没有体积。显然理想气体是一种假设的情况，实际使用的气体都是真实气体。真实气体只有在高温、低压下才可近似看作理想气体。描述理想气体体积、压力、温度和物质的量之间关系的方程式称为理想气体状态方程式：

$$pV = nRT \text{（理想气体状态方程式）} \tag{1-4}$$

式中，p 为气体压力，Pa（帕斯卡）；V 为气体体积，m^3（立方米）；n 为气体物质的量，mol（摩尔）；T 为气体的热力学温度，K（开尔文）；R 为摩尔气体常数，又称气体常数。

R 是一个与气体种类无关的常数，称为摩尔气体常数或简称气体常数。当式(1-4) 中各物理量的单位均取国际单位制：压力（Pa）、体积（m^3）、n（mol）时，R 数值可由标准状况（273.15K，101325Pa）下 1mol 理想气体的状态函数值求得：

$$R = \frac{pV}{nT} = \frac{101325\text{Pa} \times 22.414 \times 10^{-3}\text{m}^3}{1.000\text{mol} \times 273.15\text{K}}$$
$$= 8.314\text{N} \cdot \text{m} \cdot \text{mol}^{-1} \cdot \text{K}^{-1}$$
$$= 8.314\text{J} \cdot \text{mol}^{-1} \cdot \text{K}^{-1}$$

2. 气体分压定律

在实际生活和工业生产中所遇到的气体，大多数是几种气体组成的气体混合物。如果混合气体的各组分之间不发生化学反应，则在高温低压下，可将其看作理想气体混合物。混合后的气体作为一个整体，仍符合理想气体定律。

气体具有扩散性。在混合气体中，每一种组分气体总是均匀地充满整个容器，对容器内壁产生压力，并且不受其他组分气体的影响，如同它单独存在于容器中那样。在相同温度下，各组分气体占有与混合气体相同体积时所产生的压力叫做该气体的分压（p_i）。1801 年英国科学家道尔顿（Dalton）从大量实验中归纳出组分气体的分压与混合气体总压之间的关系为：混合气体的总压等于各组分气体的分压之和。这一关系称为道尔顿分压定律。例如，混合气体由 A、B、C 三种气体组成，则分压定律可表示为：

$$p = p(\text{A}) + p(\text{B}) + p(\text{C}) \tag{1-5}$$

式中，p 为混合气体总压；$p(\text{A})$、$p(\text{B})$、$p(\text{C})$ 分别为 A、B、C 三种气体的分压。图 1-3 是分压定律的示意图［(a)、(b)、(c)、(d) 为体积相同的四个容器。］图中(a)、(b)、(c) 中的砝码表示三种气体单独存在时所产生的压力。(d) 表示 A、B、C 混合气体所产生的总压。

理想气体定律同样适用于气体混合物。若混合气体中各气体物质的量之和为 $n_{总}$，温度 T 时混合气体总压为 $p_{总}$，体积为 V，则：

$$p_{总}V = n_{总}RT$$

若以 n_i 表示混合气体中气体 i 的物质的量，p_i 表示其分压，V 为混合气体体积，温度为 T，则：

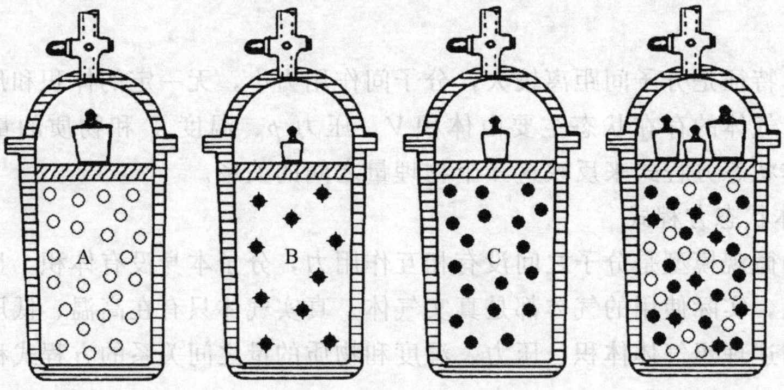

图 1-3 分压定律示意图

$$p_iV=n_iRT$$

将该式除以上式，得：

$$p_i/p_{总}=n_i/n_{总} \tag{1-6a}$$

或

$$p_i=p_{总}n_i/n_{总} \tag{1-6b}$$

混合气体中组分气体 i 的分压 p_i 与混合气体总压之比（即压力分数）等于混合气体中组分气体 i 的摩尔分数；或混合气体中组分气体的分压等于总压乘以组分气体的摩尔分数。这是分压定律的又一种表示方式。

例 1-1 在 $0.0100m^3$ 容器中含有 2.50×10^{-3} mol H_2、1.00×10^{-3} mol He 和 3.00×10^{-4} mol Ne，在 35℃时总压为多少？

解：

$$p(H_2)=\frac{n(H_2)RT}{V}=\frac{2.50\times10^{-3}mol\times8.314J\cdot mol^{-1}\cdot K^{-1}\times(273+35)K}{0.0100m^3}=636Pa$$

$$p(He)=\frac{n(He)RT}{V}=\frac{1.00\times10^{-3}mol\times8.314J\cdot mol^{-1}\cdot K^{-1}\times(273+35)K}{0.0100m^3}=256Pa$$

$$p(Ne)=\frac{n(Ne)RT}{V}=\frac{3.00\times10^{-4}mol\times8.314J\cdot mol^{-1}\cdot K^{-1}\times(273+35)K}{0.0100m^3}=76.8Pa$$

$$p_{总}=p(H_2)+p(He)+p(Ne)=(636+256+76.8)Pa=969Pa$$

3. 气体分体积定律

在实际工作中，进行混合气体组分分析时，常采用量取组分气体体积的方法。当组分气体的温度和压力与混合气体相同时，组分气体单独存在时所占有的体积称为分体积，混合气体的总体积等于各组分气体的分体积之和：

$$V_{总}=V_A+V_B+V_C+\cdots$$

这一关系称为阿马格（Amage）分体积定律。图 1-4 中(a)、(b)、(c) 分别表示 A、B、C 三种组分气体的分体积，(d) 为混合气体的总体积。

例如，在某一温度和压力下，CO 和 CO_2 混合气体的体积为 100mL。将混合气体通过 NaOH 溶液，其中 CO_2 被吸收，量得剩余的 CO 在同温、同压下的体积为 40mL，则 CO_2 的分体积为（100－40）mL＝60mL。定义混合气体中组分气体 i 的体积分数为：

$$体积分数(\varphi)=\frac{组分气体\ i\ 的分体积(V_i)}{混合气体的总体积(V)}$$

上述混合气体中 CO 的体积分数为 40/100＝0.40，CO_2 的体积分数为 60/100＝0.60。

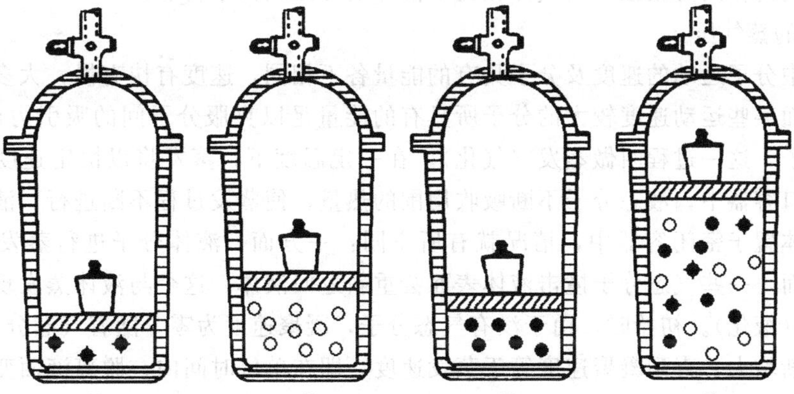

图 1-4　分体积示意图

将分体积概念代入理想气体方程式得：

$$p_{总}V_i = n_iRT$$

式中，$p_{总}$为混合气体的总压力；V_i为组分气体 i 的分体积；n_i为组分气体 i 的物质的量。用 $p_{总}V_{总}=n_{总}RT$ 除上式，则得：

$$V_i/V_{总} = n_i/n_{总} \tag{1-7}$$

联系式(1-7) 与式(1-6a) 得：

$$p_i/p_{总} = V_i/V_{总}$$

即

$$p_i = (V_i/V_{总})p_{总} \tag{1-8}$$

说明混合气体中某一组分的体积分数等于其摩尔分数，组分气体分压等于总压乘以该组分气体的体积分数。混合气体的压力分数、体积分数与其摩尔分数均相等。

例 1-2　在 27℃、101.3kPa 下，取 1.00L 混合气体进行分析，各气体的体积分数为：CO 60.0%，H_2 10.0%，其他气体为 30.0%。求混合气体中：(1) CO 和 H_2 的分压；(2) CO和 H_2 的物质的量。

解：

(1) 根据式(1-8)

$$p(CO) = p_{总}\frac{V(CO)}{V_{总}} = 101.3\text{kPa}\times 0.600 = 60.8\text{kPa}$$

$$p(H_2) = p_{总}\frac{V(H_2)}{V_{总}} = 101.3\text{kPa}\times 0.100 = 10.1\text{kPa}$$

(2) $$n(H_2) = \frac{p(H_2)V_{总}}{RT} = \frac{10.1\times 10^3\text{Pa}\times 1.00\times 10^{-3}\text{m}^3}{8.314\text{J}\cdot\text{mol}^{-1}\cdot\text{K}^{-1}\times 300\text{K}} = 4.05\times 10^{-3}\text{mol}$$

$$n(CO) = \frac{p(CO)V_{总}}{RT} = \frac{60.8\times 10^3\text{Pa}\times 1.00\times 10^{-3}\text{m}^3}{8.314\text{J}\cdot\text{mol}^{-1}\cdot\text{K}^{-1}\times 300\text{K}} = 2.44\times 10^{-2}\text{mol}$$

或 $$n(H_2) = \frac{p_{总}V(H_2)}{RT} = \frac{101.3\times 10^3\text{Pa}\times 0.100\times 10^{-3}\text{m}^3}{8.314\text{J}\cdot\text{mol}^{-1}\cdot\text{K}^{-1}\times 300\text{K}} = 4.05\times 10^{-3}\text{mol}$$

$$n(CO) = \frac{p_{总}V(CO)}{RT} = \frac{101.3\times 10^3\text{Pa}\times 0.600\times 10^{-3}\text{m}^3}{8.314\text{J}\cdot\text{mol}^{-1}\cdot\text{K}^{-1}\times 300\text{K}} = 2.44\times 10^{-2}\text{mol}$$

二、液体

液体具有流动性，有一定的体积而无一定的形状。液体内部分子之间的距离比气体小得多，分子之间的作用力较强。与气体相比，液体的可压缩性小得多。

1. 液体的蒸气压

在液体中分子运动的速度及分子具有的能量各不相同，速度有快有慢，大多处于中间状态。液体表面某些运动速度较大的分子所具有的能量足以克服分子间的吸引力而逸出液面，成为气态分子，这一过程叫做蒸发（气化）。在一定温度下，蒸发将以恒定速度进行。液体如处于一敞口容器中，液态分子不断吸收周围的热量，使蒸发过程不断进行，液体将逐渐减少。若将液体置于密闭容器中，情况就有所不同：一方面，液体分子进行蒸发变成气态分子；另一方面，一些气态分子撞击液体表面会重新返回液体。这个与液体蒸发现象相反的过程叫做凝聚（液化）。初始时，由于没有气态分子，凝聚速度为零，随着气态分子逐渐增多，凝聚速度逐渐增大，直到凝聚速度等于蒸发速度，即在单位时间内，脱离液面变成气体的分子数等于返回液面变成液体的分子数，达到蒸发与凝聚的动态平衡。此时，在液体上部的蒸气量不再改变，蒸气便具有恒定的压力。在恒定温度下，与液体平衡的蒸气称为饱和蒸气，饱和蒸气的压力就是该温度下的饱和蒸气压，简称蒸气压。

蒸气压是物质的一种特性，常用来表征液态分子在一定温度下蒸发成气态分子的倾向大小。在某温度下，蒸气压大的物质为易挥发物质，蒸气压小的为难挥发物质。如 25℃时，水的蒸气压为 3.24kPa，酒精的蒸气压为 5.95kPa，则酒精比水易挥发。皮肤擦上酒精后，由于酒精迅速蒸发带走热量而感到凉爽。

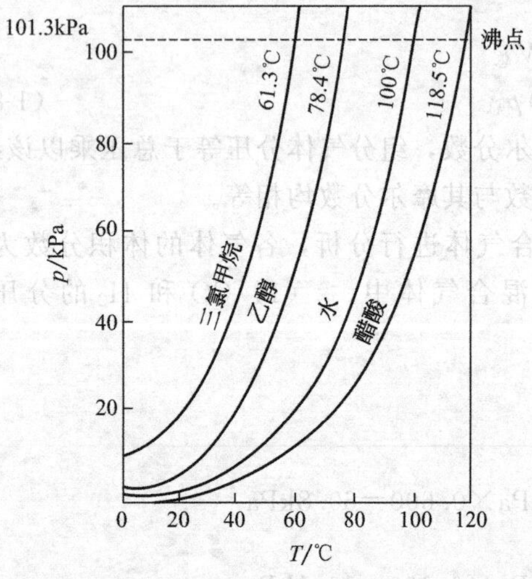

图 1-5　液体物质的蒸气压与温度的关系示意图

液体的蒸气压随温度的升高而增大。图 1-5 表示几种液体物质的蒸气压与温度的关系。

还需指出，只要某物质处于气-液共存状态，则该物质蒸气压的大小就与液体的质量及容器的体积无关。

例 1-3　用锌与盐酸反应制备氢气：$Zn(s)+2H^{+}=\!=\!=Zn^{2+}+H_2(g)$，如果在 25℃时用排水法收集氢气，总压为 98.6kPa（已知 25℃时水的饱和蒸气压为 3.17kPa），体积为 $2.50\times10^{-3}m^3$。求：

（1）试样中氢的分压是多少？

（2）收集到的氢的质量是多少？

解：

（1）用排水法在水面上收集到的气体为被水蒸气饱和了的氢气，试样中水蒸气的分压为 3.17kPa，根据分压定律：

$$p_{总}=p(H_2)+p(H_2O)$$

$$p(H_2)=p_{总}-p(H_2O)=(98.6-3.17)kPa=95.4kPa$$

（2）
$$p(H_2)V=n(H_2)RT=\frac{m(H_2)}{M(H_2)}RT$$

$$m(H_2)=\frac{p(H_2)VM(H_2)}{RT}=\frac{95.4\times10^3Pa\times0.00250m^3\times2.02g\cdot mol^{-1}}{8.314J\cdot mol^{-1}\cdot K^{-1}\times298K}=0.194g$$

2. 液体的沸点

在敞口容器内加热液体，最初会看到不少细小气泡从液体中逸出，这种现象是由于溶解在液体中的气体因温度升高，溶解度减小所引起的。当达到一定温度时，整个液体内部都冒出大量气泡，气泡上升至表面，随即破裂而逸出，这种现象叫做沸腾。此时，气泡内部的压力至少应等于液面上的压力，即外界压力（对敞口容器即大气压力），而气泡内部的压力为蒸气压。故液体沸腾的条件是液体的蒸气压等于外界压力，沸腾时的温度叫做该液体的沸点。换言之，液体的蒸气压等于外界压力时的温度即为液体的沸点。如果此时外界压力为101.325kPa，液体的沸点就叫正常沸点。例如，水的正常沸点为100℃，乙醇的为78.4℃。在图1-3中，从4条蒸气压曲线与1条平行于横坐标的压力为101.3kPa的直线的交点，就能找到4种物质的正常沸点。

显然，液体的沸点随外界压力而变化。若降低液面上的压力，液体的沸点就会降低。在海拔高的地方大气压力低，水的沸点不到100℃，食品难煮熟。用真空泵将水面上的压力减至3.2kPa时，水在25℃就能沸腾。利用这一性质，在化工实践中，对于一些在正常沸点下易分解的物质，可在减压下进行蒸馏，以达到分离或提纯的目的。

三、固体

固体可由原子、离子或分子组成。这些粒子排列紧凑，有强烈的作用力（化学键或分子间力），使它们只能在一定的平衡位置上振动。因此固体具有一定体积、一定形状以及一定程度的刚性（坚实性）。

1. 升华与凝华

多数固体物质受热时能熔化成液体，但有少数固体物质并不经过液体阶段而直接变成气体，这种现象叫做升华。如放在箱子里的樟脑精，过一段时间后变少或者消失，箱子里却充满其特殊气味。在寒冷的冬天，冰和雪会因升华而消失。另一方面，一些气体在一定条件下也能直接变成固体，这一过程叫凝华。晚秋降霜就是凝华过程。与液体一样，固体物质也有饱和蒸气压，并随温度升高而增大。但绝大多数固体的饱和蒸气压很小。利用固体的升华现象可以提纯一些挥发性固体物质如碘、萘等。

2. 晶体与非晶体

固体可分为晶体和非晶体（无定形体）两大类，多数固体物质是晶体。与非晶体比较，晶体有以下特征。

（1）有一定的几何外形

晶体有规则的几何外形。例如，食盐晶体为立方体形，明矾晶体为八面体形，石英为六角柱体等。有些物质在外观上并不具备整齐的外形，但经结构分析证明是由微晶体组成的，它们仍属于晶体范畴。常见的炭黑就是这类物质。

（2）有固定的熔点

每种晶体在一定压力下加热到某一温度（熔点）时，就开始熔化。继续加热，在它没有完全熔化以前温度不会上升（这时外界供给的热量用于晶体从固体转变为液体），故晶体有固定的熔点。

（3）各向异性

晶体的某些性质具有方向性，像导电性、传热性、光学性质、力学性质等，在晶体的不同方向表现出明显的差别。例如，石墨晶体是层状结构，在平行各层的方向上其导电、传热性好，易滑动。又如，云母沿着某一平面的方向很容易裂成薄片。

与晶体相反，首先，非晶体没有固定的几何外形，又称无定形体。例如，玻璃、橡胶、塑料等，它们的外形是随意性的。其次，非晶体没有固定的熔点。例如将玻璃加热，它先变软，然后慢慢熔化成黏滞性很大的流体。在这一过程中温度是不断上升的，从软化到熔体，有一段温度范围。再次，非晶体没有各向异性的特点。

但是，晶体和非晶体并非不可互相转变。在不同条件下，同一种物质可以形成晶体，也可以形成非晶体。例如，二氧化硅能形成石英晶体（也称水晶），也能形成非晶体燧石及石英玻璃；玻璃在适当条件下，也可以转化成为晶态玻璃。

3. 晶体的类型

根据晶体内部粒子的结合力不同，晶体可以分为离子晶体、原子晶体、分子晶体、金属晶体（见第七章）及混合键型晶体。其基本特征见表1-4。

表1-4 四种基本晶体类型的结构及其性质特征

晶体类型	离子晶体	原子晶体	分子晶体		金属晶体
结点上的粒子	正、负离子	原子	极性分子	非极性分子	原子、正离子（间隙处有自由电子）
结合力	离子键	共价键	分子间力（有些还有氢键）	分子间力	金属键
熔、沸点	高	很高	低	很低	多变
硬度	硬	很硬	软	很软	多变
力学性能	脆	很脆	弱	很弱	有延展性
导电、导热性	熔融态及其水溶液导电	一般为非导体（半导体导电）	固态、液态不导电，但水溶液导电	非导体	良导体
溶解性	易溶于极性溶剂	不溶性	易溶于极性溶剂	易溶于非极性溶剂	不溶性
实例	NaCl, MgO	金刚石, SiO_2, SiC	HCl, NH_3, H_2O	CO_2, I_2, Ar	W, Ag, Cu, Na

阅读材料1 示踪原子

示踪原子是将一种稳定的化学元素和它的具有放射性的同位素混合在一起。当它们参与各种系统的运动和变化时，由于放射性同位素能发出射线，测量这些射线便可确定它的位置与分量，只要测出了放射性同位素的分布和动向，就能确定稳定化学元素的各种作用。例如，将放射性磷混合在磷肥中使用，根据放射性磷在植物中的分布，便可了解植物对磷吸收的实际情况。

示踪原子在生物学、医学、工业和农业等方面都有极为广泛的用途。

（1）在医学上的用途

在医学上利用示踪原子主要是为了诊断病情。例如，放射性的碘化钠在人体内的作用与通常的碘化钠完全相同。这些碘元素集中在甲状腺，然后转变为甲状腺荷尔蒙。另外有些含放射性的原子能够附在骨髓、红细胞、肺部、肾脏或留滞在血液中，可被适当的仪器探测出来，作为检查各部位病情的依据。

（2）在工业上的应用

有些工业部门，在很多操作过程中，都应用同位素。例如，在石油工业中，探测石油时，将放射性的针放入试验井或插进地中，然后再测量放射线，穿过不同的岩石被散射的情况，记录下来各处所测的辐射线，据此画出地层的剖面图。此剖面图可告诉地质学家在何处打井较为适当。

(3) 在化学上的应用

在化学中的某些问题必须使用示踪原子方能解决。例如，金属离子在其盐类的溶液中自身扩散的现象，不能由其他方法加以研究。有些问题虽然原则上并不一定非要使用示踪方法，不过为了方便，也常使用示踪方法。

示踪原子的应用有特殊的优点。

① 灵敏度极高　通常最灵敏的天平可以称出 10^{-4}g，最灵敏的光谱分析法可以鉴定 10^{-9}g 的物质，而用示踪原子法能检查出 10^{-14}～10^{-1}g 的放射性物质，这是任何化学分析所不及的。

② 容易辨别，手续简单　用示踪原子法可以节省很多繁复的分析工作。

③ 可以揭示其他方法在目前还不能发现的事实，从而得出新的正确的结论　例如用示踪原子测定平衡状态下物质运动的规律、物质的扩散等。

1943 年，匈牙利人海维西（Gyorgy Hevesy，1885～1966）利用同位素作为化学研究中的示踪原子，并获诺贝尔奖。

阅读材料 2　门捷列夫和第一张元素周期表

1829 年德国化学家德贝莱发现当时已知的 44 种元素中有 15 种元素可分成 5 组，每组的三个元素性质相似，而且中间元素的相对原子质量约为较轻和较重的两个元素相对原子质量之和的一半。例如，钙、锶、钡性质相似，锶的相对原子质量大约是钙和钡的相对原子质量之和的一半。氯、溴、碘，锂、钠、钾等组元素的情况类似，由此提出了"三素组"的概念，为发现元素性质的规律性打下了基础。

1859 年，24 岁的俄国彼得堡大学年轻讲师门捷列夫来到德国海德堡大学本生的实验室进修。当年，本生和基尔霍夫发明了光谱仪，用光谱发现了一些新元素，掀起一股发现新元素热。次年，门捷列夫出席了在化学史上具有里程碑意义的德国卡尔斯鲁厄化学大会。门捷列夫回忆道："我的周期律的决定性时刻在 1860 年，……在会上我聆听了意大利化学家康尼查罗的演讲……正是当时，元素的性质随原子量（相对原子质量）递增而呈现周期性变化的基本思想冲击了我。"此后，门捷列夫为使他的思想信念转化为科学理论，做出了 10 年艰苦卓绝的努力，系统地研究了元素的性质，按照相对原子质量的大小，将元素排成序，终于发现了元素周期律——元素的性质随相对原子质量的递增发生周期性的递变。

门捷列夫

在门捷列夫时代，没有任何原子结构的知识，已知元素只有 63 种，元素大家族的信息并不完整，而且当时公认的许多元素的相对原子质量和化合价是错误的，确定元素在周期系中的次序——原子序数是十分困难的。门捷列夫通过对比元素的性质和相对原子质量的大小，重新测定了一些元素的相对原子质量，先后调整了 17 种元素的序列。例如，门捷列夫利用他人的成果，确认应将铍的相对原子质量从 14 纠正为 9，使元素按相对原子质量递增的序位从 H—Li—B—C—N—Be—O—F 纠正为 H—Li—Be—B—C—N—O—F。经过诸如此类的调整元素顺序，元素性质的周期性递变规律才呈现出来：从锂到氟，金属性渐次下降，非金属性渐次增强，从典型金属递变为典型非金属；序列中元素的化合价的渐变规律也得以显露：从锂到氮，正化合价从+1 递增到+5；从碳到氟，负化合价从－4 下降为－1。门捷列夫敏感地认识到当时已知的 63 种元素远非整个元素大家族，大胆地预言了 11 种尚未发现的元素，为它们在相对原子质量序列中留下空位，预言了它们的性质，并于 1869 年发表了第一张元素周期表。

值得一提的是，敢于宣布自己发现了一条普遍规律，创造一个理论，是需要很大勇气的。早在 1864 年，德国化学家迈耶尔（L. Meyer）在他的《现代化学理论》一书中已明确指出："在原子量的数值上存在一种规律性，这是毫无疑义的。"而且他在该书中画了一张跟门捷列夫第一张周期表十分相似的元素表格；他还于 1870 年发表了一张比 1869 年门捷列夫发表的周期表更完整的元素周期表。1880 年，迈耶尔坦言道："我没有足够的勇气去做出像门捷列夫那样深信不疑的预言。"他之所以没有勇气，在他1870年发表的有关元素周期性的文章里有答案，他说："在差不多每天都有许多新事物出现的领域里，任何概括性的新学说随时都会碰到一些事实，它们把这一学说加以否定。这种危险的确是存在的……因此我们必须特别小心。"迈耶尔比门捷列夫早几年也在本生的实验室里工作过。

门捷列夫发表的第一张周期表对我们来说，已经不太好懂了，因为它并不完整。例如，门捷列夫周期表里没有稀有气体。后来的化学发现终于使门捷列夫元素周期系变得完整。到1905年，维尔纳（A. Werner，1913年诺贝尔奖获得者）制成了现代形式的元素周期表，而当时还不知道原子序数的实在物理意义。1913年，英国物理学家莫斯莱发现，门捷列夫周期表里的原子序数原来是原子的核电荷数。从此，元素周期律被表述为：元素的性质随核电荷数递增发生周期性的递变。

阅读材料3 盖尔曼与夸克

默里·盖尔曼1929年出生于曼哈顿，是个名副其实的神童。3岁时，他就能心算大数字的乘法；7岁拼单词比赛赢了12岁的孩子；8岁时的智力抵得上大部分大学生。可是，在学校里他感到无聊，坐立不安，还患有急性写作障碍。虽然完成论文和研究项目报告对他而言很简单，他却很少能完成。尽管如此，他还是顺利地从耶鲁大学本科毕业，先后在麻省理工学院、芝加哥大学、普林斯顿大学工作。24岁时，他决定集中精力研究气泡室图像里的奇怪粒子。通过气泡室图像，科学家可以估测每个粒子的大小、电荷、运动方向和速度，但是却无法确定它们的身份。到1958年，有近100个名字被用来鉴别和描述这些探测到的新粒子。

盖尔曼

盖尔曼开始对质子分裂时的反应进行分类和简化处理。他创造了一种新的测量方法，称为"奇异性（strangeness）"。这个词是他从量子物理学引入的。奇异性可以测量到每个粒子的量子态。他还假设奇异性在每次反应中都被保存了下来。

盖尔曼发现自己可以建立起质子分裂或者合成的简单反应模式。但是有几个模式似乎并不遵循守恒定律。之后他意识到如果质子和中子不是固态物质，而是由3个更小的粒子构成，那么他就可以使所有的碰撞反应都遵循简单的守恒定律了。

经过两年的努力，盖尔曼证明了这些更小的粒子肯定存在于质子和中子中。他将之命名为"k-works"，后来缩写为"kworks"。之后不久，他在詹姆斯·乔伊斯（James Joyce）的作品中读到一句"三声夸克（three quarks）"，于是将这种新粒子更名为夸克（quark）。

美国麻省理工学院（MIT）的杰罗姆·弗里德曼（Jerome Friedman）、亨利·肯德尔（Henry Kendall）和斯坦福直线加速器中心（SLAC）的理查德·泰勒（Richard Taylor），因为于1967～1973年期间，在斯坦福（Stanford）利用当时最先进的2km电子直线加速器，就电子对质子和中子的深度非弹性散射所做的一系列开创性的实验工作，而荣获1990年诺贝尔物理奖。这说明，人们在科学上最终承认了夸克的存在。

夸克之父——盖尔曼于1972年在第十六届国际高能物理会议上说："理论上并不要求夸克在实验室中是真正可测的，在这一点上像磁单极子那样，它们可以在想象中存在。"总之，斯坦福直线加速器中心的电子非弹性散射实验显示了夸克的点状行为，它是量子色动力学的实验基础。

1967年温伯格和萨拉姆分别独立地得到了弱电统一的规范理论，而1970年为把夸克弱作用引入该模型，格拉肖等人改进了由卡比伯所引入的在经典四费米弱作用中使用的方法，引入了粲夸克，并在1974年被证实需要引入。1973年日本物理学家小林诚（Makoto Kobayashi）、益川敏英（Toshihide Maskawa）为解释弱作用中时间反演的破坏，引入了第三代夸克，并被实验证实，获得了2007年的诺贝尔物理学奖。

本章小结

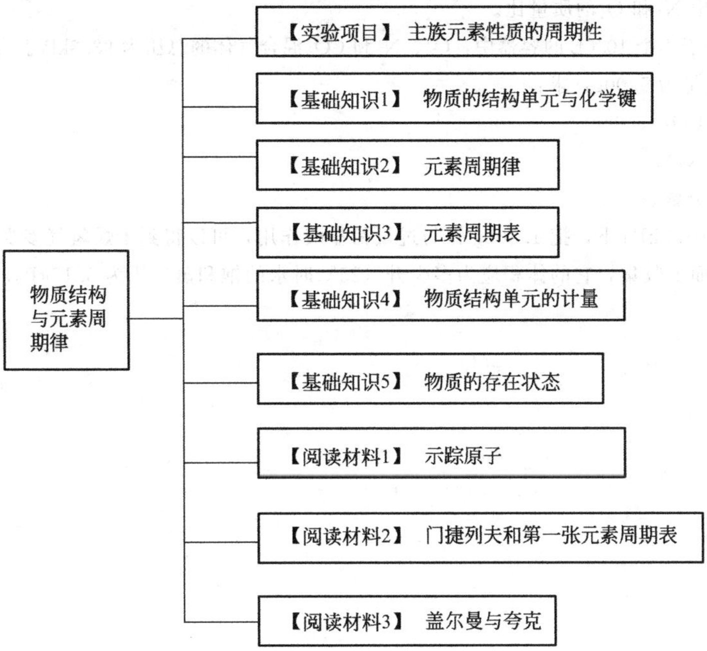

课后习题

1. 选择题

(1) 下列叙述中，正确的是（　　）。

A. 12g 碳所含的原子数就是阿伏伽德罗常数

B. 阿伏伽德罗常数没有单位

C. “物质的量”指物质的质量

D. 摩尔表示物质的量的单位，每摩尔物质含有阿伏伽德罗常数个微粒

(2) 下列说法正确的是（　　）。

A. 1mol H_2的质量是 1g　　B. 1mol HCl 的质量是 36.5g·mol^{-1}

C. Cl_2的摩尔质量等于它的相对分子质量　　D. 硫酸根离子的摩尔质量是 96g·mol^{-1}

(3) 下列说法错误的是（　　）。

A. 1mol 氢　　B. 1mol 氧　　C. 1mol 二氧化碳　　D. 1mol 水

(4) 某气体物质的质量为 6.4g，含有 6.02×10^{22}个分子，则该气体的相对分子质量为（　　）。

A. 64　　B. 32　　C. 96　　D. 32

(5) 在标准状况下，相同质量的下列气体中体积最大的是（　　）。

A. O_2　　B. Cl_2　　C. N_2　　D. CO_2

(6) 在相同条件下，22g 下列气体中跟 22g CO_2的体积相等的是（　　）。

A. N_2O　　B. N_2　　C. SO_2　　D. CO

2. 计算下列各物质的物质的量

(1) 11g CO_2　　(2) 56g CO　　(3) 250g $BaCl_2$

3. 成人每天从食物中摄取的几种元素的质量大约为：0.8g Ca、0.3g Mg、0.2g Cu 和 0.01g Fe，试求四种元素的摩尔比。

4. 在同温、同压下，两个容积相同的玻璃容器中分别盛满 N_2 和 O_2。

(1) 计算容器中 N_2 和 O_2 的物质的量之比和分子数目之比；

(2) 计算容器中 N_2 和 O_2 的质量比。

5. 在 30℃时，于一个 10.0L 的容器中，O_2、N_2 和 CO_2 混合气体的总压为 93.3kPa。分析结果得 $p(O_2)=$ 26.7kPa，CO_2 的质量为 5.00g，求：

(1) 容器中 $p(CO_2)$；

(2) 容器中 $p(N_2)$；

(3) O_2 的摩尔分数。

6. 在 25℃和 103.9kPa 下，把 1.308g 锌与过量稀盐酸作用，可以得到干燥氢气多少升？如果上述氢气在相同条件下于水面上收集，它的体积应为多少升（25℃时水的饱和蒸气压为 3.17kPa）？

第二章

化学反应速率和化学平衡

知识目标

1. 了解化学反应速率的概念及其表示方式
2. 了解碰撞理论和过渡状态理论
3. 理解勒沙特列原理
4. 掌握质量作用定律及其应用
5. 掌握浓度、温度、催化剂等因素对化学反应速率、化学平衡的影响

能力目标

1. 能计算化学反应速率
2. 会判断浓度、温度及催化剂对反应速率、化学平衡的影响

生活常识　生活中的化学反应速率

烧煤时将煤块弄小点更容易燃烧（增大一定量固体的表面积，利于化学反应速率的加快）；做面食类（如馒头），发面时要放在温热的地方（温度升高，化学反应速率加快）；食用油脂里加入没（读 mò）食子酸正丙酯，就可以有效地防止酸败（催化剂不一定都是加快反应速率，这里的没食子酸就是一种减慢反应速率的催化剂，即负催化剂）；我们将铁器皿表面刷涂料，也是为了减慢化学反应速率（减小接触面积）。

实验项目 1　浓度对化学反应速率的影响

【任务描述】

观察不同浓度反应物的化学反应速率，并得出结论。

【教学器材】

硬质试管（25mm×100mm、20mm×200mm）、试管架、胶头滴管、秒表。

【教学药品】

0.01mol·L^{-1} $KMnO_4$溶液、0.1mol·L^{-1} $H_2C_2O_4$溶液、0.2mol·L^{-1} $H_2C_2O_4$溶液、3mol·L^{-1} H_2SO_4溶液。

【组织形式】

三个同学为一实验小组，根据教师给出的引导步骤和要求，自行完成实验。

【注意事项】

H_2SO_4有较强的腐蚀性，取用时要小心，不能溅到皮肤与衣物上。

【实验步骤】

取两支试管，分别向试管中加入1mL 3mol·L^{-1} H_2SO_4和3mL 0.01mol·L^{-1} $KMnO_4$溶液。

(1) 向第一支试管中加入2mL 0.1mol·L^{-1} $H_2C_2O_4$溶液。

(2) 向第二支试管中加入2mL 0.2mol·L^{-1} $H_2C_2O_4$溶液。

【任务解析】

1. 反应原理

$$2KMnO_4 + 5H_2C_2O_4 + 3H_2SO_4 = K_2SO_4 + 2MnSO_4 + 10CO_2 + 8H_2O$$

反应现象：溶液紫色褪去，生成无色溶液。

2. 化学反应速率

化学反应进行的快慢程度往往各不相同。例如，炸药的爆炸、酸碱的中和反应瞬间即可完成；反应釜中乙烯的聚合过程则需几小时或几天；煤的形成更是一个缓慢的过程。相同的反应，当条件不同时，反应快慢也不同。

为了比较化学反应的快慢，需要确定化学反应速率的表示方法。化学反应的反应速率通常用单位时间内反应物或生成物浓度变化的正值来表示，符号用 v 表示。为使反应速率是正值，当用反应物浓度的减少来表示时，要在反应物浓度的变化值 Δc 前加一个负号。例如，对于化学反应：

$$A + B \longrightarrow Y + Z$$

其反应速率　$v = \Delta c(Y)/\Delta t$，或 $v = -\Delta c(A)/\Delta t$

浓度单位通常用mol·L^{-1}，时间单位常用s（秒）、min（分）、h（小时）等，反应速率单位则为mol·L^{-1}·s^{-1}、mol·L^{-1}·min^{-1}或mol·L^{-1}·h^{-1}等。

例 2-1　在一定条件下的恒容容器中，氮气与氢气反应合成氨，各物质的浓度变化如下：

$$N_2(g) + 3H_2(g) \longrightarrow 2NH_3(g)$$

	$N_2(g)$	$3H_2(g)$	$2NH_3(g)$
开始浓度/(mol·L^{-1})	1.0	3.0	0
第2s末浓度/(mol·L^{-1})	0.8	2.4	0.4

计算反应开始后2s内的平均速率。

解： $v(N_2) = -(0.8-1.0)$mol·L^{-1}/2s$=0.10$mol·L^{-1}·s^{-1}

$v(H_2) = -(2.4-3.0)$mol·L^{-1}/2s$=0.30$mol·L^{-1}·s^{-1}

$v(NH_3) = (0.4-0)$mol·L^{-1}/2s$=0.2$mol·L^{-1}·s^{-1}

可见，同一化学反应，用不同反应物或生成物浓度的变化来表示其反应速率时，结果是不同的。

【想一想】 1. 用以上形式表示的化学反应速率是平均反应速率还是瞬时反应速率？

2. 用不同物质表示的化学反应速率数值间有什么关系？

基础知识 1　化学反应速率理论简介

研究化学反应的机理大致有两种理论，即碰撞理论和过渡态理论。

一、有效碰撞理论

对于反应：

$$A+B \longrightarrow AB$$

1. 有效碰撞

参加化学反应的物质的分子、原子或离子间必须进行碰撞才能发生反应。反应物分子碰撞的频率越高，反应速率越快。

当然，并不是每次碰撞都能发生化学反应，大多数的碰撞都是无效的，并无化学反应发生，只有极少数碰撞才能导致反应，这种碰撞叫做有效碰撞。而且，反应速率不仅与碰撞频率有关，还与碰撞分子的能量因素和方位因素有关。

2. 活化分子与活化能

化学反应是旧的化学键断裂和新的化学键形成的过程，要使旧键断裂就需要能量，因此发生有效碰撞的分子一定要有足够的能量。那些具有足够能量能够发生有效碰撞的分子称为活化分子，其余的为非活化分子。只要吸收足够的能量，非活化分子可以转化为活化分子。

图 2-1 为某一温度下分子能量分布情况。图中横坐标为分子的能量，纵坐标为具有一定能量的分子所占的分数。$E_{平均}$为该温度下分子的平均能量，$E_{活化}$表示活化分子应具有的最低能量，$E_{活化平均}$是活化分子的平均能量。$E_{活化平均}$与$E_{平均}$之差为活化能E_a。因此活化能可以理解为：要使单位物质的量的具有平均能量的分子变成活化分子需吸收的最低能量。

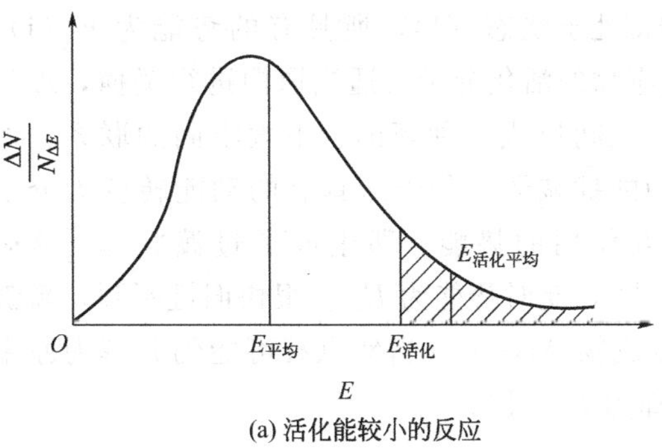

(a) 活化能较小的反应

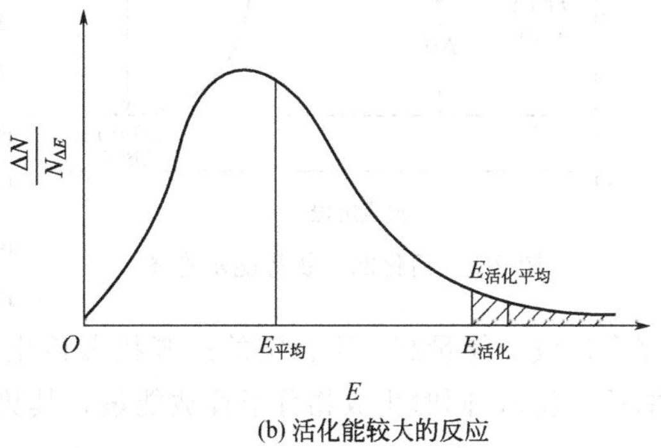

(b) 活化能较大的反应

图 2-1　分子能量分布示意图

图 2-1 中曲线下的总面积表示分子所占百分数的总和为 100%，阴影部分的面积表示活化分子所占的百分数。显然，反应的活化能E_a越大，活化分子百分数越小，反应进行得越慢；反之，反应的活化能E_a越小，反应进行得越快。化学反应活化能的大小决定于反应本身的性质，这是影响化学反应速率快慢的重要因素。绝大多数化学反应的活化能在 60～250$kJ \cdot mol^{-1}$之间，活化能小于 40$kJ \cdot mol^{-1}$的反应可在瞬间完成，如中和反应；活化能

大于 400kJ · mol^{-1} 的反应，其速率非常慢，有时甚至可认为实际上并未发生反应。

3. 反应物分子碰撞时的取向

在碰撞时，反应物分子必须有恰当的取向，使相应的原子能相互接触而形成生成物。

以气相反应 $NO_2 + CO = NO + CO_2$ 为例，反应中有一个氧原子从 NO_2 分子转移到 CO 分子上去。如图 2-2 中(a)、(b)、(c) 所示的碰撞都是无效的，只有在(d) 的情况下，碳原子和氧原子相撞时才有可能发生氧原子的转移，导致化学反应。

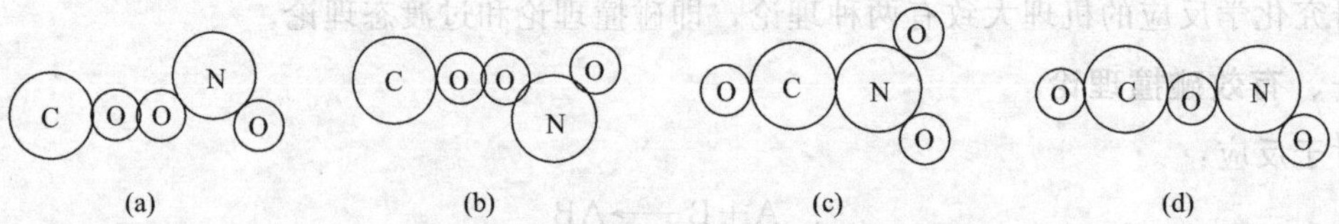

图 2-2　NO_2 和 CO 分子间几种可能的碰撞

碰撞理论比较直观地解释了一些简单的双原子分子反应的反应速率与活化能的关系，但没有从分子内部的结构及运动揭示活化能的意义，因而具有一定的局限性。

二、过渡状态理论

过渡状态理论认为：化学反应并不是通过反应物分子的简单碰撞完成的，在反应物到产物的转变过程中，先形成一种过渡状态，即反应物分子活化形成配合物的中间状态。以反应 $A + BC \longrightarrow AB + C$ 为例：

$$A + BC \longrightarrow [A \cdots B \cdots C]^* \longrightarrow AB + C$$

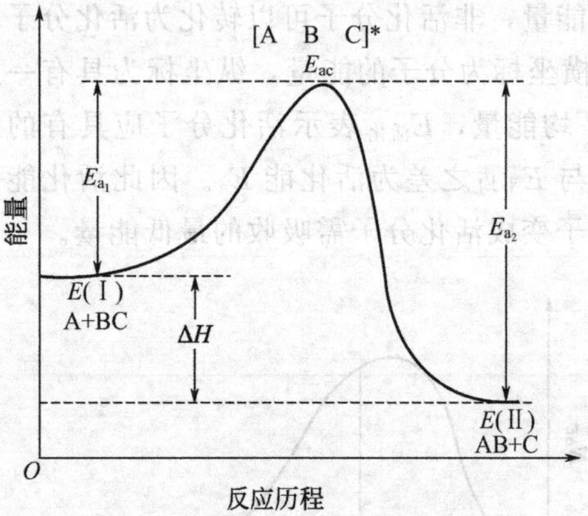

图 2-3　活化配合物势能示意图

其中 $[A \cdots B \cdots C]^*$ 即为过渡状态（又称活化配合物），活化配合物的能量高，不稳定，寿命短促，一经生成很快就转变成产物分子。在反应过程中势能的变化如图 2-3 所示。这里的势能是指分子间及分子内原子间的相互作用，这些作用与粒子间的相对位置有关。开始时，反应物 A＋BC处于状态（I），所具有的势能为 E（I）。当反应物的活化分子按适当取向进行碰撞，A 与 B…C 之间形成一种新的、不太牢固的联系，而 BC 间的键减弱，分子所具有的动能转变为分子间相互作用的势能。即生成了过渡状态 $[A \cdots B \cdots C]^*$，此时势能为 E_{ac}。很快旧键断裂，新键完全形成，能量高、不稳定的过渡状态转化为生成物 AB＋C（当然也有可能仍分解为原来的反应物），同时生成物分子释放能量，其势能降为 E（Ⅱ）。

【想一想】　反应活化能的大小与反应速率有何关系？

基础知识 2　浓度影响化学反应速率的理论解释

化学反应速率的大小首先决定于反应物的本性，其次外界条件如浓度、压力、温度、催化剂等对反应速率也有很大的影响。

一、浓度或分压对反应速率的影响

实验证明，在一定温度下，反应物浓度越大，反应速率就越快，反之亦然。为了定量描述这两者之间的关系，须明确以下概念。

1. 元反应和非元反应

实验表明，绝大多数化学反应并不是简单地一步完成，往往是分步进行的。一步就能完成的反应称为基元反应，简称元反应。例如：

$$2NO_2(g) \xlongequal{} 2NO(g) + O_2(g)$$

$$CO(g) + NO_2(g) \xlongequal{} CO_2(g) + NO(g)$$

分几步进行的反应称为非基元反应，简称非元反应。例如反应：

$$2H_2(g) + 2NO(g) \xlongequal{} N_2(g) + 2H_2O(g)$$

实际上是分两步进行的：

第一步（慢）　$2NO + H_2 \xlongequal{} N_2 + H_2O_2$

第二步（快）　$H_2 + H_2O_2 \xlongequal{} 2H_2O$

每一步为一个元反应，总反应即为两步反应的和。

2. 元反应的速率方程——质量作用定律

在大量实验的基础上，得到结论：在一定温度下，元反应的反应速率与各反应物浓度幂的乘积成正比，浓度指数等于元反应中各反应物的化学计量数。这一规律称为质量作用定律。

对于基元反应：

$$aA + bB \xlongequal{} \text{产物}$$

质量作用定律可表示为：

$$v = k[c(A)]^a[c(B)]^b \qquad (2\text{-}1)$$

式(2-1) 称为速率方程。式中，v 为反应的瞬时反应速率；k 为速率常数，它是反应物浓度为 $1mol \cdot L^{-1}$时的反应速率；c（A）和 c（B）分别为反应物 A 和 B 的浓度，其单位通常采用 $mol \cdot L^{-1}$表示；各物质浓度的幂指数之和（$a+b$）称为该反应的反应级数。对于一指定反应来讲，k 只是温度的函数，与浓度或压强无关，其单位为 $mol^{1-(a+b)} \cdot L^{(a+b)-1} \cdot s^{-1}$。

对于非基元反应，其经验速率方程可表示为：

$$v = k[c(A)]^x[c(B)]^y \qquad (2\text{-}2)$$

但 x、y 的值需要通过实验测定。

例如，元反应 $2NO(g) + O_2(g) \xlongequal{} 2NO_2(g)$，其速率方程为 $v=k[c(NO)]^2[c(O_2)]$，其反应级数为 3，属于三级反应。非基元反应 $2H_2(g) + 2NO(g) \xlongequal{} N_2(g) + 2H_2O(g)$ 的速率方程为 $v=k[c(NO)]^2[c(H_2)]$，而不是 $v=k[c(NO)]^2[c(H_2)]^2$，其反应级数为 3。这是因为该反应的第一步慢，成为影响整个反应速率的决定步骤，总反应的快慢就取决于第一步慢反应的速率。

应注意：

① 质量作用定律只适用于元反应，不适用于非元反应。对于非元反应，其速率方程是由实验确定的，往往与反应式中的化学计量数不同。如果知道该非元反应的元步骤，则可以将其最慢的一步作为决定速率的步骤，进行讨论。

② 对于指定反应，速率常数 k 不随反应物浓度的变化而变化，但与温度有关，因此实验测得的速率常数要注明测定时的温度。

③ 多相反应中的固态反应物，其浓度不写入速率方程。

如元反应 $C(s) + O_2(g) = CO_2(g)$，其速率方程为 $v = kc(O_2)$。

④ 对于气体反应，当体积恒定时，各组分气体的分压与浓度成正比，故速率方程也可表示为 $v = k[p(A)]^a[p(B)]^b$。

在浓度或分压相同的情况下，k 值越大，反应速率越快。

二、有效碰撞理论对浓度影响的解释

对一指定反应，在一定温度下，反应物中活化分子的百分数是一定的。增加浓度，或对于气体反应增加分压，单位体积内的活化分子总数增加，有效碰撞次数增加，反应速率加快。

【想一想】 过渡状态理论如何解释浓度对反应速率的影响？

实验项目 2 温度对化学反应速率的影响

【任务描述】

观察不同温度下，相同反应物的化学反应速率，并得出结论。

【教学器材】

硬质试管（25mm×100mm、20mm×200mm）、试管架、胶头滴管、秒表。

【教学药品】

0.1mol·L^{-1} $Na_2S_2O_3$溶液、0.1mol·L^{-1} H_2SO_4溶液、冰水、热水。

【组织形式】

三个同学为一实验小组，根据教师给出的引导步骤和要求，自行完成实验。

【注意事项】

H_2SO_4有较强的腐蚀性，取用时要小心，不能溅到皮肤与衣物上。

【实验步骤】

取两支试管，各加入 5mL 0.1mol·L^{-1} $Na_2S_2O_3$ 溶液；另取两支试管各加入 5mL 0.1mol·L^{-1} H_2SO_4溶液；将 4 支试管分成两组（盛有 $Na_2S_2O_3$和 H_2SO_4的试管各一支）。

（1）一组放入冷水中一段时间后相互混合，记录出现浑浊的时间。

（2）另一组放入热水中一段时间后相互混合，记录出现浑浊的时间。

【任务解析】

1. 反应原理

$$Na_2S_2O_3 + H_2SO_4 = S\downarrow + SO_2\uparrow + H_2O + Na_2SO_4$$

反应现象：生成刺激性气味的气体，并生成沉淀，溶液变浑浊。

2. 影响化学反应速率的因素

化学反应速率的大小首先决定于反应物的本性，其次外界条件如浓度、压力、温度、催

化剂等对反应速率也有很大的影响。

实验证明，在一定温度下，反应物浓度越大，反应速率就越快，反之亦然。

【想一想】 有效碰撞、过渡状态理论对温度影响分别如何解释？

基础知识 3　温度影响化学反应速率的理论解释

温度是影响反应速率的重要因素之一。升温使反应物分子的能量增加，大量的非活化分子获得能量后变成活化分子，单位体积内活化分子百分数大大增加，有效碰撞次数增多，无论是吸热反应还是放热反应，其反应速率都明显增大。例如，食物在夏天腐败变质要比在冬天快得多；H_2和O_2生成水的反应，常温下难以进行，而在500℃时，反应会剧烈进行，甚至发生爆炸。

1884年，范托夫（van't Hoff）根据实验结果归纳出一条经验规则：反应物浓度恒定时，对大部分化学反应，温度每升高10℃，反应速率大约增加到原来的2～4倍。表2-1列出温度对H_2O_2与HI反应速率的影响。

表 2-1　温度对 H_2O_2 与 HI 反应速率的影响

t/℃	0	10	20	30	40	50
相对反应速率	1	2.08	4.32	8.38	16.19	39.95

1889年，阿仑尼乌斯（Arrhenius）在总结了大量实验事实后，提出了反应速率常数与温度的关系式：

$$k = A\mathrm{e}^{-\frac{E_a}{RT}} \tag{2-3}$$

式中，k为反应速率常数；E_a为反应的活化能；R为摩尔气体常量；T为热力学温度；A为一常数，称为指前因子；e为自然对数的底。对式(2-3)取对数，得：

$$\ln k = -\frac{E_a}{RT} + \ln A \tag{2-4}$$

式(2-4)表明，以$\ln k$对$1/T$作图可得直线，直线的斜率等于$-E_a/R$，截距等于$\ln A$。如果知道不同温度时的k值，就可求算反应的活化能E_a。同样，知道反应的活化能E_a和指前因子A，也可求不同温度下的反应速率常数k。但由于在多数情况下没有指前因子A的数值，所以式(2-4)可演变成式(2-5)：

$$\ln\frac{k_2}{k_1} = \frac{E_a}{R}\left(\frac{T_2 - T_1}{T_1 T_2}\right) \tag{2-5}$$

应用式(2-5)可求算反应的活化能E_a或反应的速率常数k。

例 2-2　已知下列两反应的活化能，试求温度从293K变到303K时，反应速率各增加的倍数。

(1) $H_2O_2 \xlongequal{} \frac{1}{2}O_2 + H_2O$　$E_a = 75.2\text{kJ}\cdot\text{mol}^{-1}$

(2) $N_2 + 3H_2 \xlongequal{} 2NH_3$　$E_a = 335\text{kJ}\cdot\text{mol}^{-1}$

解：

$$\ln\frac{v_2}{v_1} = \ln\frac{k_2}{k_1} = \frac{E_a}{R}\left(\frac{T_2 - T_1}{T_1 T_2}\right)$$

对反应（1）来讲，$\ln\frac{v_2}{v_1}=\frac{75.2\times1000}{8.314}\left(\frac{303-293}{293\times303}\right)=1.019$，$\frac{v_2}{v_1}=2.77$。

温度提高10K，反应速率为原速率的2.77倍。

对反应（2）来讲，同样可求得：

$$\ln\frac{v_2}{v_1}=\frac{335\times1000}{8.314}\left(\frac{303-293}{293\times303}\right)=4.539,\ \frac{v_2}{v_1}=93.6。$$

温度同样升高10K，但反应速率为原速率的93.6倍。

结论：反应的活化能E_a越大，温度对反应速率的影响越明显。

实验项目3 催化剂对化学反应速率的影响

【任务描述】

观察有无催化剂对同一化学反应的化学反应速率的影响，并得出结论。

【教学器材】

硬质试管（25mm×100mm、20mm×200mm）、试管架、胶头滴管、秒表。

【教学药品】

3%的H_2O_2溶液、家用洗涤剂、MnO_2粉末。

【组织形式】

三个同学为一实验小组，根据教师给出的引导步骤和要求，自行完成实验。

【注意事项】

H_2O_2有一定的腐蚀性，取用时要小心，不能长时间浸泡皮肤。

【实验步骤】

1. 在试管里加入3%的H_2O_2溶液3mL和合成洗涤剂（产生气泡以示有气体生成）3～4滴，观察现象。

2. 在另一支试管里加入3%的H_2O_2溶液3mL和合成洗涤剂3～4滴，再加入少量二氧化锰，观察现象。

【任务解析】

1. 反应原理

$$2H_2O_2 = 2H_2O+O_2$$

反应现象：有气泡冒出。

2. 催化剂

催化剂（又称触媒）是一种能改变反应速率，但本身的组成、质量和化学性质在反应前后不发生任何变化的物质。

催化剂对化学反应速率的影响叫催化作用。能增大反应速率的催化剂叫正催化剂，使反应速率减慢的叫负催化剂，又叫阻化剂。一般所说的催化剂是指正催化剂。例如H_2O_2分解中用到的MnO_2，硫酸生产中的V_2O_5，甲基环己烷脱氢制甲苯中的Cu、Ni催化剂等。据统计，化工生产中80%以上的反应都采用了催化剂。

基础知识 4　催化剂影响化学反应速率的理论解释

催化剂提高化学反应速率的原因，是因为它改变了反应的历程，降低了反应的活化能，使活化分子总数和百分数都增加了。

催化剂的催化作用具有严格的选择性。一种催化剂往往只对某一特定的反应有催化作用；相同的反应物如采用不同的催化剂，会得到不同的产物。例如：

$$HCOOH \xrightarrow{\triangle} H_2O + CO$$

$$HCOOH \xrightarrow[\triangle]{ZnO} H_2 + CO_2$$

由此可见，不同的反应要选择不同的催化剂。同时选择合适的催化剂一方面可以加速生成目的产物的反应，另一方面使其他反应得以抑制。

在使用催化剂的反应中，必须保持原料的纯净。因为少量杂质的存在，往往会使催化剂的催化活性大大降低，这种现象称为催化剂中毒。

关于催化剂对反应速率的影响还应注意以下几点：

① 催化剂只是加快化学反应的速率，而不影响反应的始态和终态。即反应时间缩短了，而产物的量并没有增多。

② 催化作用降低了反应的活化能，因而反应速率常数增大，从而反应速率增大。

在生命过程中，包含着很多复杂的化学反应，生物体内的催化剂——酶，起着重要的作用。如消化、新陈代谢、神经传递、光合作用等，都离不开酶的催化作用。酶是相对分子质量范围在 $10^4 \sim 10^6$ 的蛋白质类化合物。它不但选择性高，而且能在常温、常压和近于中性的条件下加速特定反应的进行。而工业生产中不少催化剂往往需要高温、高压等比较苛刻的条件。因此，模拟酶的催化作用一直是生物学家和化学家关注的研究课题。我国科学工作者在化学模拟生物固氮酶的研究方面已处于世界前列。

实验项目 4　浓度对化学反应平衡的影响

【任务描述】

观察反应物浓度变化对化学平衡的影响，并得出结论。

【教学器材】

硬质试管（25mm×100mm、20mm×200mm）、试管架、胶头滴管、秒表。

【教学药品】

0.1mol·L^{-1} $K_2Cr_2O_7$溶液、浓 H_2SO_4溶液、6mol·L^{-1} NaOH 溶液。

【组织形式】

三个同学为一实验小组，根据教师给出的引导步骤和要求，自行完成实验。

【注意事项】

浓 H_2SO_4溶液有很强的腐蚀性，使用时要多加注意。

【实验步骤】

在取两支试管，分别向试管中加入 5mL 0.1mol·L^{-1} $K_2Cr_2O_7$溶液。

(1) 向第一支试管中加入 3～10 滴浓 H_2SO_4溶液。

(2) 向第二支试管中滴加 10～20 滴 6mol·L^{-1} NaOH 溶液。

观察并记录溶液颜色变化。

【任务解析】

1. 反应原理

$K_2Cr_2O_7$溶液中存在如下平衡：

$$Cr_2O_7^{2-}\text{（橙红色）}+H_2O \rightleftharpoons 2CrO_4^{2-}\text{（黄色）}+2H^+$$

反应现象：酸性条件下反应溶液由橙红色变为黄色；碱性条件下反应溶液由橙红色变为黄色。方程式为：

$$2CrO_4^{2-}\text{（黄色）}+2H^+ \rightleftharpoons 2HCrO_4^- \rightleftharpoons Cr_2O_7^{2-}\text{（橙红色）}+H_2O$$

2. 可逆反应

在一定条件下既可以向正向进行，又能向逆向进行的反应称为可逆反应。例如：

$$2NO(g)+O_2(g) \rightleftharpoons 2NO_2(g)$$

几乎所有的化学反应都具有可逆性。即在密闭容器中，反应不能进行到底，反应物不能全部转化为产物。通常把从左到右进行的反应称为正反应，从右向左进行的反应称为逆反应。

3. 化学平衡

在一定温度下把定量的 NO 和 O_2置于一密闭容器中，反应刚开始时，正反应速率较大，逆反应的速率几乎为零，随着反应的进行，反应物 NO 和 O_2浓度逐渐减小，正反应速率逐渐减小，生成物 NO_2浓度逐渐增大，逆反应速率逐渐增大。当正反应速率和逆反应速率相等时，体系中反应物和生成物的浓度不再随时间改变而改变，体系所处的状态称为化学平衡。

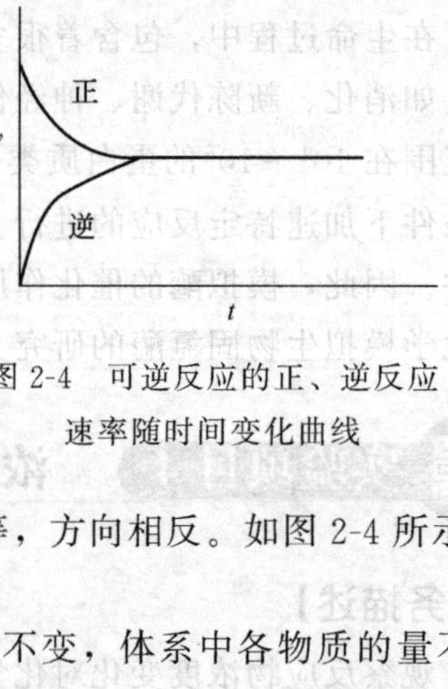

图 2-4 可逆反应的正、逆反应速率随时间变化曲线

宏观上处于静止状态，产物不再增加，反应物不再减少，实际上，正、逆反应仍在进行，只不过它们的速率相等，方向相反。如图 2-4 所示。

化学平衡具有如下特点：

① 化学平衡是一动态平衡，此时 $v_{正}=v_{逆}\neq 0$。外界条件不变，体系中各物质的量不随时间变化。

② 平衡是有条件的，条件改变时，原平衡被破坏。在新的条件下，建立新的平衡。

③ 反应是可逆的，化学平衡既可以由反应物开始达到平衡，也可以由产物开始达到平衡。

【想一想】 可逆反应达到化学平衡的时间与反应物转化率有关系吗？

基础知识 5 化学平衡常数

一、实验平衡常数

对于任意的化学反应：

$$aA+bB \rightleftharpoons dD+gG$$

在一定温度下达到平衡时，实验平衡常数用各生成物平衡浓度幂的乘积与各反应物平衡浓度幂的乘积之比表示，即：

$$K_c=\frac{[G]^g\ [D]^d}{[A]^a\ [B]^b} \tag{2-6}$$

K_c称为浓度平衡常数。

对于气相中的可逆反应：

$$aA(g)+bB(g) \rightleftharpoons dD(g)+gG(g)$$

在一定温度下达到平衡时，实验平衡常数用各生成物平衡分压幂的乘积与各反应物平衡分压幂的乘积之比表示，即：

$$K_p=\frac{p^g(G)p^d(D)}{p^a(A)p^b(B)} \tag{2-7}$$

K_p称为压力平衡常数。

实验平衡常数有单位，其单位取决于生成物与反应物的化学计量数之差，即 $\Delta n=(g+d)-(a+b)$，通常 K_p、K_c只给出数值而不标出单位。由理想气体状态方程及式(2-6)、式(2-7) 可以找到 K_c与 K_p之间的关系：

$$K_p=K_c(RT)^{\Delta n}$$

二、标准平衡常数

在实验平衡常数中，由于 c、p 有单位，因此 K_c、K_p 有单位。而且由于采用的单位不同（atm、Pa），其 K_p 的数值也不同，使用时很不方便。因此引入了标准平衡常数的概念 $K^{\ominus}$。

在书写标准平衡常数表达式时，气体物质要用分压先除以 $p^{\ominus}$，溶液中物质的 c 先除以 $c^{\ominus}$，再代入平衡常数表达式。$c^{\ominus}$ 为标准浓度，且 $c^{\ominus}=1\text{mol}\cdot\text{L}^{-1}$，$p^{\ominus}$ 为标准压力，且$p^{\ominus}=100\text{kPa}$。

对于气相中的可逆反应：

$$aA(g)+bB(g) \rightleftharpoons dD(g)+gG(g)$$

在一定温度下达到平衡时，则有：

$$K^{\ominus}=\frac{[p(D)/p^{\ominus}]^d\ [p(G)/p^{\ominus}]^g}{[p(A)/p^{\ominus}]^a\ [p(B)/p^{\ominus}]^b}$$

对于任意的化学反应：　$aA+bB \rightleftharpoons dD+gG$

若为稀溶液反应，一定温度下达平衡时，则有：

$$K^{\ominus}=\frac{[c(D)/c^{\ominus}]^d\ [c(G)/c^{\ominus}]^g}{[c(A)/c^{\ominus}]^a\ [c(B)/c^{\ominus}]^b}$$

标准平衡常数 $K^{\ominus}$与实验平衡常数 K（K_p或K_c）不同，$K^{\ominus}$的量纲为 1。

1. 平衡常数的书写

(1) 对于有纯固体、纯液体和水参加反应的平衡体系，其中纯固体、纯液体和水无浓度可言，不要写入表达式中。例如：

$$CaCO_3(s) \rightleftharpoons CaO(s)+CO_2(g)$$

$$K=p(CO_2)$$

(2) 平衡常数的表达式及数值随化学反应方程式的写法不同而不同，但其实际含义相同。例如：

$$N_2O_4(g) \rightleftharpoons 2NO_2(g) \qquad K_1 = \frac{[NO_2]^2}{[N_2O_4]}$$

$$\frac{1}{2}N_2O_4(g) \rightleftharpoons NO_2(g) \qquad K_2 = \frac{[NO_2]}{[N_2O_4]^{\frac{1}{2}}}$$

以上两种平衡常数表达式都描述同一平衡体系，但 $K_1 \neq K_2$。所以使用时，平衡表达式必须与反应方程式相对应。

(3) 多重平衡规则

如有两个反应相加（或相减）可得到第三个反应式，则其平衡常数为前两个化学反应的平衡常数之积（或商）。当反应式乘以系数时，则该系数作为平衡常数的指数。

例如，某温度下，已知反应：

$$2NO(g) + O_2(g) \rightleftharpoons 2NO_2(g) \qquad K_1$$

$$2NO_2(g) \rightleftharpoons N_2O_4(g) \qquad K_2$$

若两个反应相加得 $2NO(g) + O_2(g) \rightleftharpoons N_2O_4(g)$，则：

$$K = K_1K_2$$

2. 平衡常数的意义

平衡常数是可逆反应的特征常数，它的大小表明了在一定条件下反应进行的程度，对于同一类型反应，$K^{\ominus}$ 越大，表明正反应进行的程度越大；平衡常数与反应系统的浓度无关，它只是温度的函数。因此，使用时必须注明对应的温度。

3. 平衡常数的应用

(1) 由平衡浓度计算平衡常数

例 2-3 合成氨反应 $N_2 + 3H_2 \rightleftharpoons 2NH_3$ 在某温度下达到平衡时，N_2、H_2、NH_3 的浓度分别是 $3mol \cdot L^{-1}$、$9mol \cdot L^{-1}$、$4mol \cdot L^{-1}$，求该温度下的平衡常数。

解：

已知平衡浓度，代入平衡常数表达式，得：

$$K = \frac{[NH_3]^2}{[N_2][H_2]^3} = \frac{4^2}{3 \times 9^3} = 7.32 \times 10^{-3}$$

(2) 已知平衡常数和起始浓度计算平衡组成和平衡转化率

平衡转化率简称为转化率，它指反应达到平衡时，某反应物转化为生成物的百分数，常用 η 来表示：

$$\eta = \frac{\text{某反应物已转化的物质的量}(n)}{\text{反应前该反应物的总物质的量}(n_{\text{总}})} \times 100\%$$

若反应前后体积不变，反应物物质的量可用浓度表示：

$$\eta = \frac{\text{某反应物转化了的浓度}(c)}{\text{该反应物的起始浓度}(c_{\text{总}})} \times 100\%$$

例 2-4 某温度 T 时，反应 $CO(g) + H_2O(g) \rightleftharpoons H_2(g) + CO_2(g)$ 的平衡常数 $K^{\ominus} = 9$。若反应开始时 CO 和 H_2O 的浓度均为 $0.02mol \cdot L^{-1}$，计算平衡时系统中各物质的浓度及 CO 的平衡转化率？

解：

(1) 计算平衡时各物质的浓度

设反应达到平衡时系统中 H_2 和 CO_2 的浓度为 $x(mol \cdot L^{-1})$。

$$CO(g)+H_2O(g) \rightleftharpoons H_2(g)+CO_2(g)$$

起始浓度/$mol \cdot L^{-1}$　　0.02　　0.02　　0　　0

平衡浓度/$mol \cdot L^{-1}$　　$0.02-x$　　$0.02-x$　　x　　x

$$K^{\ominus}=\frac{[H_2][CO_2]}{[H_2O][CO]}$$

$$K^{\ominus}=\frac{x^2}{(0.02-x)^2}=9$$

$$x=0.015$$

平衡时　　$c(H_2)=c(CO_2)=0.015mol \cdot L^{-1}$

$$c(CO)=c(H_2O)=(0.02-0.015)mol \cdot L^{-1}=0.005mol \cdot L^{-1}$$

(2) 计算 CO 的平衡转化率

$$\alpha(CO)=\frac{0.015}{0.02}\times 100\%=75\%$$

实验项目 5　温度对化学反应平衡的影响

【任务描述】

观察温度对化学平衡的影响，并得出结论。

【教学器材】

硬质试管（25mm×100mm、20mm×200mm）、试管架、胶头滴管、秒表。

【教学药品】

NO_2气体、冰水、热水。

【组织形式】

三个同学为一实验小组，根据教师给出的引导步骤和要求，自行完成实验。

【注意事项】

NO_2为红棕色气体，有毒，使用时要小心。

【实验步骤】

如图 2-5 所示，将 NO_2 平衡仪分别浸泡在冰水和热水中，观察颜色变化。

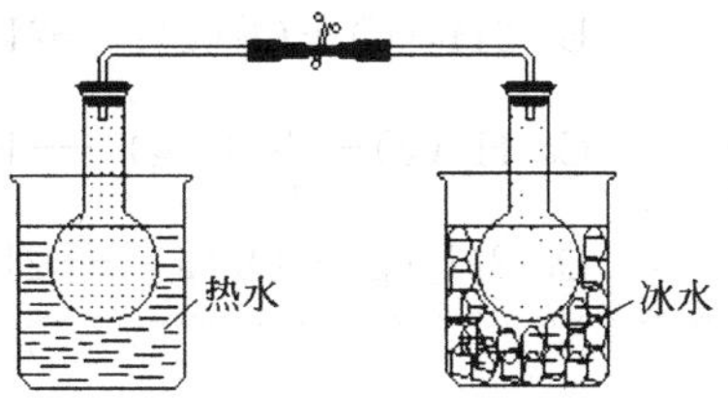

图 2-5　二氧化氮平衡移动实验

【任务解析】

1. 化学反应热效应

化学反应所释放的能量是当今世界上重要的能源之一。国防上用的火箭燃料、高能电池等都是利用化学反应所释放的能量的，而化学反应中的能量变化通常表现为热能的变化。所以从能量的角度考虑化学变化的问题，认识并掌握热化学方程式可以帮助我们较全面地认识化学反应的本质。

(1) 反应热

放热反应：反应过程中有热量放出的化学反应。其反应物的总焓大于反应产物的总焓，如酸碱中和反应，煤、石油等化石燃料的燃烧等。

吸热反应：反应过程中吸收热量的化学反应。其反应物的总焓小于反应产物的总焓，如电解质的电离，灼热的碳与CO_2的反应等。

（2）盖斯定律及反应热的简单计算

盖斯定律是计算反应热的重要依据，在生产和科学研究中有重要意义。它表示：化学反应的反应热只与反应的始态（各反应物）和终态（各生成物）有关，而与反应进行的具体途径无关。例如：$\Delta H=\Delta H_1+\Delta H_2$或$\Delta H_1=\Delta H-\Delta H_2$，所以热化学方程间可进行“＋”、“－”等数学运算，ΔH也同样可以。

（3）热化学方程式

① 热化学方程式不仅表明了化学反应中的物质变化，也表明了化学反应中的能量变化，而能量变化与外界的温度和压力都有关，故应指明外界条件，若不指明，一般指101kPa和298K的外界条件。

② 不同状态的同种物质参加化学反应时，其能量变化不相同，因此书写热化学方程式时一定要标明反应物或生成物的聚集状态。

③ 热化学方程式中的化学计量数可以用整数，也可以用分数，因为它只表示物质的量。当计量数改变时，ΔH也应随之改变。

④ ΔH的“＋”、“－”一定要标明，“＋”表示放热，“－”表示吸热。其单位是$kJ\cdot mol^{-1}$。mol^{-1}不是指1mol某反应物或生成物，而是指1mol这样的反应。

2. 化学中的“焓”

化学中的“焓”是热力学中的一个参数。

焓的定义：热力学中表示物质系统能量的一个状态函数，常用符号H表示。数值上等于系统的内能U加上压力p和体积V的乘积，即$H=U+pV$。焓的变化是系统在等压可逆过程中所吸收的热量的度量。

【练一练】 已知在1×10^5Pa、298K条件下，2mol氢气燃烧生成水蒸气放出484kJ热量，下列热化学方程式正确的是：

A. $H_2O(g)=\!=\!=H_2(g)+\frac{1}{2}O_2(g)$；　$\Delta H=+242kJ\cdot mol^{-1}$

B. $2H_2(g)+O_2(g)=\!=\!=2H_2O(l)$；　$\Delta H=-484kJ\cdot mol^{-1}$

C. $H_2(g)+\frac{1}{2}O_2(g)=\!=\!=H_2O(g)$；　$\Delta H=+242kJ\cdot mol^{-1}$

D. $2H_2(g)+O_2(g)=\!=\!=2H_2O(g)$；　$\Delta H=+484kJ\cdot mol^{-1}$

基础知识6　勒沙特列原理

一、化学平衡移动的概念

化学平衡是一种动态平衡，在外界条件改变时，会使反应的平衡条件遭到破坏，从而会向某一个方向进行，这种由于外界条件的改变，使反应从一种平衡状态向另一种平衡状态转变的过程叫做化学平衡的移动。

二、影响化学平衡移动的因素

1. 浓度对化学平衡的影响

对于任意可逆反应　　$aA+bB \rightleftharpoons dD+gG$

令　　$$Q=\frac{c^d(D)c^g(G)}{c^a(A)c^b(B)}$$

式中，c(A)、c(B)、c(D)、c(G) ——各反应物和生成物的任意浓度。

Q 为可逆反应的生成物浓度幂的乘积与反应物浓度幂的乘积之比，称为浓度商。在反应达平衡之后，如果改变反应物或产物浓度，会使得平衡发生移动。在浓度发生变化时，$K^{\ominus}$ 是不变的，改变的是 Q。当反应物浓度增大时由于 $Q<K^{\ominus}$，平衡被破坏，反应向右进行，随着反应物浓度的减小和生成物浓度的增大，Q 值变大，当 $Q=K^{\ominus}$ 时，反应又达到一个新平衡。同理，当反应物浓度减小时或生成物浓度增大时，由于 $Q>K^{\ominus}$，平衡向左移动，直到 $Q=K^{\ominus}$ 时，建立新的平衡为止。

浓度对化学平衡的影响可以归纳为：其他条件不变时，增大反应物浓度或减小生成物浓度，平衡向右移动；增大生成物浓度或减小反应物浓度，平衡向左移动。

2. 压力对化学平衡的影响

对液相和固相中发生的反应，改变压力，对平衡几乎没有什么影响。但对于有气体参加的反应，压力的影响必须考虑。

例如 $N_2(g)+3H_2(g) \rightleftharpoons 2NH_3(g)$，气体分子的变化量 $\Delta n=2-3-1=-2$。

$$K^{\ominus}=\frac{(p_{NH_3}/p^{\ominus})^2}{p_{N_2}/p^{\ominus})(p_{H_2}/p^{\ominus})^3}=\frac{p^2_{NH_3}}{p_{N_2}\,p^{\ominus}_{H_2}\,p^{\ominus 2}}$$

当 $p_{总}$ 增大一倍时，各分压均增大一倍。

$$Q=\frac{(2p_{NH_3}/p^{\ominus})^2}{(2p_{N_2}/p^{\ominus})(2p_{H_2}/p^{\ominus})^3}=\frac{4p^2_{NH_3}}{16p_{N_2}\,p^3_{NH_3}\,p^{\ominus 2}}$$

$$Q=\frac{4}{16}K^{\ominus}$$

$Q<K^{\ominus}$ 平衡正向移动（气体分子数减小的方向）。

当 $p_{总}$ 减小 $\frac{1}{2}$ 时：$$Q=\frac{\left(\frac{1}{2}p_{NH_3}/p^{\ominus}\right)^2}{\left(\frac{1}{2}p_{N_2}/p^{\ominus}\right)\left(\frac{1}{2}p_{H_2}/p^{\ominus}\right)^3}=\frac{16p^2_{NH_3}}{4p_{N_2}\,p^3_{NH_3}\,p^{\ominus 2}}$$

$$Q=\frac{16}{4}K^{\ominus}$$

$Q>K^{\ominus}$ 平衡向逆向移动（气体分子数增大的方向）。

压力对化学平衡的影响可以归纳为：其他条件不变时，增加总压，平衡向气体分子减小的方向移动，减小总压，平衡向气体分子数增大的方向移动，$\Delta n=0$ 时，改变总压平衡不移动。

3. 温度对化学平衡的影响

温度对化学平衡的影响与浓度、压力的影响有本质的区别。温度变化时平衡常数会变，而压力、浓度变化时，平衡常数不变。实验测定表明，对于正向放热（$Q<0$）反应，温度升高，平衡常数减小，此时，$Q>K^{\ominus}$，平衡向左移动，即向吸热方向移动。对于正向吸热的反应，温度升高，平衡常数增大，此时，$Q<K^{\ominus}$，平衡向右移动。

温度对化学平衡的影响可以归纳为：其他条件不变时，升高温度，化学平衡向吸热方向移动，降低温度，化学平衡向放热方向移动。

4. 催化剂对化学平衡的影响

催化剂同等程度地增加正逆反应速率，加入催化剂后，体系的始态和终态并未改变，$K^{\ominus}$也不变，Q也不变，此平衡不移动。

三、化学平衡移动原理

综合上述影响化学平衡移动的各种因素，1884 年法国科学家勒沙特列概括出一条规律：如果改变平衡系统的条件（如浓度、压力、温度）之一，平衡就向能减弱这个改变的方向移动。这个规律被称为勒沙特列原理，也叫化学平衡移动原理。

四、化学平衡移动的应用

例如合成氨反应：

$$N_2(g)+3H_2(g) \rightleftharpoons 2NH_3(g) \qquad (Q<0)$$

当增加 N_2 和 H_2 的浓度时，平衡向生成 NH_3 的方向移动，使 N_2 和 H_2 的浓度降低；当增大平衡系统中的压力（不包括惰性气体）时，平衡向生成 NH_3 的方向移动，使系统中气体分子总数减小，压力相应降低。当降低平衡系统的温度时，平衡向生成 NH_3 的方向移动，使反应系统的温度升高。

平衡移动原理是一条普遍的规律，适用于所有已达到的动态平衡，但必须指出，它只能用于已经建立平衡的体系，对于非平衡体系则不适用。

阅读材料

催化剂发展综述

能在化学反应中改变其他物质的化学反应速率（既可能提高也可能降低），而本身的质量和化学性质在化学反应前后都没有发生改变的物质叫催化剂（也叫触媒）。人们利用催化剂，可以改变化学反应的速率，大多数催化剂都只能改变某一种，或者某一类化学反应，而不能被用来改变所有的化学反应。催化剂并不会在化学反应中被消耗掉。不管是反应前还是反应后，它们都能够从反应物中被分离出来。不过，它们有可能会在反应的某一个阶段中被消耗，然后在整个反应结束之前又重新产生。

在化工生产、科学实验和生命活动中，催化剂都大显身手。例如，硫酸生产中要用五氧化二钒作催化剂。由氮气跟氢气合成氨气，要用以铁为主的多组分催化剂，提高反应速率。在炼油厂，催化剂更是少不了，选用不同的催化剂，就可以得到不同品质的汽油、煤油。化工合成酸性和碱性色可赛思催化剂。车尾气中含有害的一氧化碳和一氧化氮，利用铂等金属作催化剂可以迅速将二者转化为无害的二氧化碳和氮气。酶是植物、动物和微生物产生的具有催化能力的蛋白质，生物体的化学反应几乎都在酶的催化作用下进行，酿造业、制药业等都要用到酶催化剂。

催化剂种类繁多，按状态可分为液体催化剂和固体催化剂；按反应体系的相态分为均相催化剂和多相催化剂，均相催化剂有酸、碱、可溶性过渡金属化合物和过氧化物催化剂。多相催化剂有固体酸催化剂、有机碱催化剂、金属催化剂、金属氧化物催化剂、络合物催化剂、稀土催化剂、分子筛催化剂、生物催化剂、纳米催化剂等；按照反应类型又分为聚合、缩聚、接枝、酯化、缩醛化、加氢、脱氢、氧化、还原、烷基化、异构化等催化剂；按照作用大小还分为主催化剂和助催化剂。

下面介绍几种催化剂的发展近况。

一、松香改性催化剂的研究进展

松香是自然界极其丰富的一种天然树脂，分为脂松香、浮油松香和木松香三种，松香具有防腐、防潮、绝缘、黏合、乳化、软化等特性，广泛应用于食品工业、胶黏剂工业、电子工业、医药和农药等，但松香性脆、易氧化、酸值较高、热稳定性差等缺点严重妨碍了它的应用。研究发现可以通过对松香进行化学改性，人为地赋予它各种优良性能，使其得到更广泛的应用。松香化学反应主要在枞酸型树脂酸分子的两个活性基团——羧基和共轭双键上进行。它的主要反应有：异构、加成、氢化、歧化、聚合、氨解、酯化、还原、成盐反应和氧化反应。松香的氢化和酯化是其中最主要的改性手段。我国脂松香年产量居世界第一。随着石油等一次性资源的逐渐枯竭，如何利用松香这种可再生的天然资源来替代部分一次性资源已成为日益重要的研究课题。

1. 松香氢化催化剂的研究状况

松香对氧化的不稳定性及其相应的碘化趋势主要与枞酸型树脂酸的共轭双键体系有关。采用催化加氢的方法使松香内枞酸型树脂酸的共轭双键部分或全部被氢气饱和而趋于稳定。氢化松香具有较高的抗氧化性能，在空气和光照下不被氧化和不变色，无结晶趋势，脆性小，黏结性强，能长期保持弹性和色浅等优点，因而广泛应用于胶黏剂、合成橡胶、涂料、油墨、造纸、电子、食品等行业。对松香进行加氢改性是松香改性的主要途径之一。

2. 松香酯化催化剂研究状况

松香酯化产品稳定性高，不易氧化变质，热熔流动性好，黏性较大，增大了其应用领域。

3. 其他松香深加工催化剂的研究状况

除了以上介绍的两种方法外，歧化反应也是松香深加工的一种重要方法。歧化松香的主要成分是脱氢枞酸，其性能特点是抗氧化力较强，在工业中应用广泛。松香歧化需在较高温度和适当催化剂的条件下进行，用于松香歧化过程的催化剂有许多种，如硫化物催化剂、碘化物催化剂、氧化物催化剂和稀土催化剂。

Pd/C 催化剂仍是催化效果最好的。Fleck 与 Palkin 用 Pd/C 于 225℃进行枞酸歧化生成脱氢枞酸和少量的四氢枞酸，而在 270℃时反应的主要产物为脱氢枞酸。Loeblich 和 Lawoence 用 Pd/C 于 210℃时进行松香歧化能形成质量分数为 65%的脱氢枞酸，20.4%的二氢树脂酸，5.0%的四氢树脂酸和 7.6%的未知酸类。Enos 等在 270℃歧化松香，主要产物为脱氢枞酸，二氢枞酸质量分数仅占 2%～3%，未发现有四氢枞酸。尾宏太郎等于松香歧化反应中加入适当的高碳烯烃，温度在 220～270℃，产物中脱氢枞酸质量分数高达 70%～80%，几乎不含二氢枞酸。后来一些研究者开始采用非贵金属催化剂为活性组分制备催化剂催化松香歧化反应代替价格昂贵的 Pd 催化剂，例如 2003 年王亚明等采用非贵金属为催化剂活性组分，用醇盐水解法制备氧化物负载金属活性组分为纳米粒子的新型催化剂。2005 年王震采用溶胶-凝胶-沉淀法开发出用于松香歧化反应的非贵金属纳米催化剂，在 500℃焙烧 2.5h，经预处理（用氢气在 300℃还原 3h）制得具有较高的催化活性的纳米 Ni/Al_2Ti 催化剂，并得出歧化松香的最佳制备工艺。

要使松香氢化反应得以顺利进行，关键是催化剂。催化剂的催化活性和选择性是该反应的关键，现在常用的催化剂就是贵金属催化剂——钯和非贵金属催化剂——镍。钯催化剂的催化活性和选择性都很好，但是价格昂贵。经研究发现骨架镍在一定条件下拥有与钯催化剂相当的催化活性。开发降低成本的新型催化剂代替贵金属催化剂将成为研究热点。

对松香酯化反应的研究已经取得很大进展，但许多方法目前仍停留在实验室阶段或仅用于合成一些特殊松香酯，通过对其工艺条件的改进，可以使松香酯化改性得到广泛的应用。

目前，国内外对研究松香歧化使用较多的是钯/碳催化剂，但歧化反应催化剂仍然需要向非金属方向发展。

二、聚丙烯技术研究进展

聚丙烯（PP）是一种性能优良的热塑性树脂，其生产工艺简单，原料来源丰富，产品透明度高、无毒、密度小、易加工，具有韧性、挠曲性、耐化学品性，电绝缘性好，已在汽车工业、家用电器、电子、包装及建材家具等方面得到广泛的应用。在五大通用树脂中，聚丙烯的发展最引人注目。

世界经济的稳定增长带动了 PP 工业生产和需求的不断增加。从世界范围看，2005 年，世界 PP 生产能力为 43.70Mt，产量为 40.10Mt，消费量为 39.88Mt。2010 年，世界 PP 的生产能力和需求量分别为 60.98Mt 和 53.57Mt。我国的 PP 一直在以高于世界平均发展速度增长，1995 年，我国的 PP 产量仅为 1.02Mt，到 2006 年，产量达到了 6.13Mt，年均增幅达 12%，但自给率只有 64%，仍需进口约 2.95Mt。未来几年，中国的 PP 仍将保持高速发展趋势，2010 年消费总量达到 12.60Mt，生产能力达到 10.66Mt。

市场需求的不断增长加快了PP装置的投资建设，而聚丙烯催化剂、生产工艺技术的进步和产品应用领域的拓展是聚丙烯工业迅速发展的主要推动力。

目前，技术创新仍是推动PP技术发展的主要动力。自1954年Natta用$TiCl_3$-AlR_3催化剂合成出等规PP以来，Ziegler-Natta（Z-N）催化剂已发展至第5代，PP催化剂的性能一直在不断改进和提高，PP催化剂活性已由最初的几十倍提高到几万倍，PP的等规度已达到大于98%的水平，生产工艺也大为简化。

1. 国外PP催化剂的进展

国外PP催化剂的主要代表有意大利公司的GF2A、MCMI和MC100系列；BP公司的CD；日本三井公司的TK及RK系列等。Montell公司在采用邻苯二甲酸酯作为给电子体的第4代催化剂基础上，开发了以二醚作为给电子体的第5代新型Z-N催化剂，催化剂的活性高达90kg/g。在较高温度和压力下，用新催化剂可使丙烯抗冲共聚物中的PP段有较高的等规指数，提高了结晶度，即使熔体流动速率很高时，PP的刚性也很好，适合用作洗衣机内桶专用料的生产。目前，该公司正在开发一系列基于专利的二醚类给电子体新催化剂。

2003年9月，Dow化学公司推出一种新型改进Z-N催化剂SHAC330，主要用于Unipol PP生产工艺。生产的高附加值抗冲共聚PP Imppax可使昂贵的辅助原料消耗降低80%，催化效率提高25%，在无需其他投资的情况下，使聚合物的粒子密度提高15%以上。Basell公司又工业化了以琥珀酸酯为给电子体的催化剂。该催化剂适合于生产相对分子质量分布宽的树脂，特别适合于生产薄膜和注塑级PP产品。

2. 我国PP催化剂的进展

我国从20世纪60年代初开始进行PP催化剂的研究与开发。北京化工研究院开发出N系列催化剂，目前已开发成功了N-Ⅰ、N-Ⅱ、N-Ⅲ等系列催化剂，先后获得中、美、德、英、法、意、荷等国内外专利授权，并成功应用于国内外多种PP装置。

N系列催化剂的主要成分为钛、镁、氯和酯（邻苯二甲酸二异丁酯或邻苯二甲酸二丁酯）等，具有活性高、寿命长、氢调敏感、生产的聚合物等规指数高等特点。催化剂可以在间歇本体法、釜式本体法、环管本体法及气相法等聚合工艺装置上长周期稳定运转，生产出多种牌号的大吨位合格产品。N型催化剂技术还以专利许可的方式向美国Phillips公司进行了转让，并逐步发展成为现在的Lynx系列催化剂。

北京化工研究院和奥达石化新技术开发中心合作开发出DQ球形催化剂，现已开发了4个牌号的产品，分别为DQ-Ⅰ、DQ-Ⅱ、DQ-Ⅲ、DQ-Ⅴ，主要应用于环管工艺和三井工艺，其中DQ-Ⅲ和DQ-Ⅴ催化剂以其优异的性能得到了广泛的应用。

DQ型催化剂属于第4代球形钛系载体Z-N体系高效催化剂。该催化剂颗粒呈球形，活性比同类进口催化剂高。其均聚物产品MFR容易控制，等规指数可调性好；生产无规共聚物产品时，氢调能力、乙烯含量控制能力、二甲苯可溶物可控性与进口催化剂相当；生产抗冲共聚物产品时，气相聚合产物稳定，氢调能力、乙烯含量、二甲苯可溶物含量、二甲苯可溶物中乙烯含量及特性黏数等均易控制。

中国科学院化学研究所成功研制了CS系列催化剂（已开发了CS-1、CS-2），其中CS-1为第3代Z-N体系催化剂，目前该催化剂在国内聚合装置上催化剂的占有率在80%以上，主要应用于环管工艺、连续本体及小本体装置生产PP。CS-2属于第4代Z-N体系的球形催化剂。CS系列催化剂在国外PP装置上也得到了工业化的应用，如伊朗国家石油公司就使用CS-2催化剂生产共聚产品。

燕山石化公司开发出YS系列高效载体催化剂（YS-841、YS-842）。该催化剂适用于浆液法、连续本体法和间歇本体法生产装置，生产的PP产品质量完全符合国家标准的要求，其主要技术指标达到国外同类催化剂水平。

我国于1993年开始了茂金属催化剂及茂金属聚乙烯、茂金属聚丙烯（mPP）的研制和开发。其中中国石油化工股份有限公司石油化工科学研究院以茂金属催化剂选择制取间规PP的研究为开发突破口，取得了成功并实现了原料的国产化。北京化工研究院则致力于mPP的开发。1998年，中山大学开始着力于茂金属催化剂合成间规PP。虽然国内各研究机构在茂金属催化剂的研究获得了一定的成就，但茂金属催化剂在共聚PP方面的应用至今还没有报道。

本章小结

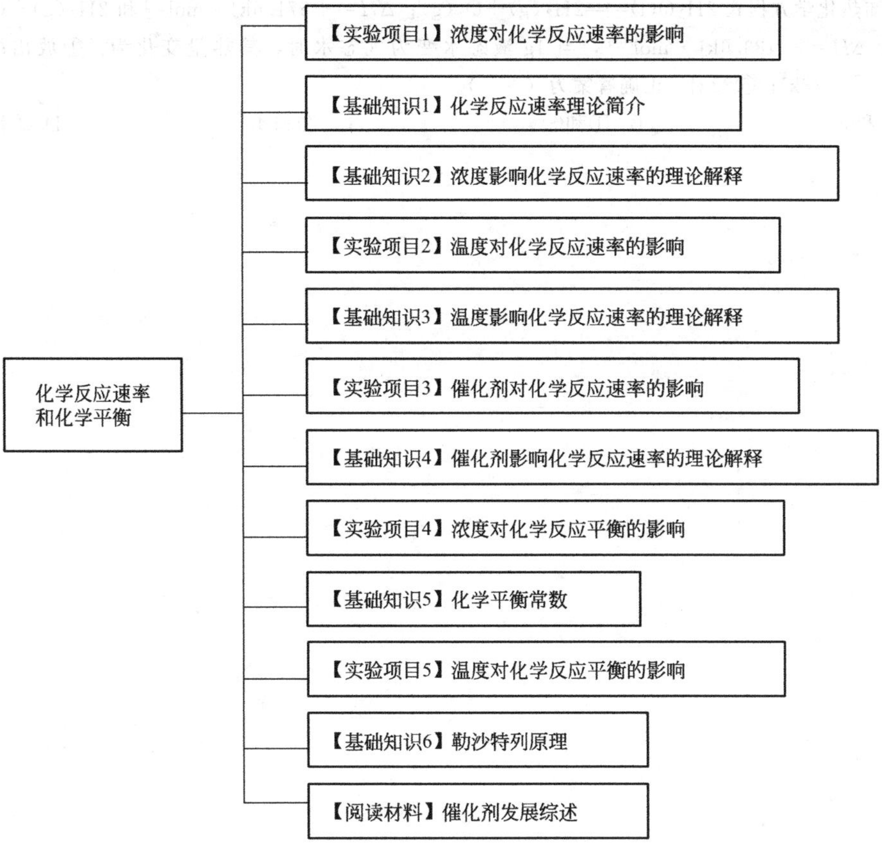

课后习题

1. 影响化学反应速率的内部因素是________，外部因素有________、________、________、________以及光辐照、放射线辐照、超声波、电弧、强磁场、高速研磨等等。

2. 已知某可逆反应 $aA(g)+bB(g) \rightleftharpoons cC(g)+q$ 在密闭容器中进行，在不同温度（T_1 和 T_2）及压强（p_1 和 p_2）下，混合气中 B 的质量分数（w_B）与反应时间（t）的关系如图 2-6 所示。下列判断正确的是(　　)。

A. $T_1<T_2$，$p_1<p_2$，$a+b>c$，　$q<0$

B. $T_1>T_2$，$p_1<p_2$，$a+b<c$，　$q<0$

C. $T_1<T_2$，$p_1>p_2$，$a+b<c$，　$q<0$

D. $T_1>T_2$，$p_1>p_2$，$a+b>c$，　$q>0$

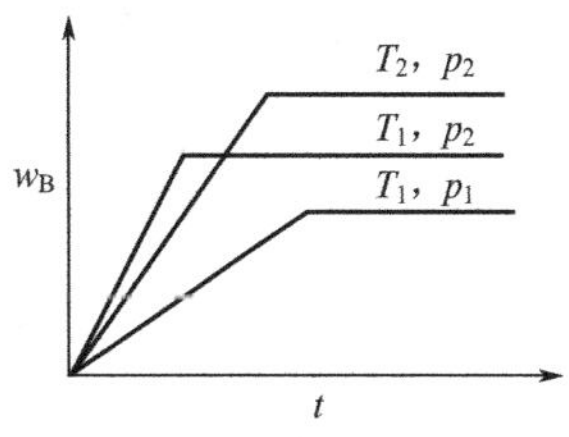

图 2-6

3. 对于反应 $N_2+O_2 \rightleftharpoons 2NO$，在密闭容器中进行，下列条件能加快反应速率的是（　　）。

A. 缩小体积使压力增大　　B. 体积不变，充入氮气使压力增大

C. 体积不变，充入惰性气体　　D. 使总压力不变，充入惰性气体

4. 在一定温度下的恒容容器中，当下列物理量不再发生变化时，表明反应 $A(s)+3B(g) \rightleftharpoons 2C(g)+D(g)$ 已达平衡状态的是（　　）。

A. 混合气体的压力　　B. 混合气体的密度

C. A的物质的量浓度　　　　　D. 气体的总物质的量

5. 如何应用平衡移动原理判断浓度、温度的变化对化学平衡移动方向的影响？

6. 已知热化学方程式 $2H_2O(l) = 2H_2(g) + O_2(g)$；$\Delta H = +571.6kJ \cdot mol^{-1}$ 和 $2H_2(g) + O_2(g) = 2H_2O(g)$；$\Delta H = -483.6kJ \cdot mol^{-1}$，当1g液态水变为气态水时，其热量变化为：①放出；②吸收；③2.44kJ；④4.88kJ；⑤88kJ。正确答案为（　　）。

A. ②和⑤　　B. ①和③　　C. ②和④　　D. ②和③

第三章

酸碱平衡

知识目标

1. 了解酸碱电离理论、酸碱质子理论
2. 掌握影响酸碱平衡的因素

能力目标

1. 能根据酸碱质子理论判断溶液的酸碱性
2. 根据盐类水解判断溶液的酸碱性，并能正确配制盐溶液
3. 学会使用酸度计、电子分析天平

生活常识　碳酸饮料与健康

碳酸饮料，主要成分是碳酸水、柠檬酸等酸性物质、白糖、香料，有些含有咖啡因、人工色素等。除糖类能给人体补充能量外，“碳酸饮料”中几乎不含营养素。

过量地喝可乐等碳酸饮料，其中的高磷可能会改变人体的钙、磷比例。研究人员还发现，与不过量饮用的人相比，过量饮用碳酸饮料的人骨折危险会增加大约3倍；而在体力活动剧烈的同时，再过量地饮用碳酸饮料，其骨折的危险可能增加5倍。

专家提醒，青少年时期是骨骼发育的重要时期。在这个时期，孩子们活动量大，如果食物中高磷低钙的摄入量不均衡，再加上喝过多的碳酸饮料，会引起钙、磷比例失调，还可能会给将来发生骨质疏松症埋下伏笔。

实验项目1　酸度计的使用与醋酸离解常数的测定

【任务描述】

学会使用酸度计，并根据实验数据计算出醋酸的离解常数。

【教学器材】

酸度计、烧杯（50mL 3 个，400mL 2 个）、量筒（50mL 1 个）、滤纸。

【教学药品】

KCl 溶液、HCl 溶液。

【组织形式】

三个同学为一实验小组，根据教师给出的引导步骤和要求，自行完成实验。

【注意事项】

(1) 电极棒易碎，要小心轻放。

(2) 用吸水纸擦拭电极棒要沿同一方向，不能来回搓。

【实验步骤】

(1) 先预热 30min。

(2) 按下“开关”键，使用仪器进入 pH 测量状态，观察标准溶液的温度。

(3) 按“△”、“▽”调整仪器的温度显示值，使温度显示值与标准溶液的温度一致，然后按“ENTER”，设置的温度值存入仪器。

(4) 按“CAL”使仪器定位，符号闪耀，表明仪器进入标准状态。

(5) 用蒸馏水清洗电极棒与电棒泡，后用滤纸擦干，然后把电极棒放入 pH＝4.0 的缓冲溶液中搅拌一下，再放入此溶液中，把 pH 调至 4.0 后按“ENTER”；再按“CAL”键，使仪器进入测量状态。

(6) 测一系列溶液的浓度（3 种待测溶液分别是浓度不同的 HCl 溶液）。

(7) 测量完后，清洗电极棒，用滤纸将其擦拭干净，放入 KCl 溶液中，关闭仪器开关，整理实验台。

【任务解析】

一、酸碱理论

1. 人们最初对酸碱的认识

人们最初是根据物质的物理性质来分辨酸碱的。有酸味的物质就归为酸一类；而接触有滑腻感的物质，有苦涩味的物质就归为碱一类；类似于食盐一类的物质就归为盐一类。直到 17 世纪末期，英国化学家波义耳才根据实验的结果提出了朴素的酸碱理论。

酸：凡是该物质水溶液能溶解一些金属，能与碱反应失去原先特性，能使石蕊水溶液变红的物质。

碱：凡是该物质水溶液有苦涩味，能与酸反应失去原先特性，能使石蕊水溶液变蓝的物质。

从我们现在的眼光来看，这个理论明显有很多漏洞，如碳酸氢钠，它符合碱的设定，但是它是一种盐。这个理论使很多盐相互混淆。

2. 酸碱电离理论

1887 年瑞典科学家阿仑尼乌斯率先提出了酸碱电离理论。他认为，凡是在水溶液中电离出来的阳离子都是氢离子的物质就是酸，凡是在水溶液中电离出来的阴离子都是氢氧根离子的物质就是碱。酸碱反应的实质其实就是氢离子跟氢氧根离子的反应。

这个理论能解释很多事实，例如强弱酸的问题，强酸能够电离出更多的氢离子，因而与金属的反应更为剧烈。他还解释了酸碱反应的实质，就是氢离子与氢氧根离子的反应。可以说阿仑尼乌斯的酸碱电离理论是酸碱理论发展的一个里程碑，至今仍被人们广泛应用。

3. 酸碱质子理论

酸碱电离理论无法解释非电离的溶剂中的酸碱性质。针对这一点，1923 年，布朗斯特跟罗瑞分别独立地提出了酸碱质子理论。他们认为，酸是能够给出质子（H^+）的物质，碱是能够接受质子（H^+）的物质。可见，酸给出质子后生成相应的碱，而碱结合质子后又生成相应的酸。酸碱之间的这种依赖关系称为共轭关系。相应的一对酸碱被称为共轭酸碱对。酸碱反应的实质是两个共轭酸碱对的结合，质子从一种酸转移到另一种碱的过程。酸碱质子理论很好地说明了 NH_3 就是碱，因为它可接受质子生成 NH_4^+。同时也解释了非水溶剂中的酸碱反应。

与酸碱的电离理论和溶剂理论相比，酸碱质子理论已有了很大的进步，扩大了酸碱的范畴，使人们加深了对酸碱的认识。但是，质子理论也有局限性，它只限于质子的给予和接受，对于无质子参与的酸碱反应就无能为力了。

二、强弱电解质

物质可分为单质、化合物、混合物。在水溶液中或熔融状态下能够导电的化合物，叫电解质，如酸、碱和盐等；凡在上述情况下不能导电的化合物叫非电解质，如蔗糖、酒精等。

根据电离的程度，电解质可分为强电解质和弱电解质。在熔融状态或水溶液中能完全电离的是强电解质，如强酸、强碱及大部分盐（醋酸铅是弱电解质）；不能完全电离的就是弱电解质，如弱酸醋酸、弱碱氨水等。

【想一想】 设盐酸的浓度是醋酸的 2 倍，前者的 H^+ 浓度是否也是后者的 2 倍？

基础知识 1 酸碱解离平衡

常见的弱电解质有弱酸，如醋酸、碳酸、氢硫酸等；弱碱，如氨水等；以及少数盐类，如氯化汞、醋酸铅等。

一、弱电解质的特点

1. 溶液的导电能力较弱

实验证明同体积同浓度的 NaCl、HAc、C_2H_5OH 溶液导电能力不同。C_2H_5OH 溶液不导电，C_2H_5OH 是非电解质；NaCl 溶液导电能力强，是强电解质；HAc 溶液导电能力弱，是弱电解质。

2. 在溶液中形成电离平衡

一方面弱电解质在水溶液中只有部分分子电离成离子，另一方面电离了的离子互相吸引重新结合成分子，电离是可逆的，最终达到平衡。例如，在醋酸（HAc）溶液中的电离平衡：

$$HAc \rightleftharpoons H^+ + Ac^-$$

由于弱电解质在水溶液中只发生部分电离，因而溶液的导电能力弱。

二、弱电解质溶液中的电离平衡

1. 离解度

弱电解质在溶液中的电离能力大小，可以用离解度（α）或称电离度来表示。电离度是指弱电解质达到电离平衡时，已电离的分子数与原有分子总数的百分比：

$$\alpha=\frac{\text{已解离的弱电解质浓度}}{\text{弱电解质的初始浓度}}\times 100\%$$

在温度、浓度相同的条件下，离解度大，表示该弱电解质相对较强。离解度与离解常数不同，它与溶液的浓度有关，故在表示离解度时必须指出酸或碱的浓度。

2. 离解常数

弱酸、弱碱在溶液中部分离解，在已离解的离子和未离解的分子之间存在着离解平衡。以 HA 表示一元弱酸，离解平衡式为：

$$HA \rightleftharpoons H^+ + A^-$$

标准离解常数 $K_a^\ominus$：

$$K_a^\ominus=\frac{[c(H^+)/c^\ominus][c(A^-)/c^\ominus]}{c(HA)/c^\ominus}$$

$$=\frac{c'(H^+)c'(A^-)}{c'(HA)} \tag{3-1}$$

需指出，式(3-1) 中 c' 为系统中物质的浓度 c 与标准浓度 $c^\ominus$ 的比值，即 $c'(A)=c(A)/c^\ominus$。由于 $c^\ominus=1mol\cdot L^{-1}$，故 c 和 c' 数值完全相等，只是量纲不同，c 的量纲为 $mol\cdot L^{-1}$，c' 的量纲为 1，或者说 c' 只是个数值。因此 $K^\ominus$ 的量纲也为 1。以后关于其他平衡常数的表示将经常使用这类表示方法。请注意 c' 与 c 的异同。

以 BOH 表示一元弱碱，离解平衡式为：

$$BOH \rightleftharpoons B^+ + OH^-$$

标准离解常数 $K_b^\ominus$：

$$K_b^\ominus=\frac{[c(B^+)/c^\ominus][c(OH^-)/c^\ominus]}{c(BOH)/c^\ominus}$$

$$=\frac{c'(B^+)c'(OH^-)}{c'(BOH)} \tag{3-2}$$

$K_a^\ominus$、$K_b^\ominus$ 分别表示弱酸、弱碱的离解常数。对于具体的酸或碱的离解常数，则在 $K^\ominus$ 的后面注明酸或碱的化学式，例如 $K^\ominus(HAc)$、$K^\ominus(NH_3)$ 和 $K^\ominus[Mg(OH)_2]$ 分别表示醋酸、氨水和 $Mg(OH)_2$ 的离解常数。与其他平衡常数一样，离解常数与温度有关，与浓度无关。但温度对离解常数的影响不太大，在室温下可不予考虑。

离解常数的大小表示弱电解质的离解程度，$K^\ominus$ 值越大，离解程度越大，该弱电解质相对较强。例如 25℃时醋酸的离解常数为 1.75×10^{-5}，次氯酸的离解常数为 2.8×10^{-8}，可见在相同浓度下，醋酸的酸性较次氯酸为强。通常把 $K^\ominus$ 在 $10^{-2}\sim10^{-3}$ 之间的物质称为中强电解质；$K^\ominus<10^{-4}$ 为弱电解质；$K^\ominus<10^{-7}$ 为极弱电解质。本书附录表 1 列出了一些常见弱酸和弱碱的离解常数。

3. 离解度与离解常数的关系——稀释定律

电离度和离解常数都能反映弱电解质的相对强弱，离解度相当于化学平衡中的转化率，随浓度的改变而改变，而离解常数是平衡常数的一种形式，不随浓度的变化而改变。因此离解常数应用范围比离解度广泛。

离解度、离解常数和浓度之间有一定的关系。以一元弱酸 HA 为例，设浓度为 c，离解度为 α，推导如下：

$$HA \rightleftharpoons H^+ + A^-$$

起始浓度 c_0 $\quad c \quad 0 \quad 0$

平衡浓度 c $\quad c(1-\alpha) \quad c\alpha \quad c\alpha$

代入平衡常数表达式中：

$$K_a^\ominus = \frac{c'(H^+)c'(A^-)}{c'(HA)}$$
$$= \frac{c'\alpha c'\alpha}{c'(1-\alpha)} = \frac{c'\alpha^2}{(1-\alpha)}$$

也即：

$$c'\alpha^2 + K_a^\ominus \alpha - K_a^\ominus = 0$$

$$\alpha = \frac{-K_a^\ominus + \sqrt{(K_a^\ominus)^2 + c'K_a^\ominus}}{2c'} \tag{3-3a}$$

$$c(H^+) = c\alpha = c\frac{-K_a^\ominus + \sqrt{(K_a^\ominus)^2 + c'K_a^\ominus}}{2c'}$$
$$= \frac{-K_a^\ominus + \sqrt{(K_a^\ominus)^2 + c'K_a^\ominus}}{2}c^\ominus \tag{3-3b}$$

当电解质很弱（即对应的 $K^\ominus$ 较小）时，离解度很小，可认为 $1-\alpha \approx 1$，作近似计算时，得以下简式：

$$K_a^\ominus = c'\alpha^2$$

$$\alpha = \sqrt{K_a^\ominus / c'} \tag{3-4a}$$

$$c'(H^+) = \sqrt{K_a^\ominus c'} \tag{3-4b}$$

同样对于一元弱碱溶液，得到：

$$c'(OH^-) = \sqrt{K_b^\ominus c'} \tag{3-5}$$

由式(3-4a) 可以看出：弱电解质的浓度、离解度与离解常数三者之间的关系。它表明，在一定温度下，一元弱电解质的离解度与其离解常数的平方根成正比，并与其浓度的平方根成反比。这一关系称为稀释定律。但 $c(H^+)$ 或 $c(OH')$ 并不因浓度稀释、离解度增加而增大。

需要指出的是：在弱酸或弱碱溶液中，同时还存在着水的离解平衡，两个平衡相互联系、相互影响。但当 $K_a^\ominus$（或 $K_b^\ominus \gg K_w^\ominus$），而弱酸（弱碱）又不是很稀时，溶液中或 H^+、OH^- 主要是由弱酸或弱碱离解产生的，计算时可忽略水的离解。

$c/K_a^\ominus > 500$ 时，相对误差不超过 2%，是应用简式(3 4) 或式(3 5) 计算的必要条件。

三、同离子效应和盐效应

往弱电解质溶液中，分别加入一种含有相同离子的盐（如将 NaAc 加入 HAc 溶液中），或加入不含相同离子的盐（如将 NaCl 加入 HAc 溶液中），情况将如何呢？

在两支试管中各加入 10mL $1mol \cdot L^{-1}$ HAc，再各加指示剂甲基橙 2 滴，溶液呈红色，表明 HAc 溶液为酸性。若在一支试管中加少量固体 NaAc，振荡后，和另一试管比较，发现前者的红色变成黄色（甲基橙在酸中为红色，在微酸和碱中为黄色）。实验表明，在 HAc 溶液中，因加入 NaAc 后，酸性逐渐降低。这是因为 HAc-NaAc 溶液中存在着下列电离平衡：

$$HAc \rightleftharpoons H^+ + Ac^-$$

$$NaAc \xlongequal{} Na^+ + Ac^-$$

由于 NaAc 是强电解质完全电离为 Na^+ 和 Ac^-，使试管中 Ac^- 的总浓度增加，这时 HAc 的电离平衡就要向着生成 HAc 分子方向移动，结果 HAc 浓度增大，H^+ 的浓度减小，即 HAc 电离度降低。

同样，在弱电解质氨水中由于存在着下列电离平衡：

$$NH_3 \cdot H_2O \rightleftharpoons NH_4^+ + OH^-$$

若在氨水中加入铵盐（如 NH_4Cl）时，也等于在溶液中加入了 NH_4^+，这时平衡就要向着生成 $NH_3 \cdot H_2O$ 的方向移动，结果 $NH_3 \cdot H_2O$ 的浓度增大，OH^- 的浓度减少，即氨水电离度降低。

这种由于在弱电解质中加入一种含有相同离子（阳离子或阴离子）的强电解质，使电离平衡发生移动，降低电解质电离度的作用，称为同离子效应。

若在 HAc 溶液中加入不含相同离子的强电解质（如 NaCl）时，由于溶液中离子间的相互牵制作用增强，Ac^- 和 H^+ 结合成分子的机会减小，故表现由 HAc 的离解度略有所增加，这种效应称为盐效应。例如在 1L $0.10mol \cdot L^{-1}$ HAc 溶液中加入 0.1mol NaCl，能使电离度从 1.3% 增加为 1.7%，溶液中 H^+ 浓度从 $1.3 \times 10^{-8} mol \cdot L^{-1}$ 增加为 $1.7 \times 10^{-8} mol \cdot L^{-1}$，可见在一般情况下，和同离子效应相比，盐效应的影响很小。

【想一想】 弱电解质的离解度与其离解常数有何异同？

基础知识 2　缓冲溶液

一、作用原理和 pH

当往某些溶液中加入一定量的酸或碱时，有阻碍溶液 pH 变化的作用，称为缓冲作用，这样的溶液叫做缓冲溶液。弱酸及其盐的混合溶液（如 HAc 与 NaAc），弱碱及其盐的混合溶液（如 $NH_3 \cdot H_2O$ 与 NH_4Cl）等都是缓冲溶液。

由弱酸 HA 及其盐 NaA 所组成的缓冲溶液对酸的缓冲作用，是由于溶液中存在足够量的碱 A^- 的缘故。当向这种溶液中加入一定量的强酸时，H^+ 基本上被 A^- 消耗：所以溶液的 pH 几乎不变；当加入一定量强碱时，溶液中存在的弱酸 HA 消耗 OH^- 而阻碍 pH 的变化。

二、缓冲能力

在缓冲溶液中加入少量强酸或强碱，其溶液 pH 变化不大，但若加入酸、碱的量多时，缓冲溶液就失去了它的缓冲作用。这说明它的缓冲能力是有一定限度的。

缓冲溶液的缓冲能力与其组分浓度有关。$0.1mol \cdot L^{-1}$ HAc 和 $0.1mol \cdot L^{-1}$ NaAc 组成的缓冲溶液，比 $0.01mol \cdot L^{-1}$ HAc 和 $0.01mol \cdot L^{-1}$ NaAc 的缓冲溶液缓冲能力大。但缓冲溶液组分的浓度不能太大，否则，不能忽视离子间的作用。

组成缓冲溶液的两组分的比值不为 1∶1 时，缓冲作用减小，缓冲能力降低，当 c(盐)/c(酸) 为 1∶1 时 ΔpH 最小，缓冲能力大。不论对于酸或碱都有较大的缓冲作用。缓冲溶液的 pH 可用下式计算：

一元弱酸和相应的盐组成的缓冲溶液 $pH=pK_a^{\ominus}-\lg\frac{c(酸)}{c(盐)}$

一元弱碱和相应的盐组成的缓冲溶液 $pH=pK_b^{\ominus}-\lg\frac{c(碱)}{c(盐)}$

缓冲组分的比值等于1∶1时缓冲能力最大。缓冲组分的比值离1∶1愈远，缓冲能力愈小，甚至不能起缓冲作用。对于任何缓冲体系，存在有效缓冲范围，这个范围大致在 $pK_a^{\ominus}$（或 $pK_b^{\ominus}$）两侧各一个pH单位之内。

弱酸及其盐（弱酸及其共轭碱）体系 $pH=pK_a^{\ominus}\pm1$

弱碱及其盐（弱碱及其共轭酸）体系 $pOH=pK_b^{\ominus}\pm1$

例如HAc的 $pK_a^{\ominus}$ 为4.76，所以用HAc和NaAc适宜于配制pH为3.76～5.76的缓冲溶液，在这个范围内有较大的缓冲作用。配制pH=4.76的缓冲溶液时缓冲能力最大，此时 $c(HAc)/c(NaAc)=1$。

三、配制和应用

为了配制一定pH的缓冲溶液，首先选定一个弱酸，它的 $pK_a^{\ominus}$ 尽可能接近所需配制的缓冲溶液的pH，然后计算酸与碱的浓度比，根据此浓度比便可配制所需缓冲溶液。

以上主要以弱酸及其盐组成的缓冲溶液为例说明它的作用原理、pH计算和配制方法。对于弱碱及其盐组成的缓冲溶液可采用相同的方法。

缓冲溶液在物质分离和成分分析等方面应用广泛，如鉴定 Mg^{2+} 时，可用下面的反应：白色磷酸铵镁沉淀溶于酸，故反应需在碱性溶液中进行，但碱性太强，可能生成白色 $Mg(OH)_2$ 沉淀，所以反应的pH需控制在一定范围内，因此利用 $NH_3\cdot H_2O$ 和 NH_4Cl 组成的缓冲溶液，保持溶液的pH条件下，进行上述反应。

四、常用缓冲液的配制方法

1. 枸橼酸-磷酸氢二钠

甲液：取枸橼酸21g或无水枸橼酸19.2g，加水使溶解成1000mL，置冰箱内保存。

乙液：取磷酸氢二钠71.63g，加水使溶解成1000mL。

取上述甲液61.45mL与乙液38.55mL，混合，摇匀，即得。

2. 氨-氯化铵缓冲液

取氯化铵5.4g，加水20mL溶解后，加浓氨溶液35mL，再加水稀释至100mL，即得。

3. 醋酸-醋酸钠缓冲液

取无水醋酸钠20g，加水300mL溶解后，加溴酚蓝指示液1mL及冰醋酸60～80mL，至溶液从蓝色转变为纯绿色，再加水稀释至1000mL，即得。

4. 醋酸-醋酸铵缓冲液

取醋酸铵7.7g，加水50mL溶解后，加冰醋酸6mL与适量的水使成100mL，即得。

5. 磷酸盐缓冲液

取 $0.2mol\cdot L^{-1}$ 磷酸二氢钾溶液250mL，加 $0.2mol\cdot L^{-1}$ 氢氧化钠溶液118mL，用水稀释至1000mL，即得。

【想一想】 人体血液的pH基本稳定，是何原因？

基础知识3 溶液浓度的表示方法

一、溶液的浓度

1. 定义

一定量的溶液里所含溶质的量，叫做这种溶液的浓度。

2. 说明

（1）溶液的浓度是表达溶液中溶质跟溶剂相对存在量的数量标记。人们根据不同的需要和使用方便，规定不同的标准，就有不同的溶液浓度。因此，同一种溶液，使用不同的标准，它的浓度就有不同的表示方法。

（2）表示溶液的浓度有多种方法，可归纳成两大类。一类是质量浓度，表示一定质量的溶液里溶质和溶剂的相对量，如质量分数、质量摩尔浓度、ppm 浓度等。另一类是体积浓度，表示一定量体积溶液中所含溶质的量，如物质的量浓度、体积比浓度、克/升浓度等。质量浓度的值不因温度变化而变化，而体积浓度的值随温度的变化而相应变化。

（3）有些浓度的表示方法已被淘汰，如当量浓度已废弃不用，克分子浓度已被物质的量浓度代替。还有些浓度正在被新的法定计量单位代替，如质量百分比浓度和 ppm 浓度被质量分数替代。

二、溶液浓度的表示方法

1. 体积分数

定义：用溶质（液态）的体积占全部溶液体积的百分数来表示的浓度，叫做体积分数。

说明：

（1）体积分数是 60% 的乙醇溶液，表示 100mL 溶液里含有乙醇 60mL，也可以说将 60mL 乙醇溶于水配成 100mL 乙醇溶液。也可以写作 0.60 或 60×10^{-2}。

（2）乙醇的体积分数是商业上表示酒类浓度的方法。白酒、黄酒、葡萄酒等酒类的“度”（以°标示），就是指酒精的体积分数。例如，60%（体积分数）的酒写成 60°。

（3）体积分数属非法定单位。

2. 体积比浓度

用两种液体配制溶液时，为了操作方便，有时用两种液体的体积比表示浓度，叫做体积比浓度。例如，配制 1∶4 的硫酸溶液，就是指 1 体积硫酸（一般指 98%，密度是 $1.84g\cdot cm^{-3}$ 的 H_2SO_4）跟 4 体积的水配成的溶液。

体积比浓度只在对浓度要求不太精确时使用。

3. 质量摩尔浓度

溶质 B 的质量摩尔浓度用溶液中溶质 B 的物质的量除以溶剂的质量来表示。它在 SI 单位中表示为摩尔每千克（$mol\cdot kg^{-1}$）。

质量摩尔浓度常用来研究难挥发的非电解质稀溶液的性质，如蒸气压下降、沸点上升、凝固点下降和渗透压。

4. 克/升浓度

用 1L 溶液里所含溶质的质量（克）来表示的溶液浓度，叫做克/升浓度。例如，在 1L

氯化钠溶液中含有氯化钠150g，氯化钠溶液的克/升浓度就是150g/L。克/升浓度常用于电镀工业中配制电镀液。

5. ppm浓度

用溶质质量占全部溶液质量的百万分比来表示的浓度，叫做ppm浓度。ppm浓度即百万分比浓度（10^{-6}）。

ppm是由英文名称（part per million）中各第一个字母组成的。

有些溶液极稀，用百分比浓度表示既不方便，又容易发生错误。例如，某溶液的浓度是0.0005%，改用ppm浓度表示就是5ppm。换算方法如下：

0.0005%×1000000=5ppm

ppm浓度常用于微量分析、环境化学中。

6. 波美度

波美度（°Bé）是表示溶液浓度的一种方法。把波美比重计浸入所测溶液中，得到的度数叫波美度。

波美度以法国化学家波美（Antoine Baume）命名。波美是药房学徒出身，曾任巴黎药学院教授。他创制了液体比重计——波美比重计。

波美比重计有两种：一种叫重表，用于测量密度比水大的液体；另一种叫轻表，用于测量密度比水小的液体。当测得波美度后，从相应化学手册的对照表中可以方便地查出溶液的质量分数。例如，在15℃测得浓硫酸的波美度是66°Be，查表可知硫酸的质量分数是98%。

波美度数值较大，读数方便，所以在生产上常用波美度表示溶液的浓度（一定浓度的溶液都有一定的密度）。

7. 物质的量浓度

物质的量浓度是实际应用中使用最广泛的一种溶液浓度表示方法。

含义：以单位体积溶液里所含溶质B的物质的量来表示溶液组成的物理量，叫做溶质B的物质的量浓度。

单位：mol/L或$mol \cdot L^{-1}$。溶质B的物质的量浓度的符号：c_B。

在一定物质的量浓度的溶液中，溶质B的物质的量（n_B）、溶液的体积（V）和溶质的物质的量浓度（c_B）之间的关系可以用下面的公式表示：

物质的量浓度（$mol \cdot L^{-1}$）=溶质的物质的量（mol）/溶液的体积（L）

说明：

（1）物质的量浓度公式中的体积是指溶液的体积，而不是溶剂的体积。

（2）一定物质的量浓度溶液中取出任意体积的溶液，其浓度不变，但所含溶质的物质的量或质量因体积的不同而不同。

（3）溶质可以是单质、化合物，也可以是离子或其他特定组合。如$c(Cl_2)=0.1mol \cdot L^{-1}$，$c(NaCl)=0.2mol \cdot L^{-1}$，$c(Fe^{2+})=0.2mol \cdot L^{-1}$。

（4）溶质的量是用物质的量来表示的，不能用物质的质量来表示，例如，配制$1mol \cdot L^{-1}$的氯化钠溶液时，氯化钠的相对分子质量为23+35.5=58.5，故称取58.5g氯化钠，加水溶解，定容至1000mL即可获得$1mol \cdot L^{-1}$的氯化钠溶液。

实验项目 2 一定物质的量浓度溶液的配制

【任务描述】

通过配制 $0.5mol \cdot L^{-1}$ 的 NaCl 溶液 250mL，学会一定物质的量浓度溶液的配制和稀释。

【教学器材】

药匙、250mL 容量瓶、托盘天平、烧杯、玻璃棒、量筒、胶头滴管。

【教学药品】

化学纯 NaCl。

【组织形式】

三个同学为一实验小组，根据教师给出的引导步骤和要求，自行完成实验。

【注意事项】

(1) 容量瓶与塞子必须原配，不能混用，否则密封会不好。

(2) 容量瓶使用前要检查是否漏水（检漏）：加水—塞塞—倒立观察—若不漏—正立旋转 180°再倒立观察—不漏则用。

(3) 溶解或稀释的操作不能在容量瓶中进行。

(4) 不能在容量瓶中存放溶液或进行化学反应。

(5) 根据所配溶液的体积选取规格。

(6) 考虑温度因素，使用时手握瓶颈刻度线以上部位。

【实验步骤】

配制一定物质的量浓度溶液操作步骤与注意事项见表 3-1。

表 3-1 配制一定物质的量浓度溶液操作步骤及注意事项

十字诀	具体步骤	所需仪器	注意事项及其他说明
算	计算：需要 NaCl $0.5mol \cdot L^{-1} \times 0.25L \times 58.5g \cdot mol^{-1} = 7.3g$	药匙、250mL 容量瓶	①托盘天平只能准确到 0.1g，故计算时只能保留一位小数。若用量筒，计算液体量也要保留一位小数，即准确到 0.1mL；若用滴定管时，计算液体量要保留两位小数，即准确到 0.01mL；②容量瓶选择是应本着“宁大勿小，相等更好”的原则，即如需配制 450mL 溶液，应选择 500mL 容量瓶
量	称量或量取：用托盘天平称量 7.3g NaCl	托盘天平、药匙	①若是称量固体，则用托盘天平、药匙；若是溶液的稀释，则选用量筒（有时要求准确度比较高时可用滴定管）；②对于易腐蚀、易潮解固体的称量应在小烧杯或玻璃器皿中进行
溶	溶解或稀释：将 NaCl 固体放入烧杯中加入适量蒸馏水溶解	烧杯、玻璃棒、量筒	在烧杯中进行，而不能使用容量瓶；溶解时不能加入太多的水，每次加水量为总体积的 1/4 左右；玻璃棒的使用注意事项：①搅拌时玻璃棒不能碰烧杯壁；②不能把玻璃棒直接放在实验台上。 玻璃棒的作用：搅拌，加速固体溶解（搅拌促溶）
（冷）	冷却：将溶解（或稀释）后的液体冷却至室温		对于溶解或稀释放热的，要先冷却至室温，如浓硫酸的稀释、NaOH、Na_2CO_3 溶液的配制

续表

十字诀	具体步骤	所需仪器	注意事项及其他说明
移	转移：将 NaCl 溶液沿玻璃棒小心转移到250mL 容量瓶	250mL 容量瓶、玻璃棒	①必须要指明容量瓶的规格，即形式为：××mL 容量瓶；②第二次使用玻璃棒：引流，防止液体溅出（引流防溅）
洗	洗涤：用蒸馏水洗涤烧杯及玻璃棒 2～3 次		洗涤目的：保证溶质完全转移，减少实验误差
移	再转移：将洗涤液也转移到容量瓶中	玻璃棒	
（摇）定	定容摇匀：向容量瓶中加水至容量瓶处，轻轻振荡（摇动）容量瓶；然后继续加水至离刻度线 1～2cm 处，改用胶头滴管逐滴滴加，使凹液面的最低点恰好与刻度线相平或相切	胶头滴管、玻璃棒	①改用胶头滴管滴加，防止加入液体过多或过少；②第三次用到玻璃棒：引流防溅；③注意定容时眼睛应平视，不能俯视或仰视
摇	再振荡摇匀：把瓶塞盖好，反复倒转、振荡摇匀		
（装瓶贴签）	最后将配好的溶液转移到指定试剂瓶中，贴好标签备用		容量瓶仅用于配制一定物质的量浓度的溶液，不能用于储存、溶解、稀释、久存溶液

【任务解析】

1. 容量瓶介绍

容量瓶是细颈平底的玻璃瓶，瓶上标有温度和容量，瓶口配有磨口玻璃塞或塑料塞。常用规格有：100mL、200mL、250mL、500mL、1000mL 等。为了避免在溶解或稀释时因吸热、放热而影响容量瓶的容积，溶质应先在烧杯中溶解或稀释并冷却至室温后，再将其转移到容量瓶中。使用范围：用来配制一定体积、一定物质的量浓度的溶液。

2. 误差分析

由计算公式 $c=n/V$，可知要对该实验进行误差分析，关键是抓住 n、V 的分析：若实验操作使得溶质的 n 增大，则浓度 c 偏高，若 n 减小，则浓度 c 偏低；若实验操作使得溶液的 V 增大，则浓度 c 偏低；若 V 减小，则浓度 c 偏高。具体分析见表 3-2。

表 3-2　溶液配制过程中的误差分析

能引起误差的一些操作		因变量 n	因变量 V	c/mol·L^{-1}
托盘天平	天平的砝码沾有其他物质或已生锈	增大	不变	偏大
	调整天平零点时，游码放在刻度线的右端	增大	不变	偏大
	药品、砝码左右位置颠倒	减小	不变	偏小
	称量易潮解的物质（如 NaOH）时间过长	减小	不变	偏小
	用滤纸称易潮解的物质（如 NaOH）	减小	不变	偏小
	溶质含有其他杂质	减小	不变	偏小

续表

能引起误差的一些操作		因变量		
		n	V	$c/mol\cdot L^{-1}$
量筒	用量筒量取液体时，仰视读数	增大	不变	偏大
	用量筒量取液体时，俯视读数	减小	不变	偏小
烧杯及玻璃棒	溶解前烧杯内有水	不变	不变	无影响
	搅拌时部分液体溅出	减小	不变	偏小
	未洗烧杯和玻璃棒	减小	不变	偏小
容量瓶	未冷却到室温就注入容量瓶定容	不变	减小	偏大
	向容量瓶转移溶液时有少量液体流出	减小	不变	偏小
	定容时，水加多了，用滴管吸出	减小	不变	偏小
	定容后，经振荡、摇匀、静置，液面下降再加水	不变	增大	偏小
	定容后，经振荡、摇匀、静置，液面下降	不变	不变	无影响
	定容时，俯视读刻度数	不变	减小	偏大
	定容时，仰视读刻度数	不变	增大	偏小
	配好的溶液转入干净的试剂瓶时，不慎溅出部分溶液	不变	不变	无影响

3. 特别提醒

(1) 在判断仰视或俯视引起的误差时一定注意看清是定容时，还是用量筒量取待稀释溶液时引起的误差，两者结果相反。定容时若俯视容量瓶，则所配浓度偏高；若仰视，则偏低，即俯高仰低。

(2) 一定容量的容量瓶只能配制容量瓶上规定容积的溶液；转移溶液时玻璃棒要靠在刻度线以下；如果加水定容超过了刻度线，不能将超出部分吸走，而应重新配制；用胶头滴管定容时，眼睛应平视液面；摇匀后若出现液面低于刻度线的情况，不能再加水。

【想一想】 怎样才能做到视线与刻度线相切？

实验项目 3　电子分析天平的使用

【任务描述】

通过利用电子分析天平称取 0.5g$NaCl$，学会固体样品的称取方法；

学会有效数字的读取和记录。

【教学器材】

电子分析天平（含毛刷）、烧杯、干燥器、称量瓶、手套或纸条。

【教学药品】

化学纯 $NaCl$、硅胶。

【组织形式】

三个同学为一实验小组，根据教师给出的引导步骤和要求，自行完成实验。

【注意事项】

取称量瓶时要佩戴手套（无手套可用纸条）；

称量物不能污染分析天平；

开干燥器时要轻轻推开。

【实验步骤】

电子分析天平的使用：

（1）称量前接通电源，预热 30min；

（2）称量前检查天平是否调水平（调平完成后坐下）；

（3）打开电子天平侧门，先用毛刷扫一遍，然后关上侧门，检查示数是否为 0.0000，如果不是，按“去皮（TAPE）”键（这一步坐着完成）；

（4）取盛有 NaCl 的称量瓶，放在天平托盘中心位置，关侧门，记录数据 $m_{前}$；

（5）取出称量瓶，小心倾倒适量 NaCl 于小烧杯中，然后把称量瓶放回天平托盘中心位置，关侧门，记录数据 $m_{后}$；$m_{前}$　$m_{后}$即为倒出的 NaCl 的质量；

（6）称量完成后整理实验台，完成表格。

【任务解析】

比较烧杯称量前、后质量的增加与称量瓶称量前、后质量的减少可得知称量结果的准确性，具体数据可记于表 3-3。

表 3-3 称量记录表

项目＼次数	1	2	3
空烧杯的质量 m_1/g			
倾出前称量瓶的质量 m_2/g			
倾出后称量瓶的质量 m_3/g			
称量瓶倾出的质量(m_2-m_3)/g			
烧杯接收药品后的质量 m_4/g			
烧杯接收药品的质量(m_4-m_1)/g			

基础知识 4　盐类水解

某些盐溶于水中会呈现出酸性或碱性，但其本身组成中并不一定含 H^+ 或 OH^-。造成盐溶液具有酸、碱性的原因是盐类的阴离子或阳离子和水所离解出来的 H^+ 或 OH^- 结合并生成了弱酸或弱碱，使水的离解平衡发生移动，导致溶液中 H^+ 和 OH^- 浓度不相等，而表现出酸、碱性。这种作用称为盐的水解作用。实际上，水解反应是中和反应的逆反应，并且这种中和反应中的酸或碱之一或二者都是弱的。

下面将推导水解常数 $K_h^{\ominus}$ 和水解度 h，还据此对一元弱碱强酸盐或弱酸强碱盐溶液的 pH 进行计算。但是实际工作中遇到的常常不是单一盐的溶液，且高价金属离子的水解也往往不是按常规逐步进行的，因而实测溶液的 pH 要比计算更为简便、实用和可靠，故有关水解的定性讨论更为有用。

一、盐类的水解和溶液的酸碱性

盐类水解作用的实质可认为是盐类的离子与由水所电离出来的 H^+ 或 OH^- 作用生成弱酸或弱碱，破坏了水的电离平衡，使溶液中 $c(H^+)$ 和 $c(OH^-)$ 不再相等，使溶液呈现酸性或碱性。这种盐类的离子与水的复分解反应，叫做盐类的水解，因盐类不同，有下列四类情况。

1. 强碱弱酸盐水解

溶液呈碱性，pH>7。

现以氰化钠 NaCN 为例进行讨论。该盐为强碱 NaOH 与弱酸 HCN 所生成的盐。它是强电解质，在水溶液中完全电离成 Na^+ 和 CN^-，水电离生成少量 H^+ 和 OH^-，溶液中的 H^+ 和 CN^- 则可结合形成 HCN 分子，破坏了水的电离平衡，促使水发生电离，同时也出现了 HCN 的电离平衡：

$$H_2O \rightleftharpoons OH^- + H^+$$

$$+$$

$$NaCN \longrightarrow Na^+ + CN^-$$

$$\Updownarrow$$

$$HCN$$

由于 H^+ 和 CN^- 相结合，形成难电离的 HCN，同时因 H^+ 浓度减小，H_2O 的电离平衡向右移动，溶液中 OH^- 浓度不断增加，直至 H^+ 浓度同时满足 HCN 的电离平衡和水的电离平衡。这时溶液中 $c(OH^-) > c(H^+)$，溶液呈碱性。

NaCN 水解反应的分子方程式为：

$$NaCN + H_2O \rightleftharpoons HCN + NaOH$$

NaCN 是强电解质，在水溶液中不存在 NaCN 分子，而是以 Na^+ 和 CN^- 形式存在。因此，NaCN 水解反应最好用离子方程式来表达。写离子方程式的原则是：将易溶强电解质的化学式一律改写为离子形式，其他如弱电解质，包括水、难溶电解质、气体等保留“分子”形式；消去等号两边同数的相同离子。

$$Na^+ + CN^- + H_2O \rightleftharpoons HCN + Na^+ + OH^-$$

$$CN^- + H_2O \rightleftharpoons HCN + OH^-$$

离子方程式可表示一类（含有 CN^- 的盐，如 NaCN、KCN 与水）反应。反映了 NaCN、KCN 水解的实质是 CN^- 与 H_2O 作用，即 CN^- 和 H_2O 中的 H^+ 结合形成弱酸 HCN 分子，使溶液中 H^+ 浓度减少，OH^- 浓度增加，溶液呈碱性。

可以推论，含有弱酸根（如 Ac^-、F^-、CN^-、S^{2-}、CO_3^{2-} 等）的盐，因其负离子能与水作用生成弱酸而使溶液呈碱性。

2. 弱碱强酸盐水解

溶液呈酸性，pH<7。

现以 NH_4Cl 的水解为例进行讨论。该盐的水解的原因是由于盐的正离子 NH_4^+ 与水电离生成的 OH^- 作用生成 $NH_3 \cdot H_2O$，破坏了水的电离平衡而引起的。其分子方程式为：

$$NH_4Cl + H_2O \rightleftharpoons NH_3 \cdot H_2O + HCl$$

离子方程式为：

$$NH_4^+ + H_2O \rightleftharpoons NH_3 \cdot H_2O + H^+$$

这里生成的弱碱是 $NH_3 \cdot H_2O$，达平衡时，溶液中 H^+ 浓度大于 OH^- 浓度，所以溶液呈酸性。

可以推论，含有正离子（如 NH_4^+、Mg^{2+}、Fe^{3+}、Al^{3+}）的盐其正离子能与水作用生成弱碱，而使溶液呈酸性。

3. 弱酸弱碱盐的水解

弱酸弱碱盐水解溶液的酸碱性取决于生成的弱酸与弱碱的相对强弱，溶液可呈中性、酸性或碱性。

现以 NH_4Ac、NH_4CN、NH_4F 为例分别进行讨论。醋酸铵（NH_4Ac）水解时，盐的正离子 NH_4^+、负离子 Ac^- 分别与水电离生成的 OH^-、H^+ 作用，而影响水的电离平衡．其分子方程式为：

$$NH_4Ac + H_2O \rightleftharpoons NH_3 \cdot H_2O + HAc$$

离子方程式为：

$$NH_4^+ + Ac^- + H_2O \rightleftharpoons NH_3 \cdot H_2O + HAc$$

由于氨水和醋酸在水中的电离常数基本相同，因此醋酸铵水解的溶液呈中性。

氰化铵（NH_4CN）水解生成 $NH_3 \cdot H_2O$ 和 HCN，其离子方程式为：

$$NH_4^+ + CN^- + H_2O \rightleftharpoons NH_3 \cdot H_2O + HCN$$

由于水解产物氨水的电离常数大于 HCN 的电离常数，因此氰化铵水溶液呈碱性。

氟化铵（NH_4F）水解生成 $NH_3 \cdot H_2O$ 和 HF，其离子方程式为：

$$NH_4^+ + F^- + H_2O \rightleftharpoons NH_3 \cdot H_2O + HF$$

由于水解产物氨水的电离常数小于 HF 的电离常数，因此氟化铵水溶液呈酸性。

可以推知，若某些盐的正离子和负离子都能与水作用生成弱酸和弱碱，则溶液的酸碱性由所生成的弱酸和弱碱的相对强度决定。若 $K_a^\ominus > K_b^\ominus$，则溶液呈酸性；若 $K_a^\ominus < K_b^\ominus$，则溶液呈碱性；若 $K_a^\ominus = K_b^\ominus$，则溶液呈中性。

4. 强酸强碱盐通常不发生水解

溶液呈中性，pH=7。

强酸强碱盐中的阴离子、阳离子不能与水离解出的 H^+ 或 OH^- 结合成弱电解质，水的离解平衡未被破坏，故溶液呈中性，即强酸强碱盐在溶液中不发生水解。例如，$NaNO_3$ 溶液，由于它的正、负离子都不会与水中的 H^+ 和 OH^- 作用进而影响水的电离平衡，所以 $NaNO_3$ 不发生水解，因此溶液呈中性。

综上所述不难看出，盐类水解的实质就是盐类组分的离子（负或正离子）与水所电离出的 H^+ 或 OH^- 作用生成了弱酸或弱碱（或两者兼有），从而影响了水的电离，使溶液显酸性中性或碱性。

二、盐的水解常数和水解度

1. 弱酸强碱生成的盐

NaAc、KCN、NaClO 等属于这一类盐。以 NaAc 为例说明这类盐的水解。NaAc 在水溶液中的 Ac^- 和由水所离解出来的 H^+ 结合，生成弱酸 HAc。由于 H^+ 浓度的减少，使水的离解平衡向右移动：

$$NaAc \longrightarrow Na^+ + Ac^-$$

$$+$$

$$H_2O \rightleftharpoons OH^- + H^+$$

$$\Updownarrow$$

$$HAc$$

当同时建立起 H_2O 和 HAc 的离解平衡时，溶液中 $c(OH^-) > c(H^+)$，即 pH>7，因此，溶液呈碱性。

Ac^- 的水解方程式为：

$$Ac^- + H_2O \rightleftharpoons HAc + OH^-$$

强碱弱酸盐的水解，实质上是阴离子（酸根离子）发生水解。水解平衡的标准平衡常数称为水解常数 $K_h^{\ominus}$，其表达式为：

$$K_h^{\ominus} = \frac{c'(HAc)c'(OH^-)}{c'(Ac^-)}$$

上述水解反应，实际上是下列两个反应的加和：

(1) $H_2O \rightleftharpoons OH^- + H^+$ $K_1^{\ominus} = c'(H^+)c'(OH^-) = K_w^{\ominus}$

(2) $Ac^- + H^+ \rightleftharpoons HAc$ $K_2^{\ominus} = c'(HAc)/[c'(Ac^-)c'(H^+)] = 1/K_a^{\ominus}$

由式(1) +式(2) 得水解方程式：

$$Ac^- + H_2O \rightleftharpoons HAc + OH^-$$

$K_h^{\ominus}$ 可由多重平衡规则求得：

$$K_h^{\ominus} = K_1^{\ominus} \times K_2^{\ominus} = K_w^{\ominus}/K_a^{\ominus} \tag{3-6a}$$

可见，组成盐的酸越弱（$K_a^{\ominus}$ 越小），水解常数越大，相应盐的水解程度也越大。盐的水解程度也可以用水解度 h 来表示：

$$h = \frac{\text{已水解盐的浓度}}{\text{盐的起始浓度}} \times 100\%$$

水解度 h、水解常数 $K_h^{\ominus}$ 和盐浓度 c 之间有一定的关系，仍以 NaAc 为例：

$$Ac^- + H_2O \rightleftharpoons HAc + OH^-$$

起始浓度 c_0	c	0	0
平衡浓度 c	$c(1-h)$	ch	ch

$$K_h^{\ominus} = \frac{c'(HAc)c'(OH^-)}{c'(Ac^-)}$$

$$= (c'hc'h)/c'(1-h)$$

若 $K_h^{\ominus}$ 较小，$1-h \approx 1$，则：

$$K_h^{\ominus} = c'h^2$$

$$h = \sqrt{K_h^{\ominus}/c'} = \sqrt{K_w^{\ominus}/(K_a^{\ominus}c')} \tag{3-6b}$$

可见水解度除了与组成盐的弱酸强弱（$K_a^{\ominus}$）有关外，还与盐的浓度有关。同一种盐，浓度越小，其水解程度越大。

2. 强酸弱碱盐的水解

以 NH_4Cl 为例。它在溶液中的 NH_4^+ 与水离解出的 OH^- 易结合并生成弱碱氨水，使水的离解平衡向右移动：

$$NH_4Cl \rightleftharpoons NH_4^+ + Cl^-$$

$$\begin{array}{c} + \\ H_2O \rightleftharpoons OH^- + H^+ \\ \Updownarrow \\ NH_3 \cdot H_2O \end{array}$$

当溶液中水和氨水的 2 个离解平衡同时建立时，溶液中 $c(H^+) > c(OH^-)$，即 $pH<7$，溶液呈酸性。

NH_4^+ 的水解方程式为：

$$NH_4^+ + H_2O \rightleftharpoons NH_3 \cdot H_2O + H^+$$

强酸弱碱盐的水解实质上是其阳离子发生水解，与弱酸强碱盐同样处理，得到强酸弱碱盐的水解常数及水解度：

$$K_h^{\ominus} = K_w^{\ominus}/K_b^{\ominus} \tag{3-7a}$$

$$h = \sqrt{K_w^{\ominus}/(K_b^{\ominus}c')} \tag{3-7b}$$

属于这类盐的还有 NH_4NO_3，$Al_2(SO_4)_3$，$FeCl_3$ 等。从式(3-7a) 和式(3-7b) 看出组成盐的碱越弱，即 $K_b^{\ominus}$ 越小，该盐水解常数 $K_h^{\ominus}$、水解度 h 越大，水解程度就越大。同一种盐，浓度越小，水解度也越大。

在化学手册上能查到弱酸、弱碱的离解常数，而查不到水解常数，根据式(3-6a)、式(3-7a)，可由 $K_a^{\ominus}$、$K_b^{\ominus}$ 值方便地计算出 $K_h^{\ominus}$。

3. 强酸强碱盐

强酸强碱盐中的阴离子、阳离子不能与水离解出的 H^+ 或 OH^- 结合成弱电解质，水的离解平衡未被破坏，故溶液呈中性，即强酸强碱盐在溶液中不发生水解。

4. 多元弱酸盐的水解

同多元弱酸或弱碱分步离解一样，多元弱酸盐和多元弱碱盐也是分步水解的。以二元弱酸盐 Na_2CO_3 为例：

第一步水解 $CO_3^{2-} + H_2O \rightleftharpoons HCO_3^- + OH^-$

$$K_{h_1}^{\ominus} = K_w^{\ominus}/K_{a_2}^{\ominus}$$

第二步水解 $HCO_3^- + H_2O \rightleftharpoons H_2CO_3 + OH^-$

$$K_{h_2}^{\ominus} = K_w^{\ominus}/K_{a_1}^{\ominus}$$

其中 $K_{a_1}^{\ominus}$，$K_{a_2}^{\ominus}$ 分别为二元弱酸 H_2CO_3 的分步离解常数。由于 $K_{a_2}^{\ominus} \ll K_{a_1}^{\ominus}$，因此 $K_{h_1}^{\ominus} \gg K_{h_2}^{\ominus}$。可见多元弱酸盐的水解也以第一步水解为主，在计算溶液酸碱性时，可按一元弱酸盐处理。除了碱金属及部分碱土金属外，几乎所有金属阳离子组成的多元弱碱盐都会发生不同程度的水解，其水解也是分步进行的。如 Fe^{3+} 的水解可表示为：

$$Fe^{3+} + H_2O \rightleftharpoons Fe(OH)^{2+} + H^+$$

$$Fe(OH)^{2+} + H_2O \rightleftharpoons Fe(OH)_2^+ + H^+$$

$$Fe(OH)_2^+ + H_2O \rightleftharpoons Fe(OH)_3\downarrow + H^+$$

并非所有多价金属离子的盐都需水解到最后一步才会析出沉淀，有时一级或二级水解即析出沉淀。此外，在水解反应的同时，还有聚合和脱水作用发生，因此水解产物也并非都是氢氧化物，所以多元弱碱盐的水解要比多元弱酸盐的水解复杂得多。

三、盐溶液 pH 的简单计算

本节介绍一元强酸弱碱盐或弱酸强碱盐溶液中 H^+ 或 OH^- 浓度及 pH 的简单计算方法，以了解此类问题的定量处理过程。

例 3-1 计算 $0.10mol \cdot L^{-1}$ $(NH_4)_2SO_4$ 溶液的 pH。

解：

$(NH_4)_2SO_4$ 为强酸弱碱盐，水解方程式为：

$$NH_4^+ + H_2O \rightleftharpoons NH_3 \cdot H_2O + H^+$$

起始浓度 $c_0/mol \cdot L^{-1}$ 0.10×2 　　0　　0

平衡浓度 $c/mol \cdot L^{-1}$ $0.20-x$ 　　x　　x

$$K_h^{\ominus} = K_w^{\ominus}/K_b^{\ominus} = 1.0\times10^{-14}/(1.8\times10^{-5}) = 5.6\times10^{-10}$$

$$= \frac{c'(NH_3 \cdot H_2O)c'(H^+)}{c'(NH_4^+)}$$

$$= x^2/(0.20-x)$$

$K_h^{\ominus}$ 很小，可作近似计算，$0.20-x\approx0.20$

$$x = \sqrt{K_h^{\ominus}\times0.20} = \sqrt{5.6\times10^{-10}\times0.20} = 1.1\times10^{-5}$$

$$c'(H^+) = 1.1\times10^{-5}mol \cdot L^{-1}$$

$$pH = -\lg c'(H^+) = -\lg(1.1\times10^{-5}) = 4.96$$

例 3-2 比较 $0.10mol \cdot L^{-1}$ NaAc 与 $0.10mol \cdot L^{-1}$ NaCN 溶液的 pH 和水解度。

解：

NaAc 为弱酸强碱盐，水解方程式为：

$$Ac^- + H_2O \rightleftharpoons HAc + OH^-$$

起始浓度 $c_0/mol \cdot L^{-1}$ 　　0.1　　0　　0

平衡浓度 $c/mol \cdot L^{-1}$ 　　$0.10-x$　　x　　x

$$K_h^{\ominus} = K_w^{\ominus}/K_a^{\ominus} = 1.0\times10^{-14}/(1.75\times10^{-5}) = 5.7\times10^{-10}$$

$$= \frac{c'(HAc)c'(OH^-)}{c'(Ac^-)}$$

$$= x^2(0.10-x)$$

$K_h^{\ominus}$ 很小，可作近似计算：$0.10-x\approx0.10$，则：

$$\sqrt{5.7\times10^{-10}\times0.10} = 7.5\times10^{-6}$$

所以 $c_1(OH^-) = 7.5\times10^{-6}mol \cdot L^{-1}$

$$pH = 14-pOH = 14+\lg(7.5\times10^{-6}) = 8.88$$

$$h_1 = \frac{7.5\times10^{-6}}{0.10}\times100\,\% = 7.5\times10^{-5}$$

NaCN 也是弱酸强碱盐，水解方程式为：

$$CN^- + H_2O \rightleftharpoons HCN + OH^-$$

$$c'_2(OH^-) = \sqrt{K_h^{\ominus}c'} = \sqrt{[K_w^{\ominus}/K_a^{\ominus}(HCN)]c'}$$

$$c'_2(OH^-) = [\sqrt{1.0\times10^{-14}/(6.2\times10^{-10})\times0.10}]mol \cdot L^{-1}$$

$$= 1.3\times10^{-3}mol \cdot L^{-1}$$

$$pH = 14-pOH = 14+\lg(1.3\times10^{-3}) = 11.11$$

$$h_2=\frac{1.3\times10^{-3}}{0.10}\times100\%=1.3\%$$

由此看出，当盐的浓度相同时，组成弱酸强碱盐的酸越弱，水解程度越大。

由例 3-1、例 3-2 可以得到盐类水解的另两个通式，即：

一元弱酸强碱盐 $c'(OH^-)=\sqrt{K_h^{\ominus}c'(\text{盐})}=\sqrt{(K_w^{\ominus}/K_a^{\ominus})c'(\text{盐})}$ (3-7c)

一元强酸弱碱盐 $c'(H^+)=\sqrt{K_h^{\ominus}c'(\text{盐})}=\sqrt{K_w^{\ominus}/K_b^{\ominus}c'(\text{盐})}$ (3-7d)

弱酸弱碱盐水解的计算较复杂，本书不作讨论。

四、影响水解平衡的因素

影响水解平衡的因素有以下几个方面。

（1）盐的本性

盐类水解时所生成的弱酸或弱碱的离解常数越小，水解程度越大。若水解产物为沉淀，则其溶解度越小，水解程度也越大。

（2）浓度

从水解度的通式 $h=\sqrt{K_w^{\ominus}/[K^{\ominus}\ c'(\text{盐})]}$ 可以看出，对于同一种盐（K 相同），其浓度越小，水解度越大。换句话说，将溶液进行稀释，会促进盐的水解。

（3）温度

酸碱中和反应是放热反应，盐的水解是中和反应的逆过程，因此是吸热反应。根据平衡移动原理，升高温度会促进盐的水解。

（4）酸碱度的影响

盐类水解通常会引起水中的 H^+ 或 OH^- 浓度的变化。根据平衡移动原理，调节溶液的酸碱度，能促进或抑制盐的水解。

五、盐类水解平衡的移动及其应用

许多金属氢氧化物的溶解度都很小，当相应的盐溶于水时，由于水解作用会析出氢氧化物而出现浑浊。如 $Al_2(SO_4)$、$FeCl_3$ 水解后产生胶状氢氧化物，具有很强的吸附作用，可用作净水剂。有些盐如 $SnCl_2$、$SbCl_3$、$Bi(NO_3)_3$、$TiCl_4$ 等，水解后会产生大量的沉淀，生产上可利用这种作用来制备有关的化合物。例如，TiO_2 的制备反应如下：

$$\underset{\text{无色液体}}{TiCl_4} + H_2O \rightleftharpoons \underset{\text{黄绿色}}{TiOCl_2} + 2HCl$$

$$TiOCl_2 + H_2O(\text{过量}) \rightleftharpoons TiO_2\cdot xH_2O\downarrow + 2HCl$$

操作时加入大量的水（增加反应物），同时进行蒸发，赶出 HCl（减少生成物），促使水解平衡彻底向右移动，得到水合二氧化钛，再经焙烧即得无水 TiO_2。

有时为了配制溶液或制备纯的产品，需要抑制水解。例如，实验室配制 $SnCl_2$ 或 $SbCl_3$ 溶液时，实际上是用一定浓度的 HCl 来配制的，否则，因水解析出难溶的水解产物后，即使再加酸，也很难得到清澈的溶液：

$$SnCl_2+H_2O\longrightarrow Sn(OH)Cl\downarrow+HCl$$

$$SbCl_3+H_2O\longrightarrow SbOCl\downarrow+2HCl$$

又如，Fe^{3+}、Al^{3+}、Bi^{3+}、Zn^{2+}、Cu^{2+} 等易水解的盐类，在制备过程中，也需加入一定浓度的相应酸，保持溶液有足够的酸度，以免水解产物混入，而使产品不纯。

阅读材料1 食醋介绍

醋是我国传统的调味品，是以粮食、果实、酒类等含有淀粉、糖、酒精的原料，经微生物发酵酿造而成的一种酸性液体调味料。醋的主要呈味成分是醋酸，学名乙酸（从化学反应的角度来说，食醋中含3%～5%的乙酸），还含有少量不挥发酸、氨基酸、糖等。

一、品种和产地

各地出产的著名食用醋品种很多，如米醋、白醋、糖醋、熏醋、甜醋、香醋、麸醋等。米醋又称玫瑰米醋，盛产于浙江一带，故又称浙醋，是以大米为原料，先发酵为白醋坯，再经直接过淋而制成的一种食用醋。米醋呈透明玫瑰红色，香气纯正，酸味醇和，略带甜味，适用于蘸食或炒菜。白醋以福建米醋较为著名，是以大米为原料，先酿成米酒，再加入醋母，经天然发酵酿制而成。白醋无色透明，酸味柔和，适用于需酸而又不起色的菜肴。糖醋为我国北方地区生产较多和最常用的食用醋，是以砂糖或饴糖为原料，加水稀释，再接种酵母发酵而成，具有醇香甜酸的特点，为烹制酸甜菜肴如西湖醋鱼、五柳居鱼等的调味品。熏醋又名“黑醋”，主要产地为山西和河北，以山西老醋最为出名。熏醋是以高粱为主料，以麸皮或谷糠为辅料，经过发酵先成熏坯，再经夏暴晒、冬捞冰等工序形成的陈酿醋。熏醋会发酸，味少，入口酸味柔和。甜醋以广东的八珍醋最为著名，原料与熏醋相同，先制成熏坯，以熏坯和白坯各半，并加入花椒、八角、桂皮、草果和片糖，再熬制而成。甜醋酸味醇和，香甜可口，兼有补益作用。香醋以镇江香醋最为出名，原料主要为糯米和麸皮，经过醋酸发酵和乳酸发酵，配入砂糖，香醋呈深褐色，香味芬芳，味酸而甜，别具风味。麸醋以四川阆中酿造的最为著名，阆中县古称“保宁”，故麸醋又称“保宁醋”，该醋以麸皮为主要原料，混入以药曲制造的酵母，进行醋酸发酵而制成。麸醋色泽黑褐，气味芬芳酸味浓厚。

二、质量标准

优质食醋呈琥珀色、棕红色或白色，液态澄清，无悬浮物和沉淀物，无霉花浮膜，无醋鳗、醋虱或醋蝇，酸味柔和，稍有甜口，无其他不良异味，具有食醋固有的气味和醋酸气味，无其他异味。

三、营养及保健

醋有食疗保健的功效，对动脉硬化、高血压、糖尿病等患者都有一定的好处。我国的传统医学典籍中记载了许多醋疗的实例。20世纪80年代日本的西田达弘先生《你能活一百岁——食醋的秘方》、《高血压的不安和恐怖一扫光》等关于食醋保健的书籍出版后，在社会上引起了很大的反响，在日本掀起了保健醋的热潮。现在日本市场的保健醋有100多种，我国的保健醋也有生产，如天地一号、苹果醋等，醋的家族愈见兴旺。

四、烹饪运用

醋可以杀菌、去腥、解腻、增味、除韧，在酸甜类菜肴中使用最多，用来腌渍原料，可以增加脆嫩的口感。

阅读材料2 土壤酸碱性

一、概述

1. 定义

土壤中存在着各种化学和生物化学反应，表现出不同的酸性或碱性。土壤酸碱性的强弱，常以酸碱度来衡量。

土壤之所以有酸碱性，是因为在土壤中存在少量的氢离子和氢氧根离子。当氢离子的浓度大于氢氧根离子的浓度时，土壤呈酸性；反之呈碱性；两者相等时则为中性。

土壤酸碱性划分等级：土壤酸碱性划分为9等级：小于4.5极强酸性，4.5～5.5强酸性，5.5～6.0酸性，6.0～6.5弱酸性，6.5～7.0中性，7.0～7.5弱碱性，7.5～8.5碱性，8.5～9.5强碱性，大于9.5极强碱性。

2. 土壤酸碱度

土壤酸碱性的强弱，常以酸碱度来衡量。土壤酸碱度又以 pH 来表示。测定土壤的 pH，多采用电极法或石蕊试纸比色法。电极法测定土壤的 pH，既快又准确，但目前很少用。石蕊试纸比色法测定土壤的 pH，方法简便。测定土壤、苗床及营养土的 pH 时，可先取样土一份，放入碗底，然后加入蒸馏水 2.5 份，用玻璃棒充分搅拌 1min，待其静置澄清后，将一段试纸浸入清液中，试纸即变色，马上用变色的试纸与 pH 标准比色卡进行比较，即可直接得出 pH。

(1) 土壤酸度

根据土壤中氢离子的存在方式，土壤酸度可分为两大类。

① 活性酸度　土壤溶液中氢离子浓度的直接反映，又称为有效酸度，通常用 pH 表示。活性酸度的来源主要是 CO_2 溶于水形成的碳酸和有机物质分解产生的有机酸，以及土壤中矿物质氧化产生的无机酸，还有施用的无机肥料中残留的无机酸，如硝酸、硫酸和磷酸等。此外，由于大气污染形成的大气酸沉降，也会使土壤酸化，所以它也是土壤活性酸度的一个重要来源。

② 潜性酸度　土壤潜性酸度是土壤胶体吸附的可代换性 H^+ 和 Al^{3+} 的反映。当这些离子处于吸附状态时，是不显酸性的，但当它们通过离子交换作用进入土壤溶液之后，即可增加土壤溶液的 H^+ 浓度，使土壤 pH 降低。只有盐基不饱和土壤才有潜性酸度，其大小与土壤代换量和盐基饱和度有关。

潜性酸度分为代换性酸度和水解酸度。

代换性酸度：用过量中性盐（如 NaCl 或 KCl）溶液淋洗土壤，溶液中金属离子与土壤中 H^+ 和 Al^{3+} 发生离子交换作用而表现出的酸度，称为代换性酸度。代换性 Al^{3+} 是矿物质土壤中潜性酸度的主要来源。例如，红壤的潜性酸度 95%以上是由代换性 Al^{3+} 产生的。由于土壤酸度过高，造成铝硅酸盐晶格内铝氢氧八面体的破裂，使晶格中的 Al^{3+} 释放出来，变成代换性 Al^{3+}。

水解性酸度：用弱酸强碱盐（如醋酸钠）淋洗土壤，溶液中金属离子可以将土壤胶体吸附的 H^+、Al^{3+} 代换出来，同时生成某弱酸（醋酸）。此时，所测定出的该弱酸的酸度称为水解性酸度。由于生成的醋酸分子离解度很小，而氢氧化钠可以完全离解。氢氧化钠离解后，所生成的钠离子浓度很高，可以代换出绝大部分吸附的 H^+ 和 Al^{3+}。

③ 活性酸度与潜性酸度的关系　活性酸度与潜性酸度是同一个平衡体系的两种酸度。二者可以互相转化，在一定条件下处于暂时平衡状态。土壤活性酸度是土壤酸度的根本起点和现实表现。土壤胶体是 H^+ 和 Al^{3+} 的储存库，潜性酸度则是活性酸度的储备，土壤的潜性酸度往往比活性酸度大得多，二者相差3～4个数量级。

(2) 土壤碱度

土壤溶液中氢氧根离子的主要来源，是碱金属（Na、K）及碱土金属（Ca、Mg）的碳酸盐和碳酸氢盐。碳酸盐碱度和重碳酸盐碱度的总和称为总碱度。可用中和滴定法测定。

不同溶解度的碳酸盐和重碳酸盐对土壤碱性的贡献不同，$CaCO_3$ 和 $MgCO_3$ 的溶解度很小，在正常的 CO_2 分压下，它们在土壤溶液中的浓度很低，故富含 $CaCO_3$ 和 $MgCO_3$ 的石灰性土壤呈弱碱性（pH 为 7.5～8.5）；Na_2CO_3、$NaHCO_3$ 及 $Ca(HCO_3)_2$ 等都是水溶性盐类，可以大量出现在土壤溶液中，使土壤溶液中的总碱度很高，从土壤 pH 来看，含 Na_2CO_3 的土壤，其 pH 一般较高，可达 10 以上，而含 $NaHCO_3$ 及 $Ca(HCO_3)_2$ 的土壤，其 pH 常在 7.5～8.5，碱性较弱。

当土壤胶体上吸附的 Na^+、K^+、Mg^{2+}（主要是 Na^+）等离子的饱和度增加到一定程度时，会引起交换性阳离子的水解作用：

土壤胶体（xNa）$+ y H_2O =$ 土壤胶体［（$x-y$）Na、yH］$+ y$NaOH

在土壤溶液中产生 NaOH，使土壤呈碱性。此时 Na^+ 饱和度称为土壤碱化度。

二、我国土壤酸碱度

我国土壤 pH 大多在 4.5～8.5 范围内，由南向北 pH 递增，长江（北纬 33°）以南的土壤多为酸性和强酸性，如华南、西南地区广泛分布的红壤、黄壤，pH 大多在 4.5～5.5 之间；华中华东地区的红壤，pH

在5.5～6.5之间；长江以北的土壤多为中性或碱性，如华北、西北的土壤大多含 $CaCO_3$，pH一般在7.5～8.5之间，少数强碱性土壤的pH高达10.5。

三、决定土壤酸碱性的因素

1. 土壤的吸附性

土壤中两个最活跃的组分是土壤胶体和土壤微生物，它们对污染物在土壤中的迁移、转化有重要作用。土壤胶体以其巨大的比表面积和带电性，而使土壤具有吸附性。

土壤胶体具有巨大的比表面和表面能：比表面是单位质量（或体积）物质的表面积。定体积的物质被分割时，随着颗粒数的增多，比表面也显著地增大。物质的比表面越大，表面能也就越大。

土壤胶体的电性：土壤胶体微粒具有双电层，微粒的内部称微粒核，一般带负电荷，形成一个负离子（即决定电位离子层），其外部由于电性吸引，而形成一个正离子（又称反离子层，包括非活动性离子层和扩散层），即合称为双电层。

土壤胶体的凝聚性和分散性：由于胶体的比表面和表面能都很大，为了减小表面能胶体具有相互吸引、凝聚的趋势，这就是胶体的凝聚性。但是在土壤溶液中，胶体常带负电荷，即具有负的电动电位，所以胶体微粒又因相同而相互排斥，电动电位越高，相互排斥力越强，胶体微粒呈现出的分散性也越强。

影响土壤凝聚性能的主要因素是土壤胶体的电动电位和扩散层厚度，例如土壤溶液中阳离子增多，由于土壤胶体表面负电荷被中和，从而加强土壤的凝聚。此外，土壤溶液中电解质浓度、pH也将影响其凝聚性能。

在土壤胶体双电层扩散层中，补偿离子可以和溶液中相同电荷的离子价为依据作等价交换，称为离子交换（或代换）。离子交换作用包括阳离子吸附作用和阴离子交换吸附作用。

每千克干土中所含全部阳离子总量，称为阳离子交换量。土壤的可交换性阳离子有两类：一类是致酸离子，包括 H^+ 和 Al^{3+}；另一类是盐基离子，包括 Ca^{2+}、Mg^{2+}、K^+、Na^+、NH_4^+ 等。当土壤胶体上吸附的阳离子均为盐基离子，且已达到吸附饱和时的土壤，称为盐基饱和土壤，否则，这种土壤为盐基不饱和土壤。在土壤交换性阳离子中盐基离子所占的百分数称为土壤盐基饱和度。它与土壤母质、气候等因素有关。

影响土壤盐碱度的因素除了降水之外，现在更多考虑的是由于人类不合理的生产方式造成了干旱、半干旱地区的土壤次生盐碱化。

2. 土壤的缓冲性能

土壤缓冲性能是指土壤具有缓和其酸碱度发生激烈变化的能力，它可以保持土壤反应的相对稳定，为植物生长和土壤生物的活动创造比较稳定的生活环境，所以土壤的缓冲性能是土壤的重要性质之一。

（1）土壤溶液的缓冲作用

土壤溶液中含有碳酸、硅酸、磷酸、腐殖酸和其他有机酸等弱酸及其盐类，构成一个良好的缓冲体系，对酸碱具有缓冲作用。

土壤中的碳酸及其钠盐具有缓冲作用。

当加入盐酸时，碳酸钠与它作用，生成中性盐和碳酸，大大抑制了土壤酸度的提高。

$$Na_2CO_3 + 2HCl \xlongequal{} 2NaCl + H_2CO_3$$

当加入 $Ca(OH)_2$ 时，碳酸与它作用，生成溶解度较小的碳酸钙，限制了土壤碱度。

$$H_2CO_3 + Ca(OH)_2 \xlongequal{} CaCO_3 + 2H_2O$$

土壤中的某些有机酸（如氨基酸、胡敏酸等）是两性物质，具有缓冲作用，如氨基酸含氨基和羧基可分别中和酸和碱，从而对酸和碱都具有缓冲能力。

$$R—CH(NH_2)(COOH) + HCl \xlongequal{} R—CH(NH_3Cl)(COOH)$$

$$R—CH(NH_2)(COOH) + NaOH \xlongequal{} R—CH(NH_2)(COONa) + H_2O$$

（2）土壤胶体的缓冲作用

土壤胶体吸附有各种阳离子，其中盐基离子和氢离子能分别对酸和碱起缓冲作用。

对酸的缓冲作用（以M代表盐基离子）：

土壤胶体—M + HCl ══ 土壤胶体—H + MCl

对碱的缓冲作用：

土壤胶体—H＋MOH ══土壤胶体—M＋H_2O

土壤胶体的数量和盐基代换量越大，土壤的缓冲性能就越强。因此，砂土掺黏土及施用各种有机肥料，都是提高土壤缓冲性能的有效措施。在代换量相等的条件下，盐基饱和度愈高，土壤对酸的缓冲能力愈大；反之，盐基饱和度愈低，土壤对碱的缓冲能力愈大。

铝离子对碱的缓冲作用：在 pH 小于 5 的酸性土壤里，土壤溶液中 Al^{3+} 有 6 个水分子围绕着，当加大碱类使土壤溶液中 OH^- 增多时，Al^{+3} 周围的 6 个水分子中有 1、2 个水分子离解出 H^+，与加入的 OH^- 中和，并发生如下反应：

$$2Al(H_2O)_6+2OH^- \longrightarrow Al_2(OH)_2(H_2O)_8+4H_2O$$

水分子离解出来的 OH^- 则留在 Al^{3+} 周围，这种带有 OH^- 的 Al^{3+} 很不稳定，它们要聚合成更大的离子团，在 pH 大于 5.5 的土壤里，铝离子开始形成 $Al(OH)_3$ 沉淀，失去缓冲能力。

四、土壤酸碱性产生的影响

1. 土壤酸碱性对植物的影响

大多数植物在 pH 大于 9.0 或小于 2.5 的情况下都难以生长。植物可在很宽的范围内正常生长，但各种植物有自己适宜的 pH。

喜酸植物：杜鹃属、越橘属、茶花属、杉木、松树、橡胶树、帚石兰；

喜钙植物：紫花苜蓿、草木樨、南天竺、柏属、椴树、榆树等；

喜盐碱植物：柽柳、沙枣、枸杞等。

植物病虫害与土壤酸碱性直接相关：

(1) 地下害虫往往要求一定范围的 pH 环境条件，如竹蝗喜酸而金龟子喜碱。

(2) 有些病害只在一定的 pH 范围内发作，如猝倒病往往在碱性和中性土壤上发生。

土壤活性铝：土壤胶体上吸附的交换性铝和土壤溶液中的铝离子，它是一个重要的生态因子，对自然植被的分布、生长和演替有重大影响。

在强酸性土壤中含铝多，生活在这类土壤上的植物往往耐铝甚至喜铝（帚石兰、茶树）；但对于一些植物来说，如三叶草、紫花苜蓿，铝是有毒性的，土壤中富铝时生长受抑制；研究表明铝中毒是人工林地力衰退的一个重要原因。

2. 土壤酸碱性对养分有效性的影响

在正常范围内，植物对土壤酸碱性敏感的原因，是由于土壤 pH 影响土壤溶液中各种离子的浓度，影响各种元素对植物的有效性。

土壤酸碱性对营养元素有效性的影响如下。

(1) 氮在 pH 为 6～8 时有效性较高，是由于在 pH 小于 6 时，固氮菌活动降低，而大于 8 时，硝化作用受到抑制。

(2) 磷在 pH 为 6.5～7.5 时有效性较高，由于在 pH 小于 6.5 时，易形成磷酸铁、磷酸铝，有效性降低，在 pH 高于 7.5 时，则易形成磷酸二氢钙。

(3) 酸性土壤的淋溶作用强烈，钾、钙、镁容易流失，导致这些元素缺乏。在 pH 高于 8.5 时，土壤钠离子增加，钙、镁离子被取代形成碳酸盐沉淀，因此钙、镁的有效性在 pH 为 6～8 时最好。

(4) 铁、锰、铜、锌、钴五种微量元素在酸性土壤中因可溶而有效性高；钼酸盐不溶于酸而溶于碱，在酸性土壤中易缺乏；硼酸盐在 pH 为 5～7.5 时有效性较好。

3. 土壤酸碱性对肥力的影响

由于我国南、北方气候的差异，南方湿润多雨，土壤多呈酸性，北方干旱少雨，土壤多呈碱性。土壤偏（过）酸性或偏（过）碱性，都会不同程度地降低土壤养分的有效性，难以形成良好的土壤结构，严重抑制土壤微生物的活动，影响各种作物生长发育，具体表现有以下 5 个方面。

① 使土壤养分的有效性降低　土壤中磷的有效性明显受酸碱性的影响，在 pH 超过 7.5 或低于 6 时，

磷酸和钙或铁、铝形成迟效态，使有效性降低。钙、镁和钾在酸性土壤中易代换也易淋失。钙、镁在强碱性土壤中溶解度低，有效性降低。硼、锰、铜等微量元素在碱性土壤中有效性大大降低，而钼在强酸性土壤中与游离铁、铝生成的沉淀，可降低有效性。

② 不利于土壤的良性发育，破坏土壤结构　强酸性土壤和强碱性土壤中 H^+ 和 Na^+ 较多，缺少 Ca^{2+}，难以形成良好的土壤结构，不利于作物生长。

③ 不利于土壤微生物的活动　土壤微生物一般最适宜的 pH 是 6.5～7.5 之间的中性范围。过酸或过碱都会严重抑制土壤微生物的活动，从而影响氮素及其他养分的转化和供应。

④ 不利于作物的生长发育　一般作物在中性或近中性土壤生长最适宜。甜菜、紫苜蓿、红三叶不适宜酸性土壤；茶树要求强酸性和酸性土壤，中性土壤不适宜生长。

⑤ 易产生各种有毒害物质　土壤过酸容易产生游离态的 Al^{3+} 和有机酸，直接危害作物。碱性土壤中可溶盐分达一定数量后，会直接影响作物的发芽和正常生长。含碳酸钠较多的碱化土壤，对作物更有毒害作用。

适合不同农作物生长的高产土壤，一般要求呈中性、微酸性或微碱性反应，pH 多在6～8之间。因为在酸性土壤中，可溶性磷易与铁、铝化合，形成磷酸铁、磷酸铝而降低有效性。土壤中的交换性钾、钙、镁等易被氢离子置换出来，一旦遇到雨水，就会流失掉。酸性土壤也往往缺硫和钼。

对酸性土壤应增施石灰，以中和土壤酸度，消除铝的毒害，提高养分的有效性。同时注意增施有机肥料，通过有机肥料的缓冲作用，减轻酸性对土壤和作物的影响。化学肥料宜选用氨水、碳酸氢铵、钙镁磷肥等碱性肥料。而在碱性土壤中，尤其是石灰性土壤，可溶性磷易与钙结合，生成难溶性磷钙盐类，会降低磷的有效性。

在石灰性土壤中，许多微量元素如硼、锰、钼、锌、铁的有效性会大大降低，致作物营养元素不足，并发生各种生理性病害。

因此，要重视并有针对性地选用上述微肥作基肥或追施。基施时可将微肥同有机肥料一起堆沤一定时间，以增加有效性。作物在微肥不足发生缺素症时，应及时用相应的有机螯合肥进行叶面喷施，以减轻生理病害的危害程度。

在石灰性土壤上施用过磷酸钙、硫酸铵、氯化铵等酸性和生理酸性肥料较好，可降低和减轻土壤碱性的危害。且可以适当施用石膏、磷石膏、硫酸亚铁、硫黄粉、酸性风化煤等，但不要施用碱性肥料，如氨水、碳酸氢铵、草木灰等，特别禁忌施用强碱性肥料石灰。

另外，在盐碱土上不宜施用氯化铵肥料，并注意铵态氮肥要深施覆土，防止氨的挥发损失。磷肥可集中施用或与厩肥、堆肥混合使用，以减少磷的固定，提高肥料利用率。

五、土壤酸碱性的鉴别

看土源：一般采自山川、沟壑的腐殖土，多呈黑褐色，比较疏松、肥沃，通透性良好，是比较理想的酸性腐殖土。例如，松针腐殖土，草炭腐殖土等。

看土色：酸性土壤一般颜色较深，多为黑褐色，而碱性土壤颜色多呈白、黄等浅色。有些盐碱地区，土表经常有一层白粉状的碱性物质。

看地表植物：在野外采掘花土时，可以观察一下地表生长的植物，一般生长野杜鹃、松树、杉类植物的土壤多为酸性土；而生长柽柳、谷子、高粱等植物的土壤多为碱性土。

看质地：酸性土壤质地疏松，透气、透水性强；碱性土壤质地坚硬，容易板结成块，通气、透水性差。

凭手感：酸性土壤握在手中有一种“松软”的感觉，松手以后，土壤容易散开，不易结块；碱性土壤握在手中有一种“硬实”的感觉，松手以后容易结块而不散开。

看浇水后的情形：酸性土壤浇水以后下渗较快，不冒白泡，水面较浑；碱性土壤浇水后，下渗较慢，水面冒白泡，起白沫，有时花盆外围还有一层白色的碱性物质。

用 pH 试纸来测土壤的酸碱性，方法为：取部分土样浸泡于凉开水中，将试纸的一部分浸入浸泡液后取出，观察其颜色的变化，然后将试纸与比色卡相比较，若 pH＝7，土壤为中性；若 pH 小于 7，则为酸性；若 pH 大于 7，则为碱性。

六、土壤酸碱性的改良措施

土壤酸性过大，可每年每亩施入20～25kg的石灰，且施足农家肥，切忌只施石灰不施农家肥，这样，土壤反而会变黄、变瘦。也可施草木灰40～50kg，中和土壤酸性，更好地调节土壤的水、肥状况。而对于碱性土壤，通常每亩用石膏30～40kg作为基肥施入改良。碱性过高时，可加少量硫酸铝、硫酸亚铁、硫黄粉、腐殖酸肥等。常浇一些硫酸亚铁或硫酸铝的稀释水，可使土壤增加酸性。腐殖酸肥因含有较多的腐殖酸，能调整土壤的酸碱度。以上方法以施硫黄粉见效慢，但效果最持久；施用硫酸铝时需补充磷肥；施硫酸亚铁（矾肥水）见效快，但作用时间不长，需经常施用。

1. 酸性土壤改良培肥方法

酸性土壤的特征是“酸”（pH值在6以下）、“瘦”（速效养分低，有机质低于1.5%，严重缺有效磷）、“黏”（土质黏重，耕性差）、“深”（土色多为红、黄、紫色）。在这些土壤上种植作物，不易全苗，常形成僵苗和老苗，产量低、品质劣。改良培肥方法如下：

（1）使用石灰中和酸性，每亩每次施20～25kg石灰，直至改造为中性或微酸性土壤。

（2）施绿肥，增加土壤中有机质，达到改善土壤酸性的效果。

（3）增加灌溉次数，冲淡酸性对作物的危害。

（4）增施碱性肥料，如碳酸氢铵、氨水、石灰氮、钙镁磷肥、磷矿石粉、草木灰等，对提高作物产量有好处。

2. 碱性土壤改良方法

原则：改良培肥同时进行。

（1）使用酸性肥料，如硫酸铝、硫酸亚铁、硫黄粉、硫酸铵、硝酸铵、过磷酸钙、磷酸二氢钾、硫酸钾等，定向中和碱性。

（2）多施农家肥，改良土壤，培肥地力，增强土壤的亲和性能，如施入腐熟的粪肥、泥炭、锯木屑、食用菌的土等。

（3）进行客土，有条件的施入沙土500～1000m^3，和农家肥一起翻入土壤10～15cm。

（4）种植比较耐盐碱植物，如水稻等；同时进行合理的田间管理，防止次生盐渍化。

本章小结

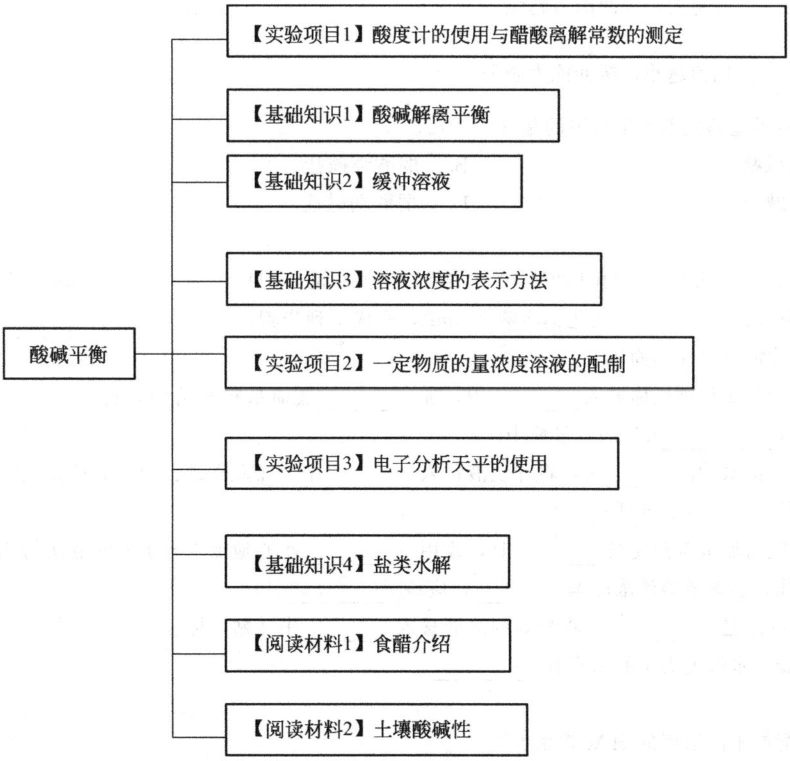

课后习题

1. 选择题

(1) 在 $1.0\times10^{-2}mol\cdot L^{-1}$ HAc 溶液中，其水的离子积为（ ）。

A. 1.0×10^{-2} B. 2 C. 10^{-14} D. 10^{-12}

(2) 一般成年人胃液的 pH 是 1.4，正常婴儿胃液的 pH 为 5.0，问成人胃液中 $[H^+]$ 与婴儿胃液中 $[H^+]$ 之比是（ ）。

A. 0.28 B. 1.4：5.0 C. 4.0×10^4 D. 3980

(3) 下列叙述正确的是（ ）。

A. 同离子效应与盐效应的效果是相同的

B. 同离子效应与盐效应的效果是相反的

C. 盐效应与同离子效应相比影响要大得多

D. 以上说法都不正确

(4) 下列几组溶液具有缓冲作用的是（ ）。

A. H_2O-NaAc B. HCl-NaCl

C. NaOH-Na_2SO_4 D. $NaHCO_3$-Na_2CO_3

(5) 在氨水中加入少量固体 NH_4Ac 后，溶液的 pH 将（ ）。

A. 增大 B. 减小 C. 不变 D. 无法判断

(6) 下列有关缓冲溶液的叙述，正确的是（ ）。

A. 缓冲溶液 pH 的整数部分主要由 pK_a 或 pK_b 决定，其小数部分由 $\lg\frac{c_{酸}}{c_{盐}}$ 或 $\lg\frac{c_{碱}}{c_{盐}}$ 决定

B. 缓冲溶液的缓冲能力是无限的

C. $\frac{c_{酸}}{c_{盐}}$ 或 $\frac{c_{碱}}{c_{盐}}$ 的值越大，缓冲能力越强

D. $\frac{c_{酸}}{c_{盐}}$ 或 $\frac{c_{碱}}{c_{盐}}$ 的比值越小，缓冲能力越弱

(7) 下列各类型的盐不发生水解的是（ ）。

A. 强酸弱碱盐 B. 弱酸强碱盐

C. 强酸强碱盐 D. 弱酸弱碱盐

2. 填空题

(1) 将 1×10^{-6} mol. L^{-1} 的 HCl 冲稀 1000 倍后，溶液中的 $c(H^+)$ = ________ $mol\cdot L^{-1}$。

(2) 欲配制 $1mol\cdot L^{-1}$ 的氢氧化钠溶液 250mL，完成下列步骤：

① 用天平称取氢氧化钠固体________g。

② 将称好的氢氧化钠固体放入________中，加________蒸馏水将其溶解，待________后，将溶液沿________移入________mL 的容量瓶中。

③ 用少量蒸馏水冲洗______次，将冲洗液移入________中，在操作过程中不能损失点滴液体，否则会使溶液的浓度偏______（高或低）。

④ 向容量瓶内加水至刻度线________时，改用________小心地加水至溶液凹液面与刻度线相切，若加水超过刻度线，会造成溶液浓度偏________，应该________。

⑤ 最后盖好瓶盖，________，将配好的溶液移入________中并贴好标签。

(3) 影响盐类水解度大小的因素有________。

3. 问答题

(1) 怎样配制不同浓度的 HAc 溶液？

（2）测定食醋中总酸度时选用什么指示剂？可否用甲基橙或甲基红？

（3）为什么同是酸式盐，NaH_2PO_4溶液为酸性，Na_2HPO_4溶液为碱性？

（4）差减法称量过程中，若称量瓶内的样品容易吸湿，对结果有什么影响？如何降低影响？

第四章

沉淀溶解平衡

知识目标

1. 掌握溶度积与溶解度的关系
2. 掌握沉淀溶解平衡的有关简单计算
3. 理解分步沉淀、沉淀的溶解及沉淀的转化方法

能力目标

1. 能运用溶度积规则判断沉淀的生成与溶解
2. 会进行有关沉淀溶解平衡的简单计算

生活常识　龋齿

牙釉质位于牙冠表面，主要成分为羟基磷酸钙［$Ca_5(PO_4)_3OH$］，是一层坚硬、白色透明的组织，它保护着牙齿内部的牙本质和牙髓组织。因此，光亮完好的牙釉质是牙齿健康的保证。如果吃糖后不及时刷牙，残留在牙齿上的糖发酵会产生 H^+，酸性环境容易使釉质表面脱钙、溶解，形成龋齿。

可见，吃糖完后，要及时漱口刷牙。

实验项目 1　沉淀溶解平衡

【任务描述】

了解分步沉淀及沉淀的转化；理解沉淀溶解平衡；掌握沉淀生成和溶解的条件。

【教学器材】

试管、胶头滴管、试剂瓶。

【教学药品】

0.1mol·L^{-1} $AgNO_3$、0.1mol·L^{-1} $Pb(NO_3)_2$、0.1mol·L^{-1} $K_2Cr_2O_7$、0.1mol·L^{-1} $MgCl_2$、0.001mol·L^{-1} $Pb(NO_3)_2$、0.001mol·L^{-1} KI、0.1mol·L^{-1} KI、饱和 NaCl、饱和 $PbCl_2$、2mol·L^{-1} 氨水、1mol·L^{-1} NH_4Cl、饱和 $(NH_4)_2C_2O_4$、0.1mol·L^{-1} $CaCl_2$、2mol·L^{-1} HCl、0.1mol·L^{-1} KI、0.1mol·L^{-1} $ZnCl_2$、2mol·L^{-1} NaOH、0.1mol·L^{-1} Na_2S、0.1mol·L^{-1} NaF、0.5mol·L^{-1} $CaCl_2$、0.5mol·L^{-1} Na_2SO_4、饱和 Na_2CO_3、固体 $NaNO_3$。

【组织形式】

根据教师给出的引导步骤和要求，每个同学独立完成实验。

【注意事项】

试管操作不要加溶液太多，既节约药品，也更易观察现象；

试管操作要注意边滴加边振荡。

【实验步骤】

1. 沉淀的生成

(1) 在两支试管中各盛蒸馏水 1mL，分别加入 1 滴 0.1mol·L^{-1} $AgNO_3$、0.1mol·L^{-1} $Pb(NO_3)_2$溶液，摇匀，然后各加入 0.1mol·L^{-1} $K_2Cr_2O_7$溶液 1 滴，振荡，观察并记录现象，写出反应方程式。

(2) 取 0.1mol·L^{-1} $Pb(NO_3)_2$溶液 5 滴，加入 0.1mol·L^{-1} KI 10 滴，观察并记录现象，写出反应方程式。另取 0.001mol·L^{-1} $Pb(NO_3)_2$溶液 5 滴，加入 0.001mol·L^{-1} KI 10 滴，观察并记录现象，解释之。

(3) 在试管中加入 1mL 饱和 $PbCl_2$ 溶液，逐滴加入饱和 NaCl 溶液，观察现象，解释之。

2. 沉淀的溶解

(1) 取 0.1mol·L^{-1} $MgCl_2$溶液 10 滴，加入 2mol·L^{-1} 氨水 5～6 滴，观察现象。然后再逐滴加入 1mol·L^{-1} NH_4Cl，观察现象，解释并写出有关反应方程式。

(2) 在试管中加入饱和 $(NH_4)_2C_2O_4$溶液 5 滴和 0.5mol·L^{-1} $CaCl_2$溶液 5 滴，观察现象，然后逐滴加入 2mol·L^{-1} HCl 溶液，振荡，观察想象，解释并写出有关反应方程式。

(3) 试管中盛 2mL 蒸馏水，加入 0.1mol·L^{-1} $Pb(NO_3)_2$溶液 1 滴和 0.1mol·L^{-1} KI 溶液 2 滴，振荡试管，观察沉淀的颜色和形状，然后再加入少量固体 $NaNO_3$，振荡，观察现象，解释之。

(4) 取 1mL 0.1mol·L^{-1} $AgNO_3$溶液，加入 2mol·L^{-1} 氨水 1 滴，观察现象，再继续逐滴加入 2mol·L^{-1} 氨水，观察现象，解释之。

(5) 取 0.1mol·L^{-1} $ZnCl_2$溶液 10 滴，逐滴加入 2mol·L^{-1} NaOH 溶液，观察现象的变化，解释并写出方程式。

3. 分步沉淀

(1) 在试管中加入 0.1mol·L^{-1} $AgNO_3$溶液 2 滴、0.1mol·L^{-1} Pb $(NO_3)_2$溶液 1 滴，用 5mL 水稀释，摇匀，逐滴加入 0.1mol·L^{-1} KI，振荡，观察沉淀的颜色和形状。根据沉淀颜色的变化和溶度积规则，判断哪一种难溶物质先沉淀。

(2) 在试管中加入 0.1mol·L^{-1} Na_2S 溶液 2 滴和 0.1mol·L^{-1} NaF 溶液 2 滴，稀释至 4mL，加入 0.1mol·L^{-1} $Pb(NO_3)_2$ 2～3 滴，振荡试管，观察沉淀的颜色，待沉淀沉降后，再向清液中逐滴加入 0.1mol·L^{-1} $Pb(NO_3)_2$ 溶液（此时不要振荡试管，以免黑色沉淀泛起），观察沉淀的颜色。

运用溶度积数据和溶度积规则说明上述现象。

4. 沉淀的转化

在两支试管各加入 0.5mol·L^{-1} $CaCl_2$ 溶液 10 滴和 0.5mol·L^{-1} Na_2SO_4 溶液 10 滴，剧烈振荡（或搅拌），以生成沉淀，离心分离，弃去清液。在一支含有沉淀的试管中加入 2mol·L^{-1} HCl 溶液 10 滴，观察沉淀是否溶解。在另一支试管中加入 1mL 饱和 Na_2CO_3，振荡 2～3min，使沉淀转化，离心分离，弃去清液，沉淀用蒸馏水洗涤 2～3 次，然后在沉淀中加入 2mol·L^{-1} HCl 溶液 10 滴，观察现象。写出有关反应方程式。

【任务解析】

实验原理：在一定温度下，难溶电解质的饱和溶液中，难溶电解质离子浓度与标准浓度比值以离子系数为幂的乘积是一个常数，简称溶度积。例如在 AgCl 饱和溶液中，存在下列平衡：

$$AgCl(s) \rightleftharpoons Ag^+ + Cl^-$$

其溶度积常数的表达式为：

$$K_{sp}^{\ominus} = c'(Ag^+)\,c'(Cl^-)$$

将任意状况下离子浓度幂的乘积（离子积，常用 Q 表示）与溶度积比较，就可以判断沉淀的生成或溶解，称为溶度积规则。

在已生成沉淀的系统中，加入某种能降低离子浓度的试剂，使溶液中离子积小于溶度积，就可使沉淀溶解。此外，盐效应也可使难溶电解质的溶解度有所增大。

如溶液中同时存在数种离子，它们都能与同一种试剂（沉淀剂）作用产生沉淀，当溶液中逐滴加入此沉淀剂时，某种难溶电解质的离子积先达到它的溶度积的就先沉淀出来，后达到它的溶度积的就后产生沉淀，这种先后沉淀的次序称为分步沉淀。

将一种沉淀转化为另一种沉淀的过程，称为沉淀的转化。对于相同类型难溶电解质之间的转化的难易，可以通过比较它们溶度积的大小来判别。

【想一想】 溶度积与溶解度有何异同？

基础知识　沉淀和溶解平衡

根据溶解度的大小，大体上把电解质分为易溶电解质和难溶电解质，但它们之间没有明显的界线。一般把溶解度小于 0.01g·$(100gH_2O)^{-1}$ 的电解质称为难溶电解质。在含有难溶电解质固体的饱和溶液中存在着固体电解质与由它溶解所生成的离子之间的平衡，这是涉及固相与液相离子两相间的平衡，称为多相离子平衡。下面仍以平衡原理为基础，讨论难溶电解质的沉淀溶解之间的平衡及其应用。

一、溶度积

AgCl 虽是难溶物，如将它的晶体放入水中，或多或少仍有所溶解。这是由于晶体表面

的 Ag^+ 及 Cl^- 在水分子的作用下，逐渐离开晶体表面进入水中，成为自由运动的水合离子，此时：

$$K_{sp}^{\ominus} = c'(Ag^+)\,c'(Cl^-)$$

式中，$K_{sp}^{\ominus}$ 称为溶度积常数，简称溶度积。它反映了物质的溶解能力。

现用通式来表示难溶电解质的溶度积常数：

$$A_mB_n(s) \rightleftharpoons mA^{n+} + nB^{m-}$$

$$K_{sp}^{\ominus}(A_mB_n) = [c(A^{n+})/c^{\ominus}]^m\,[c(B^{m-})/c^{\ominus}]^n$$
$$= [c^1(A^{n+})]^m\,[c^1(B^{m-})]^n$$

式中，m，n 分别代表沉淀溶解方程式中 A，B 的化学计量数。例如：

$$Ag_2CrO_4(s) \rightleftharpoons 2Ag^+ + CrO_4^{2-}$$

$$K_{sp}^{\ominus}(Ag_2CrO_4) = \{c'(Ag^+)\}^2\{c'(CrO_4^{2-})\} \qquad m=2, n=1$$

$$Ca_3(PO_4)_3(s) \rightleftharpoons 3Ca^{2+} + 2PO_4^{3-}$$

$$K_{sp}^{\ominus}[Ca_3(PO_4)_2] = [c'(Ca^{2+})]^3\,[c'(PO_4^{3-})]^2 \qquad m=3, n=2$$

溶度积常数可用实验方法测定。一些常见难溶电解质的溶度积常数见本书附录表 2。和其他平衡常数一样，$K_{sp}^{\ominus}$ 也受温度的影响，但影响不太大，通常可采用常温下测得的数据。

溶度积常数仅适用于难溶电解质的饱和溶液，对中等或易溶的电解质不适用。

二、溶解度与溶度积的相互换算

溶解度和溶度积的大小都能表示难溶电解质的溶解能力。因此，它们之间必然有某种联系，可以进行相互换算。换算时应注意溶度积中所采用的浓度单位为 $mol \cdot L^{-1}$，而溶解度常以 $g \cdot (100g\ H_2O)^{-1}$ 表示，所以首先需要进行换算。计算时考虑到难溶电解质饱和溶液中溶质的量很少，溶液很稀，溶液的密度近似等于纯水的密度（$1g \cdot cm^{-3}$），可使计算简化。

例 4-1 已知 25℃时，AgCl 的溶解度为 $1.92 \times 10^{-3}\ g \cdot L^{-1}$，试求该温度下 AgCl 的溶度积。

解：

首先需将溶解度单位由 $g \cdot L^{-1}$ 换算成 $mol \cdot L^{-1}$。

已知 AgCl 的摩尔质量为 $143.4 g \cdot mol^{-1}$，设 AgCl 溶解度为 x（$mol \cdot L^{-1}$），

$$x = \frac{1.92 \times 10^{-3}}{143.4} = 1.34 \times 10^{-5}\ mol \cdot L^{-1}$$

AgCl 饱和溶液的沉淀-溶解平衡如下：

$$AgCl(s) \rightleftharpoons Ag^+ + Cl^-$$

平衡浓度 $c/mol\ L^{-1}$ $\qquad x \qquad x$

$$K_{sp}^{\ominus}(AgCl) = c'(Ag^+)c'(Cl^-)$$
$$= x^2 = (1.34 \times 10^{-5})^2 = 1.8 \times 10^{-10}$$

例 4-2 已知室温下 Ag_2CrO_4 的溶度积为 1.1×10^{-12}，求 Ag_2CrO_4 在水中的溶解度（以 $mol \cdot L^{-1}$ 表示）。

解：

设 Ag_2CrO_4 的溶解度为 x（$mol \cdot L^{-1}$），且溶解的部分全部离解，因此：

$$Ag_2CrO_4(s) \rightleftharpoons 2Ag^+ + CrO_4^{2-}$$

平衡浓度 $c/mol \cdot L^{-1}$ $\qquad 2x \qquad x$

$$K_{sp}^{\ominus}(Ag_2CrO_4) = [c'(Ag^+)]^2[c'(CrO_4^{2-})] = (2x)^2 x = 4x^3$$

$$x = \sqrt[3]{K_{sp}^{\ominus}/4} = \sqrt[3]{1.1 \times 10^{-12}/4} = 6.5 \times 10^{-5}(mol \cdot L^{-1})$$

Ag_2CrO_4 溶解度为 6.5×10^{-5} $mol \cdot L^{-1}$。

例 4-3 已知室温下 $Mn(OH)_2$ 的溶解度为 3.6×10^{-5} $mol \cdot L^{-1}$，求室温时 $Mn(OH)_2$ 的溶度积。

解：

溶解的 $Mn(OH)_2$ 全部离解，溶液中 $c(OH^-)$ 是 $c(Mn^{2+})$ 的 2 倍，因此：

$$c(Mn^{2+}) = 3.6\times10^{-5}\ mol \cdot L^{-1}$$

$$c(OH^-) = 7.2\times10^{-5}\ mol \cdot L^{-1}$$

$$K_{sp}^{\ominus}[Mn(OH)_2] = c'(Mn^{2+})[c'(OH^-)]^2$$
$$= (3.6 \times 10^{-5})(7.2 \times 10^{-5})^2$$
$$= 1.9 \times 10^{-13}$$

将以上三例中 AgCl、Ag_2CrO_4、$Mn(OH)_2$ 及 AgBr 的溶解度和溶度积列于表 4-1，其中 AgCl、AgBr 中阴、阳离子的个数比为 1∶1，称为 AB 型难溶电解质。Ag_2CrO_4、$Mn(OH)_2$ 中阴、阳离子数之比分别为 2∶1 及 1∶2，称为 A_2B 型和 AB_2 型难溶电解质，它们属于相同类型。

表 4-1 几种难溶电解质的溶度积与溶解度（298K）

电解质类型	难溶物	溶解度 $s/mol \cdot L^{-1}$	$K_{sp}^{\ominus}$	溶度积表达式
AB	AgCl	1.3×10^{-5}	1.8×10^{-10}	$K_{sp}^{\ominus} = c'(Ag^+)c'(Cl^-)$
	AgBr	7.1×10^{-7}	5.0×10^{-13}	$K_{sp}^{\ominus} = c'(Ag^+)c'(Br^-)$
A_2B	Ag_2CrO_4	6.5×10^{-5}	1.1×10^{-12}	$K_{sp}^{\ominus} = [c'(Ag^+)]^2c'(CrO_4^{2-})$
AB_2	$Mn(OH)_2$	3.6×10^{-5}	1.9×10^{-13}	$K_{sp}^{\ominus} = c'(Mn^{2+})[c'(OH^-)]^2$

从表 4-1 中数据看出，对于相同类型的电解质，溶度积大的溶解度也大。因此，通过溶度积数据可以直接比较溶解度的大小。对于不同类型的电解质如 AgCl 与 Ag_2CrO_4，前者溶度积大而溶解度反而小，因此不能通过溶度积的数据直接比较它们溶解度的大小。

必须指出，上述溶解度与溶度积之间的简单换算，在某些情况下往往会出现偏差，甚至完全不适用。

(1) 不适用于难溶的弱电解质和某些在溶液中易形成离子对的难溶电解质。难溶电解质并非都是强电解质，某些难溶弱电解质如 MA 在溶液中还有不少未离解的分子存在，故有下列平衡关系：

$$MA(s) \rightleftharpoons MA(aq) \rightleftharpoons M^+ + A^-$$

此外，在此饱和溶液中，还可能存在离子对（M^+，A^-）。例如，实验测得在 $CaSO_4$ 饱和溶液中有 40%以上是以离子对（Ca^{2+}，SO_4^{2-}）的形式存在。显然 $CaSO_4$ 的溶解度并不等于溶液中 Ca^{2+}、SO_4^{2-} 的浓度。

(2) 不适用于显著水解的难溶物。例如 PbS 溶于水时，溶解的部分虽然完全离解，由于 Pb^{2+} 和 S^{2-}，特别是 S^{2-} 会发生显著的水解：

$$S^{2-} + H_2O \rightleftharpoons HS^- + OH^-\text{（忽略二级水解）}$$

致使 S^{2-} 的浓度大大低于溶解度。

总之，溶解度与溶度积的关系是很复杂的。为了简便起见，在本书的计算中对上述影响都未予考虑。

三、溶度积规则

应用化学平衡移动原理可以判断沉淀溶解反应进行的方向。下面以 $CaCO_3$ 为例说明。

在一定温度下，把过量的 $CaCO_3$ 固体放入纯水中，溶解达到平衡时，在 $CaCO_3$ 的饱和溶液中 $c(Ca^{2+})=c'(CO_3^{2-})$，$c'(Ca^{2+})\cdot c'(CO_3^{2-})=K_{sp}^{\ominus}(CaCO_3)$。

(1) 在上述平衡系统中，如果再加入 Ca^{2+} 或 CO_3^{2-}，此时 $c'(Ca^{2+})c'(CO_3^{2-})>K_{sp}^{\ominus}(CaCO_3)$，沉淀溶解平衡被破坏，平衡向生成 $CaCO_3$ 的方向移动，故有 $CaCO_3$ 析出。与此同时，溶液中 CO_3^{2-} 或 Ca^{2+} 浓度不断减少，直至 $c'(Ca^{2+})c'(CO_3^{2-})=K_{sp}^{\ominus}(CaCO_3)$ 时，沉淀不再析出，在新的条件下重新建立起平衡，注意此时 $c(Ca^{2+})\neq c(CO_3^{2-})$：

$$CaCO_3 \rightleftharpoons Ca^{2+} + CO_3^{2-}$$
$$\xleftarrow{\qquad\qquad\qquad}$$
平衡移动方向

(2) 在上述平衡系统中，设法降低 Ca^{2+} 或 CO_3^{2-} 的浓度，或者两者都降低，使 $c'(Ca^{2+})c'(CO_3^{2-})<K_{sp}^{\ominus}(CaCO_3)$，平衡将向溶解方向移动。如在平衡系统中加入 HCl，则 H^+ 与 CO_3^{2-} 生成 H_2CO_3，H_2CO_3 立即分解为 H_2O 和 CO_2，从而大大降低了 CO_3^{2-} 的浓度，致使 $CaCO_3$ 逐渐溶解，并重新建立起平衡，$c(Ca^{2+})\neq c(CO_3^{2-})$：

$$CaCO_3 \rightleftharpoons Ca^{2+} + CO_3^{2-}$$
$$\xrightarrow{\qquad\qquad\qquad}$$
平衡移动方向

根据上述的沉淀与溶解情况，可以归纳出沉淀的生成和溶解规律。将溶液中阳离子和阴离子的浓度（不管它们的来源）与标准浓度 $c^{\ominus}$ 相比后，代入 K 表达式，得到的乘积称为离子积，用 Q 表示。把 Q 和 $K_{sp}^{\ominus}$ 相比较，有以下三种情况：

(1) $Q>K_{sp}^{\ominus}$，溶液呈过饱和状态，有沉淀从溶液中析出，直到溶液呈饱和状态。

(2) $Q<K_{sp}^{\ominus}$，溶液是不饱和状态，无沉淀析出。若系统中原来有沉淀，则沉淀开始溶解，直到溶液饱和。

(3) $Q=K_{sp}^{\ominus}$，溶液为饱和状态，沉淀和溶解处于动态平衡。

此即溶度积规则，它是判断沉淀的生成和溶解的重要依据。

四、沉淀的生成

1. 生成沉淀的条件

根据溶度积规则，在难溶电解质溶液中生成沉淀的条件是离子积大于溶度积。

例 4-4 根据溶度积规则，判断将 0.020 mol·L^{-1} 的 $CaCl_2$ 溶液与等体积同浓度的 Na_2CO_3 溶液混合，是否有沉淀生成？

解：

两种溶液等体积混合后，体积增大一倍，浓度各自减小至原来的 1/2。

$$c(Ca^{2-})=0.020\ mol\cdot L^{-1}/2=0.010\ mol\cdot L^{-1}$$

$$c(CO_3^{2-})=0.020\ mol\cdot L^{-1}/2=0.010\ mol\cdot L^{-1}$$

$CaCO_3$ 的溶解沉淀平衡为 $CaCO_3 \rightleftharpoons Ca^{2+}+CO_3^{2-}$

$$Q=c'(CO_3^{2-})c'(Ca^{2-})=0.010\times0.010=1.0\times10^{-4}$$

查表得 $K_{sp}^{\ominus}(CaCO_3)=6.7\times10^{-9}$

则 $Q \gg K_{sp}^{\ominus}$ 故有 $CaCO_3$ 沉淀生成。

2. 沉淀的完全程度

当用沉淀反应制备产品或分离杂质时，沉淀完全与否是人们最关心的问题。严格地说，由于溶液中沉淀溶解平衡总是存在的，一定温度下 $K_{sp}^{\ominus}$ 为常数，故溶液中没有哪一种离子的浓度会等于零。换句话说，没有一种沉淀反应是绝对完全的。通常认为残留在溶液中的离子浓度小于 $1\times10^{-5}mol\cdot L^{-1}$ 时，沉淀就达完全，即该离子被认为已除尽。

3. 同离子效应

在已达沉淀溶解平衡的系统中，加入含有相同离子的易溶强电解质而使沉淀的溶解度降低的效应，叫做沉淀溶解平衡中的同离子效应。

4. 盐效应

实验证明，当含有其他易溶强电解质（无共同离子）时，难溶电解质的溶解度比在纯水中的要大。如 $BaSO_4$ 和 AgCl 在 KNO_3 溶液中的溶解度都大于在纯水中的，而且 KNO_3 的浓度越大，其溶解度越大。这种由于加入易溶强电解质而使难溶电解质溶解度增大的效应称为盐效应。

产生盐效应的原因是由于易溶强电解质的存在，使溶液中阴、阳离子的浓度大大增加，离子间的相互吸引和相互牵制的作用加强，妨碍了离子的自由运动，使离子的有效浓度减小，因而沉淀速率变慢。这就破坏了原来的沉淀溶解平衡，使平衡向溶解方向移动。当建立起新的平衡时溶解度必然有所增加。

不难理解，在沉淀操作中利用同离子效应的同时也存在盐效应。故应注意所加沉淀剂不要过量太多，否则由于盐效应反而会使溶解度增大。

5. 分步沉淀

以上讨论的是溶液中只有一种能生成沉淀的离子。实际上溶液中往往含有多种离子，随着沉淀剂的加入，各种沉淀会相继生成，这种现象称为分步沉淀。运用溶度积规则可以判断沉淀生成的次序，或使混合离子达到分离。

例 4-5 工业上分析水中 Cl^- 的含量，常用 $AgNO_3$ 作滴定剂，K_2CrO_4 作为指示剂。在水样中逐滴加入 $AgNO_3$ 时，有白色 AgCl 沉淀析出。继续滴加 $AgNO_3$，当开始出现砖红色 Ag_2CrO_4，沉淀时，即为滴定的终点。

(1) 试解释为什么 AgCl 比 Ag_2CrO_4 先沉淀；

(2) 假定开始时水样中 $c(Cl^-)=7.1\times10^{-3}mol\cdot L^{-1}$，$c(CrO_4^{2-})=5.0\times10^{-3}mol\cdot L^{-1}$，计算当 Ag_2CrO_4 开始沉淀时，水样中的 Cl^- 是否已沉淀完全？

解：

(1) 欲使 AgCl 或 Ag_2CrO_4 沉淀生成，溶液中离子积应大于溶度积。设生成 AgCl 和 Ag_2CrO_4 沉淀所需的最低 Ag^+ 的浓度分别为 $c_1(Ag^+)$ 和 $c_2(Ag^+)$，AgCl 和 Ag_2CrO_4 的沉淀溶解平衡式为：

$$AgCl(s) \rightleftharpoons Ag^+ + Cl^-; \quad K_{sp}^{\ominus}(AgCl) = 1.8\times10^{-10}$$

$$Ag_2CrO_4(s) \rightleftharpoons 2Ag^+ + CrO_4^{2-}; \quad K_{sp}^{\ominus}(Ag_2CrO_4) = 1.1\times10^{-12}$$

$$c_1'(Ag^+) = K_{sp}^{\ominus}(AgCl)/c'(Cl^-) = 1.8\times10^{-10}/(7.1\times10^{-3}) = 2.5\times10^{-8}$$

$$c_1(Ag^+) = 2.5\times10^{-8}mol\cdot L^{-1}$$

$$c'_2(Ag^+) = \sqrt{K_{sp}^{\ominus}(Ag_2CrO_4)/c'(CrO_4^{2-})} = \sqrt{1.1\times10^{-12}/(5.0\times10^{-3})} = 1.5\times10^{-5}$$

$$c_2(Ag^+)=1.5\times10^{-5}mol\cdot L^{-1}$$

从计算得知，沉淀 Cl^- 所需 Ag^+ 的最低浓度比沉淀 CrO_4^{2-} 小得多，故加入 $AgNO_3$ 时，AgCl 应先沉淀。随着 Ag^+ 的不断加入，溶液中 Cl^- 的浓度逐渐减少，Ag^+ 的浓度逐渐增加。当达到 $1.5\times10^{-5}mol\cdot L^{-1}$，时，$Ag^+$ 与 CrO_4^{2-} 的离子积达到了 Ag_2CrO_4 的 $K_{sp}^{\ominus}$，随即析出砖红色 Ag_2CrO_4 沉淀。

(2) Ag_2CrO_4 沉淀开始析出时，溶液中 Cl^- 浓度为：

$$c'(Cl^-)=K_{sp}^{\ominus}(AgCl)/c'(Ag^+)=1.8\times10^{-10}/(1.5\times10^{-5})=1.2\times10^{-5}$$

$$c(Cl^-)=1.2\times10^{-5}mol\cdot L^{-1}$$

Cl^- 浓度接近 $10^{-5}mol\cdot L^{-1}$，故 Ag_2CrO_4 开始析出时，可认为溶液中 Cl^- 已基本沉淀完全。

例 4-6 已知某溶液中含由 $0.10mol\cdot L^{-1}$ Ni^{2+} 和 $0.10mol\cdot L^{-1}Fe^{3+}$，试问能否通过控制 pH 的方法达到分离二者的目的。

解：

查附录表 2 得 $K_{sp}^{\ominus}[Ni(OH)_2]=2.0\times10^{-15}$，$K_{sp}^{\ominus}[Fe(OH)_3]=4\times10^{-38}$，欲使 Ni^{2+} 沉淀所需 OH^- 的最低浓度为：

$$c'(OH^-)=\sqrt{K_{sp}^{\ominus}[Ni(OH)_2]/c'(Ni^{2+})}=\sqrt{2.0\times10^{-15}/0.10}=1.4\times10^{-7}$$

$$c(OH^-)=1.4\times10^{-7}mol\cdot L^{-1},pH=7.2$$

欲使 Fe^{3+} 沉淀所需 OH^- 的最低浓度为：

$$c'_2(OH^-)=\sqrt[3]{K_{sp}^{\ominus}[Fe(OH)_3]/c'(Fe^{3+})}=\sqrt[3]{4\times10^{-38}/0.10}=7.4\times10^{-13}$$

$$c_2(OH^-)=7.4\times10^{-13}mol\cdot L^{-1},pH=1.87$$

可见当混合溶液中加入 OH^- 时，Fe^{3+} 首先沉淀。

设当 Fe^{3+} 的浓度降为 $1.0\times10^{-5}mol\cdot L^{-1}$ 时，它已被沉淀完全，此时溶液中的 OH^- 的浓度为：

$$c'_3=\sqrt[3]{K_{sp}^{\ominus}[Fe(OH)_3]/c'(Fe^{3+})}=\sqrt[3]{4\times10^{-38}/(1.0\times10^{-5})}=1.6\times10^{-11}$$

$$c_3(OH^-)=1.6\times10^{-11}mol\cdot L^{-1},pH=3.26$$

pH=3.20 时，$Ni(OH)_2$ 沉淀尚不致生成。因此只要控制在 $3.2<pH<7.2$，就能使二者达到分离的目的。

从上面两例看出：当一种试剂能沉淀溶液中的几种离子时，生成沉淀所需试剂离子浓度最小者首先沉淀。即离子积首先达到其溶度积的难溶物先沉淀，这就是分步沉淀的基本原理。如果各离子沉淀所需试剂离子的浓度相差较大，借助分步沉淀就能达到分离的目的。

化工生产中，常利用控制溶液 pH 的方法对金属氢氧化物进行分离，就是分步沉淀原理的重要应用。

6. 沉淀的溶解

根据溶度积规则，要使沉淀溶解，需降低该难溶电解质饱和溶液中离子的浓度，使离子积小于溶度积，即 $Q<K_{sp}^{\ominus}$，为了达到这个目的，有以下几种途径。

(1) 转化成弱电解质

① 生成弱酸 一些难溶的弱酸盐，如碳酸盐、醋酸盐、硫化物，由于它们能与强酸作用生成相应的弱酸，降低了平衡系统中弱酸根离子的浓度，致使 $Q<K_{sp}^{\ominus}$。例如，FeS 溶于

盐酸的反应可表示如下：

$$\begin{array}{c} FeS(s) \rightleftharpoons Fe^{2+} + S^{2-} \\ + \\ 2HCl \longrightarrow 2Cl^- + 2H^+ \\ \Updownarrow \\ H_2S \end{array}$$

H^+ 与 S^{2-} 结合生成的弱酸 H_2S，又易于挥发，有利于 S^{2-} 浓度的降低，结果使 FeS 溶解。

② 生成弱碱　$Mg(OH)_2$ 能溶于铵盐是由于生成了难离解的弱碱，降低了 OH^- 的浓度，使平衡向右移动：

$$\begin{array}{c} Mg(OH)_2(s) \rightleftharpoons Mg^{2+} + 2OH^- \\ + \\ 2NH_4Cl \longrightarrow 2Cl^- + 2NH_4^+ \\ \Updownarrow \\ 2NH_3 \cdot H_2O \end{array}$$

即 $Mg(OH)_2(s) + 2NH_4Cl \longrightarrow MgCl_2 + 2H_2O$

③ 生成水　一些难溶金属氢氧化物和酸作用，因生成水而溶解。例如，$Mg(OH)_2$ 溶于盐酸：

$$Mg(OH)_2(s) + 2HCl \longrightarrow MgCl_2 + 2H_2O$$

分析溶解反应的平衡常数，可对上述反应有进一步的认识。以 FeS 溶于 HCl 为例，该系统中同时存在着两种平衡，即 FeS 的沉淀溶解平衡及 H_2S 的离解平衡：

$$FeS(s) \rightleftharpoons Fe^{2+} + S^{2-} \qquad ① \ K_1^{\ominus} = K_{sp}^{\ominus}$$

$$S^{2-} + 2H^+ \rightleftharpoons H_2S \qquad ② \ K_2^{\ominus} = 1/(K_{a_1}^{\ominus} \cdot K_{a_2}^{\ominus})$$

溶解反应　$FeS(s) + 2H^+ \rightleftharpoons Fe^{2+} + H_2S \qquad ③ \ K_3^{\ominus}$

因为溶解反应平衡实际是一多重平衡，即①+②=③，所以溶解反应的平衡常数与难溶电解质的溶度积及弱电解质的离解常数有关。难溶电解质的溶度积越大，或所生成弱电解质的离解常数 $K_a^{\ominus}$ 或 $K_b^{\ominus}$ 越小，越易溶解。例如，FeS 和 CuS 虽然同是弱酸盐，因 CuS 的 K 比 FeS 的小得多，故 FeS 能溶于 HCl，而 CuS 不溶。又如，溶度积很小的金属氢氧化物 $Fe(OH)_3$，$Al(OH)_3$ 不能溶于铵盐，但能溶于酸。这是因为加酸后生成水，加 NH_4^+ 后生成 $NH_3 \cdot H_2O$，而水是比氨水更弱的电解质。

(2) 发生氧化还原反应

上面提到的 CuS 不能溶于盐酸，但能溶于硝酸。因为 HNO_3 能将 S^{2-} 氧化成单质 S，S^{2-} 的浓度降得更低，使 $Q < K_{sp}^{\ominus}$。溶解反应式为：

$$3CuS + 8HNO_3 \longrightarrow 3Cu(NO_3)_2 + 3S\downarrow + 2NO\uparrow + 4H_2O$$

同理，Ag_2S 也能用硝酸溶解。

(3) 生成难离解的配离子

当简单离子生成配离子后，由于配离子具有一定的稳定性，使离解出来的简单离子的浓度远低于原来的浓度，从而达到 $Q < K_{sp}^{\ominus}$ 的目的（关于配合理论见第七章）。如 AgBr 不溶于水，也不溶于强酸和强碱，却能溶于硫代硫酸钠溶液。这是由于 Ag^+ 与 $S_2O_3^{2-}$ 结合，生

成了稳定的配离子$[Ag(S_2O_3)_2]^{3-}$，从而大大降低了Ag^+的浓度之故。

$$AgBr + 2S_2O_3^{2-} \longrightarrow [Ag(S_2O_3^{2-})]^{3-} + Br^-$$

该反应广泛应用于照相技术中。

（4）转化为另一种沉淀再行溶解

某些难溶盐如$BaSO_4$、$CaSO_4$用上述方法都不能溶解，这时可采用沉淀转化的方法。以$CaSO_4$转化成$CaCO_3$为例，在$CaSO_4$饱和溶液中加入Na_2CO_3反应式如下：

$$\begin{array}{l} CaSO_4 \rightleftharpoons Ca^{2+} + SO_4^{2-} \\ \qquad\qquad\quad + \\ Na_2CO_3 \rightleftharpoons CO_3^{2-} + 2Na^+ \\ \qquad\qquad\quad \Downarrow \\ \qquad\qquad CaCO_3 \end{array}$$

由于$K_{sp}^{\ominus}(CaCO_3)$小于$K_{sp}^{\ominus}(CaSO_4)$，Ca^{2+}与CO_3^{2-}能生成$CaCO_3$沉淀，从而使溶液中Ca^{2+}的浓度降低。这时，溶液对$CaSO_4$来说变为不饱和，故逐渐溶解。只要加入足够量的Na_2CO_3提供所需要的CO_3^{2-}浓度，就能使$CaSO_4$全部转化成$CaCO_3$，而$CaCO_3$是一种弱酸盐，极易溶于强酸中。当然要完成上述反应，$CaSO_4$沉淀还要足够细，反应时间也要足够长！且要不断搅拌，使反应充分。

【想一想】 哪些方法可使沉淀溶解？

实验项目2 电导率仪的使用与硫酸钡溶度积的测定

【任务描述】

熟悉沉淀的生成、陈化、离心分离、洗涤等基本操作；了解饱和溶液的制备；了解难溶电解质溶度积测定的一种方法；学会使用电导率仪。

【教学器材】

电导率仪、DJS-1型铂光亮电极、离心机、试管架、试管（2个）、离心试管（2个）、玻璃管、胶头滴管、酒精灯、点滴板、石棉网、三脚架、表面皿、烧杯（400mL 2个，100mL 2个，50mL 1个），量筒（100mL 1个，50mL 1个）。

【教学药品】

酸：$0.05mol \cdot L^{-1} H_2SO_4$。

盐：$0.05mol \cdot L^{-1} BaCl_2$，$0.01mol \cdot L^{-1} AgNO_3$。

【组织形式】

三个同学为一实验小组，根据教师给出的引导步骤和要求，自行完成实验。

【注意事项】

（1）开启电源后，仪器应有显示，若无显示或显示不正常，应马上关闭电源，检查电源是否正常和保险丝是否完好。

（2）电源的引线和表盘后部的连接插头不能弄湿，否则将测不准。

（3）高纯水被盛入容器后应迅速测量，因为空气中的二氧化碳会不断地溶于水样中，生成导电较强的碳酸根离子，电导率会不断地上升，测得的数据不准。

【实验步骤】

1. $BaSO_4$沉淀的制备

（1）分别取 0.05mol·L^{-1} H_2SO_4和 0.05mol·L^{-1} $BaCl_2$溶液各 30mL，倒入小烧杯中。

（2）将 H_2SO_4溶液加热至近沸时，在不断搅拌下，逐滴将 $BaCl_2$溶液加入到 H_2SO_4溶液中，加完后以表面皿做盖，继续加热煮沸 5min，再小火保温 10min，搅拌数分钟后，取下静置、陈化。当沉淀上面的溶液澄清时，用倾析法倾去上层清液。

（3）将沉淀和少量余液，用玻璃棒搅成乳状，分次转移到离心管中，进行离心分离，弃去溶液。

（4）在小烧杯中盛约 40mL 蒸馏水，加热近沸，用其洗涤离心管中的 $BaSO_4$沉淀：每次加入 4～5mL 水，用玻璃棒充分搅混，再离心分离，弃去洗涤液。重复洗涤至洗涤液中无 Cl^-为止（一般洗涤至第 4 次时，就可进行检查）。如何检查？

2. $BaSO_4$饱和溶液的制备

在上面制得的纯 $BaSO_4$沉淀中，加入少量水，用玻璃棒将沉淀搅浑后，全部转移到小烧杯中，再加蒸馏水 60mL，搅拌均匀后，以表面皿做盖，加热煮沸 3～5min，稍冷后，再置于冷水浴中搅拌 5min，重新浸在另一盛有少量冷水的冷水浴中，静置，冷却至室温。当沉淀至上面的溶液澄清时，即可进行电导或电导率的测定。

3. 电导率的测定

（1）测定配制 $BaSO_4$饱和溶液的蒸馏水的电导率。

（2）测定 $BaSO_4$饱和溶液的电导率。

【任务解析】

电导法测定难溶盐溶解度的原理：难溶盐如 $BaSO_4$、$PbSO_4$、AgCl 等在水中溶解度很小，用一般的分析方法很难精确测定其溶解度。但难溶盐在水中微量溶解的部分是完全电离的，因此，常用测定其饱和溶液电导率来计算其溶解度。

难溶盐的溶解度很小，其饱和溶液可近似为无限稀，饱和溶液的摩尔电导率 Λ_m 与难溶盐的无限稀释溶液中的摩尔电导率 Λ_m^∞ 是近似相等的，即：

$$\Lambda_m \approx \Lambda_m^\infty$$

Λ_m^∞ 可根据科尔劳施（Kohlrausch）离子独立运动定律，由离子无限稀释摩尔电导率相加而得。

在一定温度下，电解质溶液的浓度 c、摩尔电导率 Λ_m 与电导率 κ 的关系为：

$$\Lambda_m = \frac{\kappa}{c} \tag{4-1}$$

Λ_m 可由手册数据求得，κ 通过测定溶液电导 G 求得，c 便可从式(4-1) 求得。

电导率 κ 与电导 G 的关系为：

$$\kappa = \frac{l}{A} G = K_{cell} G \tag{4-2}$$

电导 G 是电阻的倒数，可用电导仪测定，式(4-2) 的 $K_{cell} = l/A$ 称为电导池常数，它是两电极间距 l 与电极表面积 A 之比。为防止极化，通常将 Pt 电极镀上一层铂黑，因此 A 无法单独求得。通常确定 κ 值的方法是：先将已知电导率的标准 KCl 溶液装入电导池中，测定其电导 G，由已知电导率 κ，从式(4-2) 可计算出 K_{cell} 值（不同浓度的 KCl 溶液在不同温度下的 κ 值参见附录表 8）。

必须指出，难溶盐在水中的溶解度极微，其饱和溶液的电导率 $\kappa_{溶液}$ 实际是盐的正、负离子和溶剂（H_2O）解离的正、负离子（H^+ 和 OH^-）的电导率之和，在无限稀释条件下有：

$$\kappa_{溶液}=\kappa_{盐}+\kappa_{水} \tag{4-3}$$

因此，测定 $\kappa_{溶液}$ 后，还必须同时测出配制溶液所用水的电导率 $\kappa_{水}$，才能求得 $\kappa_{盐}$。

测得 $\kappa_{盐}$后，由式(4-1) 即可求得该温度下难溶盐在水中的饱和浓度 c，经换算即得该难溶盐的溶解度。

【想一想】 1. 实验室制备 $BaSO_4$ 沉淀时，溶液底部一定要有沉淀吗？

2. 在测定 $BaSO_4$ 电导时，水的电导为什么不能忽略？

阅读材料 人体血液的酸碱性与健康

一、人体酸性化的特征和危害

健康人的血液是呈弱碱性的，pH 大概在 7.35～7.45 之间，一般初生婴儿都属弱碱性体液，但体外环境污染及体内不正常生活及饮食习惯，使我们的体质逐渐转为酸性。

“酸性体质”者常会感到身体疲乏、记忆力减退、腰酸腿痛、四肢无力、头昏、耳鸣、睡眠不实、失眠、腹泻、便秘等，到医院检查不出什么毛病，如不注意改善，继续发展就会形成疾病，而 85％的痛风、高血压、癌症、高脂血症患者，都是酸性体质。因此，医学专家提出：人体的酸性化是“百病之源”。而根据统计，国内 70％的人具有酸性体质。

当人的体液 pH 低于中性 7 时，就会产生重大疾病，pH 下降到 6.9 时，就会变成植物人，如 pH 只有 6.8～6.7 时，人就会死亡。

癌症患者几乎都是酸性体质。日本著名医学博士柳泽文正曾做过一个实验：找 100 个癌症病患者抽血检查，结果 100 个癌症患者的血液，都呈酸性，也就是酸性体质。

二、酸性过多而引起的成年人病

酸性过多而引起的成年人病大致分为四类。

(1) 强酸与钙、镁等碱性矿物质结合为盐类，即固体酸性物，导致骨质疏松症等疾病。

(2) 强酸或酸性盐堆积在关节或器官内引起相应炎症，导致动脉硬化、肾结石、关节炎、痛风等疾病。

(3) 酸性废弃物堆积，使附近的毛细血管被堵，血液循环不畅，导致糖尿病、肾炎及各种癌症。

(4) 胃肠道酸性过多引起便秘、慢性腹泻、尿酸、四肢酸痛，胃酸过多导致烧心、反酸、胃溃疡等。另外，酸性体质会影响孩子的智力。

三、人体酸性化是如何产生的？

母体内的羊水和婴儿的体液大都是碱性的，为什么时间一长就导致成酸性体质呢？

造成人体酸化的原因主要有五种。

(1) 导致人体酸性化的原因之一：饮食结构不合理

随着人们生活水平的提高，我们吃的酸性食品比例过高，碱性食品过低，酸性食品和碱性食品的划分不是根据口感，而是根据食物在人体内最终的代谢产物来划分的。如果代谢产物内含钙、镁、钾、钠等阳离子高的，即为碱性食物；反之，硫、磷较多的即为酸性食物，所以醋和苹果虽酸却是碱性食物。碱性食物一般有瓜果、蔬菜、豆制品、乳制品、海带等；我们常吃的鸡、鸭、鱼肉、蛋、米、面、油、糖、酒等等都属于酸性食物。科学的饮食习惯是酸碱食物比例为1:3，而我们的日常习惯却是3:1。

（2）导致人体酸性化的原因之二：运动不足

在阳光下多做运动多出汗，可帮助排除体内多余的酸性物质。但由于生活水平的提高，人们追求生活享受，以车代步现象愈来愈多，运动量大大减少，长久便会导致酸性代谢物长期滞留在体内，导致体质的酸性化。少运动且整天坐在办公室的上班族最容易犯这种错误，因为吃得少，刻意选择很精致的食物而少吃粗糙的食物，这种人的肠子老化得特别快，肝功能差，大便是黑色的而且常会便秘。因为精致食物缺乏纤维素，会导致肠子功能变差，甚至萎缩，若所吃的食物变成了毒素，使体质变酸，则慢性病也会开始产生。

（3）导致人体酸性化的原因之三：过重的心理负担

有关科研机构曾做过这样的实验：把2只小白鼠放在2个笼子里，1只小白鼠用黑布将其眼睛蒙上，然后用一根小棍去骚扰它。1个月后发现，蒙上眼睛的小白鼠体液完全酸性化，第2个月发现小白鼠的身上出现了癌细胞。而另一个笼子里的小白鼠却安然无恙。可见在高度紧张、高度压力的情况下，生物体会出现严重的酸性化。科学家还发现，当一个人发脾气的时候，尤其是暴怒的时候，他呼出的气体是有毒的。由于现代生活节奏的加快，人们在日常生活、工作和感情上承担着不同的压力。当这种压力得不到释放的时候，便会对身体造成影响，从而导致体质的酸性化。

（4）导致人体酸性化的原因之四：不良嗜好

烟、酒等都是典型的酸性食品，毫无节制地抽烟、饮酒等，极易导致人体的酸性化。

一天三餐中，早餐占了70分，午餐0分，晚餐30分。可见早餐最重要，但许多人不吃早餐，一早空着肚子，体内没有动力，会自动使用甲状腺、副甲状腺、下脑垂体等腺体去燃烧组织，造成腺体亢进、体质变酸，长期导致慢性病。

（5）导致人体酸性化的原因之五：生活不规律

① 环境的严重污染　由于饮用水、农作物、家禽鱼蛋等造成严重污染，人们摄入这些含有有害元素的饮水、食物和吸入有害空气后，其中的酸性物质会滞留在体内造成体质酸性化。

② 熬夜易使体质变酸　如彻夜唱卡拉OK、打麻将、夜不归宿等生活无规律，都会加重体质酸化。晚上1:00以后不睡觉，人体的代谢作用由内分泌燃烧，用内分泌燃烧产生的毒素会很多，会使体质变酸，通常熬夜的人得慢性疾病的概率比抽烟或喝酒的人都来得高。所以每天晚上尽量在12:00以前睡觉，不要常熬夜，若非要熬夜，一星期以一次为限！熬夜时不要吃肉，尽量吃碳水化合物，这样隔天才不至于很累，可把伤害减至最低。

③ 吃夜宵的人，体质容易变酸　时常交际应酬的生意人，通常寿命较短，易患糖尿病、高血压。凡是晚上8:00后再进食就称作夜宵。吃夜宵隔天会疲倦，爬不起床，肝也会受损，因为睡觉时，人体各器官活动力低，处于休息状态，因此食物留在肠子里会变酸、发酵，产生毒素伤害身体。

（6）导致人体酸性化的原因之六：过食高脂食品

酸性体质是人体大量摄入高脂肪、高蛋白、高热量食物的结果。当酸性物质超过了人体自身的调节能力，或人体对酸碱平衡的调节能力受到影响时，人体环境的平衡被打破，就产生了酸性体质。吃酸性食物过量是百病之源。

四、酸性食品与碱性食品有哪些

食品按其元素成分，可以分为碱性食品、中性食品和酸性食品三大类。

含磷、氯、硫等元素的食品一般为酸性食品，如面粉、肉类、谷物、油脂、酒类、白糖等。

碱性食品：含钾、钠、钙、镁等元素多的食品一般为碱性食品，如水果、蔬菜、豆制品、乳制品、海带、碱性饮料等。

酸味食品不都是酸性食品。需要指出的是，具有酸味的食品不一定是酸性食品。以橘子为例，它含有较为丰富的钾，所以不是酸性食品，而是碱性食品。

强酸性食品：蛋黄、乳酪、白糖做的西点、柿子、乌鱼子、柴鱼等。

中酸性食品：火腿、培根、鸡肉、鲔鱼、猪肉、鳗鱼、牛肉、面包、小麦、奶油、马肉等。

弱酸性食品：白米、花生、啤酒、白酒、油炸豆腐、海苔、文蛤、章鱼、泥鳅等。

弱碱性食品：红豆、萝卜、苹果、甘蓝菜、洋葱、豆腐等。

中碱性食品：萝卜干、大豆、红萝卜、番茄、香蕉、橘子、番瓜、草莓、蛋白、梅干、柠檬、菠菜等。

强碱性食品：葡萄、茶叶、葡萄酒、海带芽、海带等。尤其是天然绿藻富含叶绿素，是不错的碱性健康食品。

本章小结

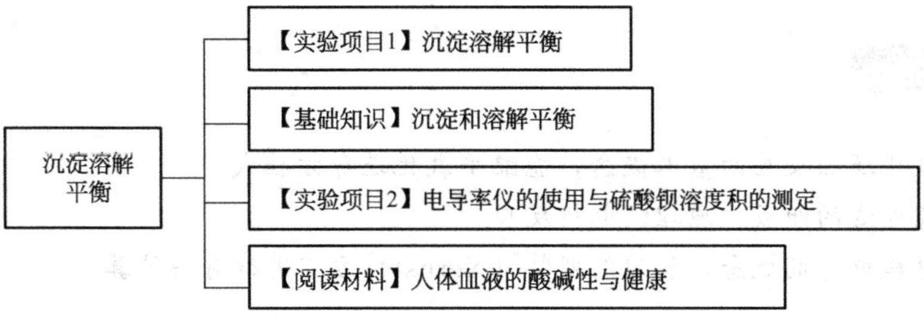

课后习题

1. 简答题

(1) 什么是分步沉淀？根据什么来判断沉淀生成的次序？

(2) 某离子被沉淀完全是指在溶液中其浓度为多少？

(3) 为什么 CuS 不溶于 HCl 但可溶于 HNO_3？

(4) 为什么 $Mg(OH)_2$ 可溶于铵盐而 $Fe(OH)_3$ 不溶？

2. 通过计算说明下列情况有无沉淀生成？

(1) $0.010mol \cdot L^{-1}$ $SrCl_2$ 溶液 2mL 和 $0.10mol \cdot L^{-1}$ K_2SO_4 溶液 3mL 混合。[已知 $K_{sp}(SrSO_4)=3.81\times10^{-7}$]

(2) 1 滴 $0.001mol \cdot L^{-1}$ $AgNO_3$ 溶液与 2 滴 $0.0006mol \cdot L^{-1}$ K_2CrO_4 溶液混合。[1 滴按 0.05mL 计算，已知 $K_{sp}(Ag_2CrO_4)=1.12\times10^{-12}$]

(3) 在 $0.010mol \cdot L^{-1}$ $Pb(NO_3)_2$ 溶液 100mL 中，加入固体 NaCl。[忽略体积改变，$K_{sp}(PbCl_2)=1.17\times10^{-5}$]

3. 写出下列微溶化合物在纯水中的溶度积表达式：AgCl、Ag_2S、CaF_2、Ag_2CrO_4。

4. 已知下列各难溶电解质的溶解度，计算它们的溶度积。

(1) CaC_2O_4 的溶解度为 $5.07\times10^{-5}mol \cdot L^{-1}$；

(2) PbF_2 的溶解度为 $2.1\times10^{-3}mol \cdot L^{-1}$；

(3) 每升碳酸银饱和溶液中含 Ag_2CO_3 0.035g。

第五章

氧化还原反应

知识目标

1. 掌握氧化还原反应的基本概念，能配平氧化还原方程式
2. 了解原电池的组成、原理、电极反应
3. 理解电极电势的概念，能用能斯特（Nernst）方程进行有关计算

能力目标

1. 会根据元素电势图选择合适的氧化剂、还原剂
2. 能熟练掌握能斯特方程的应用
3. 了解金属防腐的相关知识

生活常识　衣物洗涤与氧化还原反应

衣物上的一些污渍如油污，一般采用肥皂、洗衣粉、有机溶剂（如汽油等）就可以洗净。可是，若衣物上沾上蓝黑墨水、果汁、血渍，或者衣物用久发黄，采用洗衣粉或肥皂就无济于事了。要清洁、美观这些被沾污的衣物，就必须借助氧化还原反应来实现。

蓝黑墨水中含有一种叫鞣酸亚铁的物质，其还原性很强，在空气中溶液被氧气氧化成鞣酸铁，鞣酸铁不溶于水，而且它牢牢附着在衣物纤维上，因此不易洗去。必须用适当的还原剂（通常采用的还原剂是草酸）将鞣酸铁还原为可溶于水的鞣酸亚铁，用来搓洗墨水痕迹，由于鞣酸铁被还原为可溶性的鞣酸亚铁溶解进水里，墨迹就洗去了。

实验项目　氧化还原与电化学

【任务描述】

(1) 深入理解电极电势与氧化还原反应的关系；

（2）了解浓度、介质的酸碱性对氧化还原反应的影响；

（3）学习用酸度计测定原电池的电动势，了解离子浓度的改变对原电池电动势的影响。

【教学器材】

试管、烧杯（50mL）、玻璃棒、洗瓶、DI830数字式万用表、盐桥、锌板、铜板。

【教学药品】

酸：H_2SO_4（$3mol \cdot L^{-1}$）、HCl（$2mol \cdot L^{-1}$、浓）、HAc（$6mol \cdot L^{-1}$）。

碱：NaOH（$6mol \cdot L^{-1}$）、$NH_3 \cdot H_2O$（浓）。

盐：KI（$0.1mol \cdot L^{-1}$）、KBr（$0.1mol \cdot L^{-1}$）、$FeCl_3$（$0.1mol \cdot L^{-1}$）、$FeSO_4$（$0.1mol \cdot L^{-1}$）、$KMnO_4$（$0.1mol \cdot L^{-1}$）、Na_2SO_4（$0.5mol \cdot L^{-1}$）、$ZnSO_4$（$0.1mol \cdot L^{-1}$）、$CuSO_4$（$0.1mol \cdot L^{-1}$）。

其他：CCl_4、I_2水、Br_2、H_2O_2（3%）、KI-淀粉试纸、酚酞溶液。

【组织形式】

两人一组，在教师指导下，根据实验步骤完成实验。

【注意事项】

（1）仔细观察实验现象，认真分析现象产生原因。

（2）液体药品和固体药品的取用，注意操作规范。

【实验步骤】

1. 电极电势与氧化还原反应的关系

（1）卤素离子的还原性

在一试管中加入约3～4滴$0.1mol \cdot L^{-1}$ KI溶液稀释至1mL，加入2滴$0.1mol \cdot L^{-1}$ $FeCl_3$溶液，再加入3滴CCl_4，充分振荡，观察萃取后CCl_4层的颜色变化（I_2溶于CCl_4中显紫红色，Br_2溶于CCl_4中显棕黄色），写出相应反应式。用KBr溶液代替KI溶液，进行上述实验。解释现象。

（2）卤素的氧化性

分别用I_2水和Br_2水同$0.1mol \cdot L^{-1}$ $FeSO_4$溶液反应，观察CCl_4层颜色的变化。根据以上实验结果，写出有关反应式，并比较I_2/I^-、Fe^{3+}/Fe^{2+}、Br_2/Br^-三个电对的电极电势的大小。

2. 中间价态物质的氧化还原性

（1）H_2O_2的氧化性

在一试管中加入1mL $0.1mol \cdot L^{-1}$ KI溶液，并加入几滴$3mol \cdot L^{-1}$ H_2SO_4酸化，然后加入少量3% H_2O_2溶液和几滴CCl_4，充分振荡，仔细观察现象，写出反应式。

（2）H_2O_2的还原性

在一试管中加入2滴$0.1mol \cdot L^{-1}$ $KMnO_4$溶液，并加入几滴$3mol \cdot L^{-1}$ H_2SO_4酸化，然后加入少量3% H_2O_2溶液，振荡，仔细观察现象，写出反应式。

3. 酸度对氧化还原速率的影响

在两支试管中各加入0.5mL $0.1mol \cdot L^{-1}$ KBr溶液，再分别加入0.5mL $0.1mol \cdot L^{-1}$ H_2SO_4和$6mol \cdot L^{-1}$ HAc溶液。然后向该两支试管中各加入2滴$0.1mol \cdot L^{-1}$ $KMnO_4$溶液，观察并比较它们紫色溶液褪色的快慢，并写出反应式。

4. 酸度对氧化还原反应的影响

往盛有少许 MnO_2 固体的试管中滴加 1mL 2mol·L^{-1} HCl，观察有无反应发生。用浓 HCl 代替 2mol·L^{-1} HCl，重做以上实验，观察现象，并用湿润 KI-淀粉试纸检验生成的气体。写出有关反应式，并加以解释。

5. 原电池电动势的测定

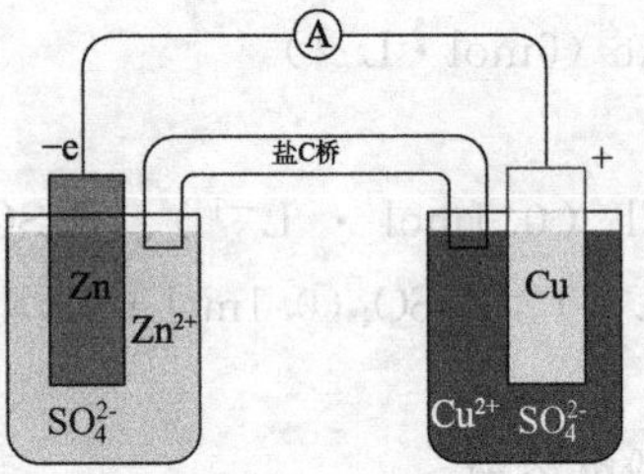

图 5-1 铜锌原电池

(1) 电极的准备

用砂纸将锌板和铜板上的杂质磨去，用自来水、去离子水依次清洗，用滤纸擦干备用。

(2) 取 2 只 50mL 烧杯，分别倒入约 30mL 0.1mol·L^{-1} $ZnSO_4$ 和 0.1mol·L^{-1} $CuSO_4$ 溶液，然后在 $ZnSO_4$ 溶液中插入锌板，$CuSO_4$ 溶液中插入铜板，用一个盐桥将它们连接起来，组成原电池（如图 5-1 所示）。通过导线将铜电极接入安培计的正极，把锌电极连接负极，测定电动势。

(3) 取下盛 $CuSO_4$ 溶液的烧杯，在其中滴加浓氨水，搅拌，至生成的沉淀完全溶解，形成了深蓝色的溶液：

$$2Cu^{2+}+SO_4^{2-}+2NH_3\cdot H_2O = Cu_2(OH)_2SO_4\downarrow+2NH_4^+$$

$$Cu_2(OH)_2SO_4+8NH_3\cdot H_2O = 2[Cu(NH_3)_4]^{2+}+2OH^-+SO_4^{2-}+8H_2O$$

再与锌电极组成原电池，并测量其电动势，其值有何变化？

(4) 再在 $ZnSO_4$ 溶液中滴加浓氨水至生成的沉淀完全溶解：

$$Zn^{2+}+2NH_3\cdot H_2O = Zn(OH)_2+2NH_4^+$$

$$Zn(OH)_2+4NH_3\cdot H_2O = [Zn(NH_3)_4]^{2+}+2OH^-+4H_2O$$

试解释上面的实验结果。

6. 电解

在点滴板的两个小凹穴中分别装入少量 0.5mol·L^{-1} Na_2SO_4 溶液，将［实验步骤 5］组成的原电池的两个电极的铜导线插入一个小凹穴的溶液中（两电极不能相碰）。加入一滴酚酞溶液，几分钟后，洗净擦干，再插入另一个小凹穴的溶液中，滴入几滴浓氨水，几分钟后再观察现象。

【任务解析】

1. 原电池

(1) 原电池的组成及工作原理

在图 5-1 所示铜锌原电池中，串联在 Cu 板和 Zn 板间的检流计指针向一方偏转，说明导线有电流通过。从指针偏转的方向，可以判断电流是从 Cu 极流向 Zn 极（电子从 Zn 极流向 Cu 极），因此 Zn 极是负极，失去电子；Cu 极是正极，得到电子。

锌电极（负极）：$Zn = Zn^{2+}+2e^-$

铜电极（正极）：$Cu^{2+}+2e^- = Cu$

合并两个半反应，即可得到电池反应：$Cu^{2+}+Zn = Cu+Zn^{2+}$

在上述装置中化学能变成了电能，这种能使化学能直接转变为电能的装置叫做原电池，Cu 片和 Zn 片又称为原电池的电极。

(2) 原电池符号

原电池由两个半电池组成，可用符号（一）电极｜电解质溶液｜电极（+）表示。例如，上述铜锌原电池可表示为：$(-)Zn|ZnSO_4(c_1)\|CuSO_4(c_2)|Cu(+)$。其中“｜”表示半电池中两相之间的界面，“‖”表示盐桥，c_1，c_2 分别表示 $ZnSO_4$ 和 $CuSO_4$ 的浓度。习惯上把负极写在左边，正极写在右边。对于有气体参加的反应，还需注明气体的分压。若溶液中含有两种离子参与的电极反应，可用逗号将它们分开。若使用惰性电极也要注明。电对不一定由金属和金属离子组成，同一金属不同氧化态的离子（如 Fe^{3+}/Fe^{2+}，MnO_4^-/Mn^{2+} 等）或非金属与相应的离子（如 H^+/H_2，Cl_2/Cl^-，O_2/OH^- 等）都可组成电对。

例如，以氢电极和 Fe^{3+}/Fe^{2+} 电极组成的原电池，电池符号为：

$$(-)Pt,H_2(p)|H^+(c_1)\|Fe^{3+}(c_2),Fe^{2+}(c_3)|Pt(+)$$

负极反应：$H_2 = 2H^+ + 2e^-$

正极反应：$Fe^{3+} + e^- = Fe^{2+}$

原电池反应：$H_2 + 2Fe^{3+} = 2H^+ + 2Fe^{2+}$

2. 氧化还原反应

有电子转移（得失或偏移）的反应称为氧化还原反应。在氧化还原反应中电子转移（得失或偏移）和化合价升降的关系如图 5-2 所示。

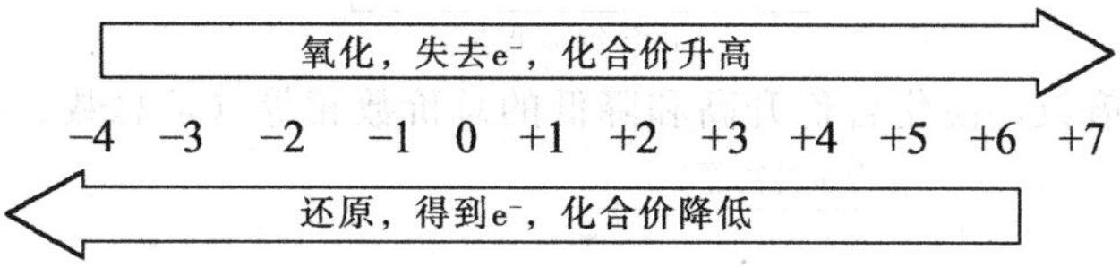

图 5-2　氧化还原反应中电子得失与化合价升降的关系

3. 氧化剂和还原剂

氧化剂和还原剂作为反应物共同参加氧化还原反应。在反应中，电子从还原剂转移到氧化剂，即氧化剂是得到电子（或电子对偏向）的物质，在反应时所含元素的化合价降低，具有氧化性，反应时本身被还原。还原剂是失去电子（或电子对偏离）的物质，在反应时所含元素的化合价升高。还原剂具有还原性，反应时本身被氧化。

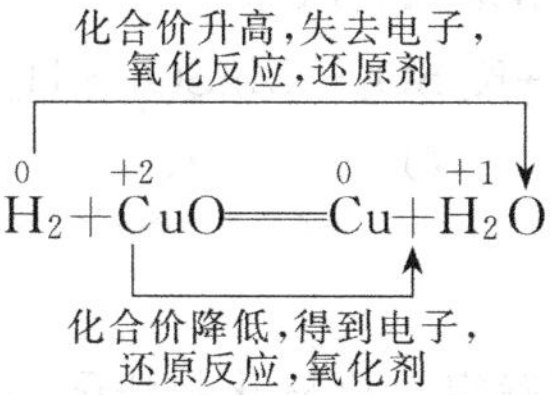

基础知识 1　氧化还原反应

一、氧化还原方程式的配平

1. 氧化数法

(1) 配平原则

① 反应前后氧化数升高的总数等于氧化数降低的总数。

② 反应前后各元素的原子总数相等。

(2) 配平步骤

① 写出未配平的反应方程式，标出被氧化和被还原元素反应前后的氧化数。

② 确定被氧化元素氧化数的升高值和被还原元素氧化数的降低值。

③ 按最小公倍数即“氧化剂氧化数降低总和等于还原剂氧化数升高总和”的原则。在氧化剂和还原剂分子式前面乘上恰当的系数，使参加氧化还原反应的原子数相等。

④ 用观察法配平氧化数未改变的元素原子数目。配平方程式中两边的 H 和 O 的个数。根据介质不同，在酸性介质中 O 多的一边加 H^+，少的一边加 H_2O，在碱性介质中，O 多的一边加 H_2O，O 少的一边加 OH^-。在中性介质中，一边加 H_2O，另一边加 H^+ 或 OH^-。

⑤ 检查方程式两边是否质量平衡，电荷平衡。

例 5-1 配平下列方程式 $Cu + HNO_3 \longrightarrow Cu(NO_3)_2 + NO + H_2O$

① 标出反应前后变价元素的化合价（标价态）：

$$\overset{0}{Cu} + H\overset{+5}{N}O_3 \longrightarrow \overset{+2}{Cu}(NO_3)_2 + \overset{+2}{N}O + H_2O$$

② 列出元素化合价升高和降低的数值（列变化）：

化合价升高 2

$$\overset{0}{Cu} + H\overset{+5}{N}O_3 —— \overset{+2}{Cu}(NO_3)_2 + \overset{+2}{N}O + H_2O$$

化合价降低 3

③ 求出最小公倍数，使化合价升高和降低的总价数相等（求总数、配系数）：

化合价升高 3 ×2

$$3\overset{0}{Cu} + H\overset{+5}{N}O_3 —— 3\overset{+2}{Cu}(NO_3)_2 + 2\overset{+2}{N}O + H_2O$$

化合价降低 2 ×3

④ 用观察法配平其他物质的系数（观察法，查守恒）：

$$3Cu + 8HNO_3(浓) = 3Cu(NO_3)_2 + 2NO\uparrow + 4H_2O$$

【练一练】 配平下列化学方程式。

1. $HClO_3 + P_4 + H_2O \longrightarrow HCl + H_3PO_4$
2. $SO_2 + KMnO_4 + H_2O \longrightarrow K_2SO_4 + MnSO_4 + H_2SO_4$
3. $I_2 + KOH \longrightarrow KIO + KI + H_2O$

2. 离子-电子法

有些化合物的氧化数比较难以确定，用氧化数法配平存在一定困难，在涉及离子反应时可采用离子-电子法配平。

（1）配平原则

① 反应过程中氧化剂得到电子的总数必须等于还原剂失去电子的总数。

② 反应前后各元素的原子总数相等。

（2）配平步骤

① 先将反应物的氧化还原产物以离子形式写出（气体、纯液体、固体和弱电解质则写分子式）。

② 把总反应式分解为两个半反应：还原反应和氧化反应。

③ 将两个半反应式配平，使半反应式两边的原子数和电荷数相等。

④ 根据得失电子总数相等的原则，用适当系数乘以两个半反应式，然后将两个半反应方程式相加、整理，即得配平的离子反应方程式。

⑤ 需要时将配平的离子方程式改写成分子反应式。

例 5-2 用离子-电子法配平下列高锰酸钾和亚硫酸钾在稀硫酸溶液中的反应方程式。

① 写出离子方程式：$MnO_4^- + SO_3^{2-} \longrightarrow Mn^{2+} + SO_4^{2-}$

② 写出两个半反应式：

还原半反应 $MnO_4^- \longrightarrow Mn^{2+}$

氧化半反应 $SO_3^{2-} \longrightarrow SO_4^{2-}$

③ 将两个半反应式配平，使半反应式两边的原子数和电荷数相等：

$$MnO_4^- + 8H^+ + 5e^- \longrightarrow Mn^{2+} + 4H_2O$$

$$SO_3^{2-} + H_2O \longrightarrow SO_4^{2-} + 2H^+ + 2e^-$$

④ 用适当系数乘以两个半反应式，使两个半反应两边所加电子数相等，然后将两个半反应方程式相加、整理，即得配平的离子反应方程式。

$$MnO_4^- + 8H^+ + 5e^- = Mn^{2+} + 4H_2O \quad (1)$$

$$SO_3^{2-} + H_2O = SO_4^{2-} + 2H^+ + 2e^- \quad (2)$$

式（1）×2＋式（2）×5，得：

$$2MnO_4^- + 5SO_3^{2-} + 6H^+ = 2Mn^{2+} + 5SO_4^{2-} + 3H_2O$$

⑤ 将配平的离子方程式改写成分子反应式：

$$2KMnO_4 + 5K_2SO_3 + 3H_2SO_4 = 2MnSO_4 + 6K_2SO_4 + 3H_2O$$

【想一想】 配平下列化学方程式。

1. $Cr_2O_7{}^{2-} + SO_3{}^{2-} + H^+ \longrightarrow Cr^{3+} + SO_4{}^{2-}$
2. $KMnO_4 + FeSO_4 + H_2SO_4$(稀)$\longrightarrow MnSO_4 + Fe_2(SO_4)_3 + K_2SO_4 + H_2O$
3. $2Cl_2 + 2Ca(OH)_2 \longrightarrow Ca(ClO)_2 + CaCl_2 + 2H_2O$

二、氧化还原电对

在氧化还原反应中，氧化剂与其还原产物、还原剂与其氧化产物各组成电对，称为氧化还原电对。例如下列反应中存在着两个电对，即铜电对（Cu^{2+}/Cu）和锌电对（Zn^{2+}/Zn）：

$$Cu^{2+} + Zn = Zn^{2+} + Cu$$

在氧化还原电对中，氧化数高的物质叫氧化型物质，氧化数低的物质叫还原型物质。氧化还原反应是两个（或两个以上）氧化还原电对共同作用的结果。书写电对时，氧化态物质写在左侧，还原态物质写在右侧，中间用斜线“/”隔开。

每个电对中，氧化态物质和还原态物质之间存在着共轭关系：

$$\text{氧化态} + ne^- \rightleftharpoons \text{还原态} \quad \text{例如：} Cu^{2+} + 2e^- = Cu$$

这种共轭关系称为氧化还原半反应。氧化还原电对在反应过程中，如果氧化型物质氧化数降低的趋势越大，它的氧化能力越强，则其共轭还原型物质氧化值升高的趋势就越小，还原能力就越弱。同理，还原型物质还原能力越强，则其共轭氧化型物质氧化能力就越弱。如 MnO_4^-/Mn^{2+} 中，MnO_4^- 的氧化能力很强，是强氧化剂，而 Mn^{2+} 的还原能力很弱，是弱还原剂。再如 Zn^{2+}/Zn 电对中，Zn 是强还原剂，Zn^{2+} 是弱氧化剂。在氧化还原反应过程中，反应一般按较强的氧化剂和较强的还原剂相互作用的方向进行。

基础知识 2 电极电势

一、电极电势

连接原电池两极的导线有电流通过，说明两极之间有电势差存在。这种电势差是怎样产生的呢？

当金属电极（Zn）放入该金属盐离子溶液中时，存在两种反应倾向：

$$M(s) \rightleftharpoons M^{z+}(aq) + ze^-$$

如果溶解的倾向大于沉积的倾向，金属带负电，溶液带正电；反之，金属带正电，溶液带负电。不论何种情况，金属和其盐溶液间都会形成双电层，由于双电层的存在，使金属与其盐溶液之间产生了电势差，这个电势差叫做该金属的电极电势，如图 5-3 所示。

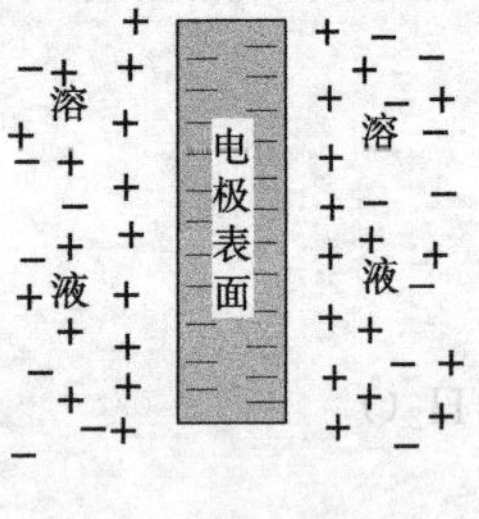

图 5-3 金属的电极电势

电极电势——电极表面与其附近溶液间的电势差。用电位差计所测得的正极与负极间的电势差就是原电池的电动势，电动势用符号 E 表示。例如，铜锌电池的标准电动势经测定为 1.10V。原电池电动势的大小主要取决于组成原电池物质的本性。

为了比较各种原电池电动势的大小，通常在标准状态（标准状态是指电池反应中的固态或液态都是纯物质，气体物质的分压为 100kPa，溶液中离子的浓度 $1mol \cdot L^{-1}$）下测定，所测得的电动势为标准电动势，标准电动势以 $E^{\ominus}$ 表示。

例如，测定 Zn^{2+}/Zn 电对的标准电极电势，可将 $Zn \mid Zn^{2+}(1mol \cdot L^{-1})$ 电极与标准氢电极组成一个原电池 $(-)Zn|Zn^{2+}(1mol \cdot L^{-1}) \parallel H^+(1mol \cdot L^{-1})|H_2(p^{\ominus})|Pt(+)$。用电位计测得该电池电动势 $E=0.7628V$。

$$E^{\ominus} = E^{\ominus}_{正} - E^{\ominus}_{负} = E^{\ominus}(H^+/H_2) - E^{\ominus}(Zn^{2+}/Zn)$$

$$0.7628V = 0 - E^{\ominus}(Zn^{2+}/Zn)$$

得：$E^{\ominus}(Zn^{2+}/Zn) = -0.763V$

用同样的方法，可测得其他电对的标准电极电势。

把所测得的一系列电对的标准电极电势汇列成表，就得到标准电极电势表。表 5-1 列出了一些常见电极的标准电极电势。

在使用标准电极电势表时应注意以下几点：

① 表 5-1 及本书附录表 3 中列出的标准电极电势是国际标准化组织（ISO）和我国国际所规定的还原电势（即表示电对中氧化型物质得电子能力的大小）。

② 某些物种随介质的酸碱性不同而有不同的存在形式，其 $E^{\ominus}$ 值也不同。例如，

Fe(Ⅲ) 和 Fe(Ⅱ) 的电对，在酸性介质为 Fe^{3+}/Fe^{2+}，$E^{\ominus}(Fe^{3+}/Fe^{2+})=0.771V$；在碱性介质中为 $Fe(OH)_3/Fe(OH)_2$，$E^{\ominus}[Fe(OH)_3/Fe(OH)_2]=-0.56V$。

③ 电极电势 $E^{\ominus}$ 与电子得失多少无关，即与电极反应中的计量数无关，例如，电极反应 $Cl_2+2e^- \longrightarrow 2Cl^-$，或写成 $\frac{1}{2}Cl_2+e^- \longrightarrow Cl^-$，其 $E^{\ominus}$ 都等于 1.36V。

④ $E^{\ominus}$ 是电极处于平衡状态时表现出来的特征值，它与达到平衡的快慢即速率无关。

⑤ $E^{\ominus}$ 仅适用于水溶液，对非水溶液、固相反应并不适用。

⑥ $E^{\ominus}$指给定电极与$E^{\ominus}$（H^+/H_2）组成原电池的$E^{\ominus}$；$E^{\ominus}$正值越大，表示在电极反应中吸收电子能力越强，氧化性强；反之，$E^{\ominus}$负值越大，表示在电极反应中失电子能力越强，还原性强。

表 5-1　一些电对的标准电极电势（298.15K，在酸性溶液中）

	氧化型$+ne^- \rightleftharpoons$还原型	$E_A^{\ominus}/V$	
氧化型的氧化能力增强 ↓	$Li+e^- \rightleftharpoons Li$	−3.045	↑ 还原型的还原能力增强
	$Na^+ + e^- \rightleftharpoons Na$	−2.714	
	$Mg^{2+} + 2e^- \rightleftharpoons Mg$	−2.37	
	$Zn^{2+} + 2e^- \rightleftharpoons Zn$	−0.763	
	$Fe^{2+} + 2e^- \rightleftharpoons Fe$	−0.44	
	$Sn^{2+} + 2e^- \rightleftharpoons Sn$	−0.136	
	$Pb^{2+} + 2e^- \rightleftharpoons Pb$	−0.126	
	$2H^+ + 2e^- \rightleftharpoons H_2$	0	
	$Cu^{2+} + 2e^- \rightleftharpoons Cu$	0.337	
	$I_2 + 2e^- \rightleftharpoons 2I^-$	0.5435	
	$Ag^+ + e^- \rightleftharpoons Ag$	0.799	
	$Br_2 + 2e^- \rightleftharpoons 2Br^-$	1.065	
	$Cl_2 + 2e^- \rightleftharpoons 2Cl^-$	1.36	
	$MnO_4^- + 8H^+ + 5e^- \rightleftharpoons Mn^{2+} + 4H_2O$	1.51	
	$F_2 + 2e^- \rightleftharpoons 2F^-$	2.87	

【想一想】 欲测定标准铜电极的标准电极电势，应如何设计原电池？写出原电池符号。计算 $E^{\ominus}(Cu^{2+}/Cu)=$？

二、标准氢电极

原电池的电动势是两个电极（电对）之间的电势差。如果已知各电极的电势值，即可方便地计算出原电池的电动势。但是到目前为止，电极电势的绝对值尚无法测定。通常选定一个电极作为参比标准（就如测定海拔高度用海平面作为基准一样），人为地规定该电极的电势数值，然后与其他电极进行比较，得出各种电极的电势值（用符号 E 表示）。目前采用的参比电极是标准氢电极。

标准氢电极的装置如图 5-4 所示。将镀有海绵状铂黑的铂片（图中阴影部分，它能吸附氢气）插入 $c(H^+)=1mol \cdot L^{-1}$的硫酸溶液中，不断通入压力为 100kPa 的纯氢气，此时被铂黑表面吸附的 H_2 与溶液中的 H^+ 建立起一个 H^+/H_2 电对，该电对的平衡式为 $2H^+ + 2e^- \rightleftharpoons H_2(g)$。

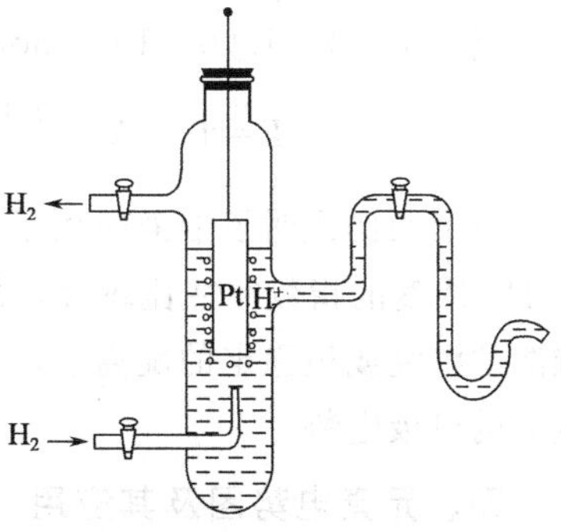

图 5-4　标准氢电极

由于此时电对中的物质都处于标准状态，此电极即为标准氢电极，规定在 298.15K 时，标准氢电极的电极电势为零，即：$E_{298.15K}^{\ominus}(H^+/H_2)=0\ V$。

任何电对处于标准状态时的电极电势，称为该电对的标准电极电势，符号也是$E^{\ominus}$。

欲测定某电极的标准电极电势，可以将处在标准态下的该电极与标准氢电极组成一个原电池，测定该原电池的电动势。由电流方向判断出正、负极，再按 $E^{\ominus}=E^{\ominus}_{正}-E^{\ominus}_{负}$ 的关系式，即可求出被测电极的标准电极电势。

三、电极电势的计算

电极电势值的大小首先取决于电对的本性。如活泼金属的电极电势值一般都很小，而活泼非金属的电极电势值则较大。此外，电对的电极电势还与浓度和温度有关。

电极电势与浓度和温度的关系可用下面的能斯特方程式表示，如对于下述电极反应：

$$b\ 氧化态 + z\ e^- \rightleftharpoons a\ 还原态$$

则：

$$E=E^{\ominus}-\frac{0.0592V}{z}\lg\frac{[c'(还原态)]^a}{[c'(氧化态)]^b}$$

下面举例说明能斯特方程的应用。

例 5-3 计算 $c(Cu^{2+})=0.00100\ mol\cdot L^{-1}$时，电对 Cu^{2+}/Cu 的电极电势。

解：

电极反应 $$Cu^{2+}+2e^- \rightleftharpoons Cu$$

$$E=E^{\ominus}(Cu^{2+}/Cu)-\frac{0.0592V}{2}\lg\frac{1}{c'(Cu^{2+})}$$

$$=0.337V-\frac{0.0592V}{2}\lg\frac{1}{0.00100mol\cdot L^{-1}}=0.248V$$

例 5-4 计算电对 MnO_4^-/Mn^{2+} 在 $c'(H^+)=1.00\ mol\cdot L^{-1}$ 和 $c'(H^+)=1.00\times10^{-3}\ mol\cdot L^{-1}$时的电极电势（设 MnO_4^- 和 Mn^{2+}的浓度都为 $1.00\ mol\cdot L^{-1}$）。

解：

电极反应 $$MnO_4^- + 8H^+ + 5e^- \rightleftharpoons Mn^{2+} + 4H_2O$$

$$E=E^{\ominus}(MnO_4^-/Mn^{2+})-\frac{0.0592V}{5}\lg\frac{c'(Mn^{2+})}{c'(MnO_4^-)\cdot[c'(H^+)]^8}$$

$$=1.51V-\frac{0.0592V}{5}\lg\frac{c'(Mn^{2+})}{c'(MnO_4^-)[c'(H^+)]^8}$$

当 $c(H^+)=1.00mol\cdot L^{-1}$时，

$$E=1.51V-\frac{0.0592V}{5}\lg\frac{1}{(1.00mol\cdot L^{-1})^8}=1.51V$$

当 $c(H^+)=1.00\times10^{-3}mol\cdot L^{-1}$时，

$$E=1.51V-\frac{0.0592V}{5}\lg\frac{1}{(1.00\times10^{-3}mol\cdot L^{-1})^8}=1.23V$$

以上两例说明了溶液中离子浓度的变化对电极电势的影响，特别有 H^+ 参加的反应。由于 H^+ 浓度的指数往往比较大，故对电极电势的影响也较大。此外，有些金属离子由于生成难溶的沉淀或很稳定的配离子，也会极大地降低溶液中金属离子的浓度，并显著地改变原来电对的电极电势。

四、元素电势图及其应用

许多元素具有多种氧化态，将同种元素的不同氧化态按氧化值由高到低的顺序自左向右排列成行，在相邻的两物种间连一直线表示一个电对，并在此直线上方标明该电对的标准电极电势值，由此构成的图称为元素电势图。

例如，酸性介质中，Cu、Fe 的元素电势图分别为：

$$E^{\ominus}_{A}/V \qquad \underbrace{Cu^{2+}\xrightarrow{0.159}Cu^{+}\xrightarrow{0.520}Cu}_{0.337}$$

$$E^{\ominus}_{A}/V \qquad \underbrace{Fe^{3+}\xrightarrow{0.771}Fe^{2+}\xrightarrow{-0.44}Fe}_{0.165}$$

元素电势图与标准电极电势表相比，简明、综合、形象、直观，对了解元素及其化合物的各种氧化还原性能、各物种的稳定性与可能发生的氧化还原反应，以及元素的自然存在等都有重要意义。

元素电势图可用来判断某物质能否发生歧化反应。

在氧化还原反应中，若由某元素的一种中间氧化态同时向较高氧化态和较低氧化态转化，我们称其为歧化反应。相反，如果是由元素的较高和较低的两种氧化态相互作用生成其中间氧化态的反应，则是歧化反应的逆反应，或称逆歧化反应。下面的反应是常见的。

$$2Cu^{+} \rightleftharpoons Cu^{2+} + Cu \qquad (1)$$

$$2Fe^{3+} + Fe \rightleftharpoons 3Fe^{2+} \qquad (2)$$

反应（1）是歧化反应，所以在实验室得不到含 Cu^{+} 的溶液，而只能见到 $CuCl_2^{-}$ 或 $[Cu(NH_3)_2]^{+}$ 的溶液或 CuCl、CuI 沉淀。反应（2）是逆歧化反应，也是实验室为防止 Fe^{2+} 溶液的氧化常采用的措施（向溶液中加入铁丝或铁钉）。

由于 $E^{\ominus}(Cu^{+}/Cu) > E^{\ominus}(Cu^{2+}/Cu^{+})$，所以发生 Cu^{+} 的歧化反应；因为 $E^{\ominus}(Fe^{3+}/Fe^{2+}) > E^{\ominus}(Fe^{2+}/Fe)$，所以 Fe^{3+} 和 Fe 发生逆歧化反应。推而广之，如某元素有三种氧化值由高到低的氧化态 A、B、C，则其元素电势图为：

$$A\xrightarrow{E^{\ominus}_{左}}B\xrightarrow{E^{\ominus}_{右}}C$$

如果 $E^{\ominus}_{左} < E^{\ominus}_{右}$，则 B 会发生歧化反应，即 $B \longrightarrow A + C$；

如果 $E^{\ominus}_{左} > E^{\ominus}_{右}$，则 A、C 会发生逆歧化反应，即 $A + C \longrightarrow B$。

且差值越大，歧化或逆歧化反应的趋势越大，这就是判断元素发生歧化或逆歧化反应的依据。

阅读材料

化学电源

化学电源又称电池，是一种能将化学能直接转变成电能的装置，它通过化学反应，消耗某种化学物质，输出电能。常见的电池大多是化学电源。它在国民经济、科学技术、军事和日常生活方面均获得广泛应用。

化学电池使用面广，品种繁多，下面主要介绍：干电池、高能电池、锂离子电池。

一、干电池

干电池也称一次电池，即电池中的反应物质在进行一次电化学反应放电之后就不能再次使用了。常用的有锌-锰干电池、锌-汞电池、镁-锰干电池等。

锌-锰干电池是生活中常用的电池，

正极材料：MnO_2、石墨棒。

负极材料：锌片；电解质：NH_4Cl、$ZnCl_2$ 及淀粉糊状物。

电池符号可表示为：$(-)Zn|ZnCl_2, NH_4Cl$(糊状)$\|MnO_2|C$(石墨)$(+)$

负极：$Zn = Zn^{2+} + 2e^{-}$

正极：$2MnO_2+2NH_4^++2e^-$ ══ $Mn_2O_3+2NH_3+H_2O$

总反应：$Zn+2MnO_2+2NH_4^+$ ══ $Zn^{2+}+Mn_2O_3+2NH_3+H_2O$

锌-锰干电池的电动势为1.5V。因产生的NH_3被石墨吸附，引起电动势下降较快。如果用高导电的糊状KOH代替NH_4Cl，正极材料改用钢筒，MnO_2层紧靠钢筒，就构成碱性锌-锰干电池，由于电池反应没有气体产生，内电阻较低，电动势为1.5V，比较稳定。

二、高能电池

具有高“比能量”和高“比功率”的电池称为高能电池。所谓“比能量”和“比功率”是指单位质量或单位体积计算电池所能提供的电能和功率。高能电池发展快、种类多。

1. 银-锌电池

电子手表、液晶显示的计算器或一个小型的助听器等所需电流是微安或毫安级的，它们所用的电池体积很小，有“纽扣”电池之称。它们的电极材料是Ag_2O_2和Zn，所以叫银-锌电池，它具有重量轻、体积小等优点。

2. 锂-二氧化锰非水电解质电池

以锂为负极的非水电解质电池有几十种，其中性能最好、最有发展前途的是锂-二氧化锰非水电解质电池，这种电池以片状金属为负极，电解活性MnO_2作正极，高氯酸及溶于碳酸丙烯酯和二甲氧基乙烷的混合有机溶剂作为电解质溶液，以聚丙烯为隔膜，电池符号可表示为：

$$Li \mid LiClO_4 \mid MnO_2 \mid C(石墨)$$

负极反应：Li ══ Li^++e^-

正极反应：$MnO_2+Li^++e^-$ ══ $LiMnO_2$

总反应：$Li+MnO_2$ ══ $LiMnO_2$

该种电池的电动势为2.69V，重量轻、体积小、电压高、比能量大，充电1000次后仍能维持其能力的90%，储存性能好，已广泛用于电子计算机、手机、无线电设备等。

3. 锂离子电池

锂离子电池的工作原理就是指其充放电原理。当对电池进行充电时，电池的正极上有锂离子生成，生成的锂离子经过电解液运动到负极。而作为负极的碳呈层状结构，它有很多微孔，到达负极的锂离子就嵌入到碳层的微孔中，嵌入的锂离子越多，充电容量越高。同样道理，当对电池进行放电时（即我们使用电池的过程），嵌在负极碳层中的锂离子脱出，又运动回到正极。回到正极的锂离子越多，放电容量越高。我们通常所说的电池容量指的就是放电容量。不难看出，在锂离子电池的充放电过程中，锂离子处于从正极→负极→正极的运动状态。如果我们把锂离子电池形象地比喻为一把摇椅，摇椅的两端为电池的两极，而锂离子就像优秀的运动健将，在摇椅的两端来回奔跑。所以，专家们又给了锂离子电池一个可爱的名字——摇椅式电池。

本章小结

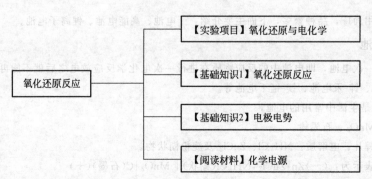

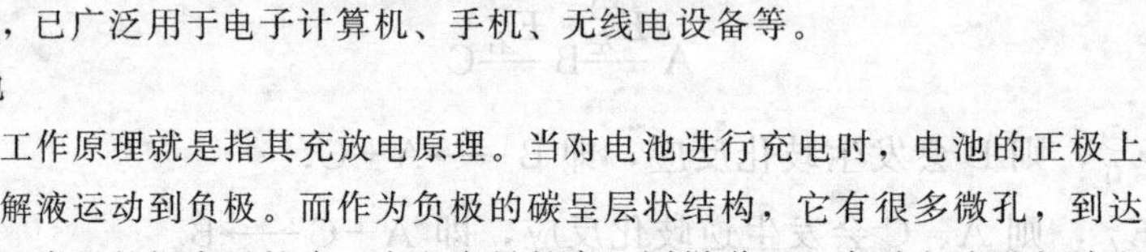

课后习题

1. 选择题

(1) 在标准条件下将氧化还原反应 $Fe^{2+}+Ag^{+} = Fe^{3+}+Ag$ 装配成原电池，原电池符号为（　　）。

A. $(-)Fe^{2+}|Fe^{3+}\|Ag^{+}|Ag(+)$　　B. $(-)Ag|Ag^{+}\|Fe^{3+}|Fe^{2+}(+)$

C. $(-)Pt|Fe^{2+},Fe^{3+}\|Ag^{+}|Ag(+)$　　D. $(-)Ag|Ag^{+}\|Fe^{2+},Fe^{3+}|Pt(+)$

(2) 下列氧化还原电对，氧化和还原能力最强的是（　　）。

	Fe^{3+}/Fe^{2+}	Cu^{2+}/Cu	Sn^{4+}/Sn^{2+}
$E^{\ominus}/V$	+0.77	+0.34	+0.15

A. Sn^{4+}，Fe^{2+}　　B. Cu^{2+}，Cu

C. Fe^{3+}，Cu　　D. Fe^{3+}，Sn^{2+}

(3) 已知 $E^{\ominus}(Zn^{2+}/Zn)=-0.763V$、$E^{\ominus}(Cu^{2+}/Cu)=0.34V$，在标准条件下反应，$Zn+Cu^{2+} = Zn^{2+}+Cu$ 的 $E^{\ominus}$ 值为（　　）。

A. +1.103V　　B. +0.423V　　C. −1.103V　　D. −0.423V

(4) 在标准条件下将反应 $2Fe^{3+}+Cu = 2Fe^{2+}+Cu^{2+}$ 改写为 $Fe^{3+}+\frac{1}{2}Cu = Fe^{2+}+\frac{1}{2}Cu^{2+}$，下面说法中不正确的是（　　）。

A. 电子得失数不同　　B. $E^{\ominus}$ 相同

C. $\Delta G^{\ominus}$ 不同，$K^{\ominus}$ 值也不同　　D. 组成原电池时，Cu 作正极

(5) Cu-Zn 原电池，反应为：$Zn+Cu^{2+} = Zn^{2+}+Cu$，欲使电动势增加，采取的方法是（　　）。

A. 增加 Zn^{2+} 浓度　　B. 增加 Cu^{2+} 浓度

C. 增加溶液体积　　D. 增大电极尺寸

2. 简答题

(1) 影响电极电势的因素有哪些？

(2) 怎样从标准电极电势表中寻找较强的氧化剂或还原剂？举例说明。

(3) 如何根据电极电势表判断氧化还原反应进行的方向？举例说明。

3. 判断题

(1) 在相同条件下，氧化还原电对中电极电势代数值愈小的还原态，其还原能力愈强。

(2) E 值仅与物质的本性有关。

(3) 一定温度下，在氧化还原电对中氧化态的浓度降低，则还原态的还原能力增强。

(4) 已知半反应 $H_2O_2 \longrightarrow O_2+2H^{+}-2e^{-}$，过氧化氢是该半反应中的氧化态物质。

(5) 当一种氧化剂能氧化系统中的几种还原剂时，首先发生的反应一定是在 E 值大的电对之间。

4. 计算题

(1) 已知酸性介质中，Cu、Fe 的元素电势图分别为 $E_A^{\ominus}/V$ $\underbrace{Cu^{2+}\overset{0.159}{\overline{\qquad}}Cu^{+}\overset{0.520}{\overline{\qquad}}Cu}_{0.340}$ 和 $E_A^{\ominus}/V$ $\underbrace{Fe^{3+}\overset{0.771}{\overline{\qquad}}Fe^{2+}\overset{-0.44}{\overline{\qquad}}Fe}_{0.165}$，判断：

① Cu^{+}、Fe^{2+} 能否发生歧化反应？

② 若能反应，请写出反应方程式，并求出其平衡常数 $K^{\ominus}$。

(2) 在一含有 I^{-}、Br^{-} 的混合液中，逐步通入 Cl_2，哪一种先游离出来？要使 I_2 游离而 Br_2 不游离，应选择 $Fe_2(SO_4)_3$ 还是 $KMnO_4$ 的酸性溶液？

第六章

配位化合物与配位平衡

知识目标

1. 掌握配位化合物的命名规则与方法
2. 了解配位化合物的杂化类型
3. 掌握配位化合物的稳定常数的意义
4. 了解螯合物的概念和特性

能力目标

1. 能正确命名配位化合物
2. 能根据配位化合物的杂化类型判断其空间构型
3. 能进行有关配位平衡的相关计算

科学知识　配位化合物

19 世纪末期，德国化学家发现一系列令人难以回答的问题，氯化钴与氨结合，会生成颜色各异、化学性质不同的物质。经分析它们的分子式分别是 $CoCl_3 \cdot 6NH_3$、$CoCl_3 \cdot 5NH_3$、$CoCl_3 \cdot 5NH_3 \cdot H_2O$、$CoCl_3 \cdot 4NH_3$，但是大家不明白为什么像 $CoCl_3$、NH_4Cl 等一些原子价饱和的无机物还会进一步结合形成新的化合物，而这些新化合物的结构又是怎样的呢？为了解释上述情况，化学家曾提出各种不同假说，但都未能成功。直到 1893 年瑞士化学家维尔纳（A · Werner）发表的一篇研究分子加合物的论文，创立了配位学说以后，才逐步弄清这些问题，A · Werner 也因此于 1913 年获得诺贝尔化学奖。

实验项目　配位化合物的制备及性质

【任务描述】

（1）了解配位化合物的生成和组成；

（2）比较配位化合物与简单化合物的区别；

（3）了解配位平衡及其影响因素。

【教学器材】

锥形瓶（250mL）、酸式滴定管、移液管、烧杯、容量瓶、表面皿、量筒等。

【教学药品】

$CaCO_3$ 基准物、0.01mol·L^{-1} EDTA 标准溶液、钙指示剂 In、铬黑 T 指示剂、1∶1 盐酸、1 mol·L^{-1} NaOH、NH_3-NH_4Cl 缓冲溶液。

【组织形式】

根据实验步骤，每位同学独立完成实验。

【注意事项】

（1）一般来说在性质实验中，生成沉淀的步骤，沉淀量要少，即刚观察到沉淀生成就可以；使沉淀溶解的步骤，加入试液越少越好，即使沉淀恰好溶解为宜。因此，溶液必须逐滴加入，且边滴边振荡，若试管中溶液量太多，可在生成沉淀后，离心沉降弃去清液，再继续实验。

（2）NH_4F 试剂对玻璃有腐蚀作用，储藏时最好放在塑料瓶中。

【实验步骤】

1. 配位化合物的制备

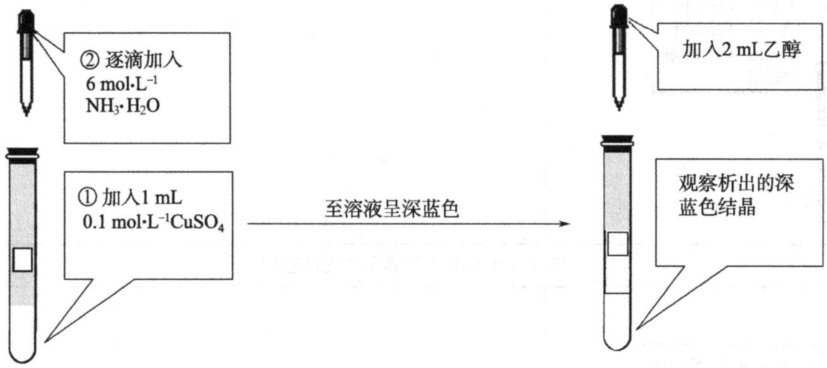

2. 配离子和简单离子性质比较

实验操作	实验现象	实验解释
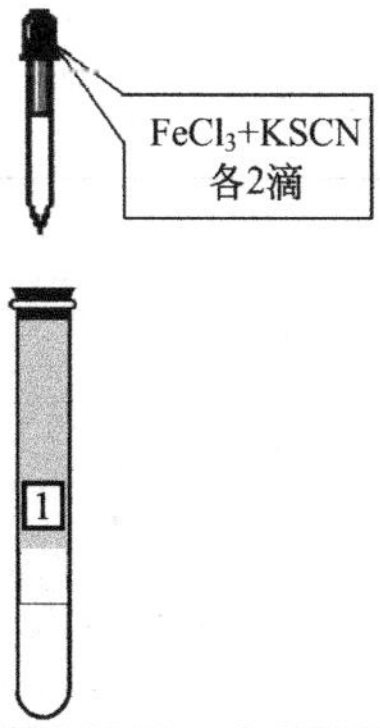		

续表

实验操作	实验现象	实验解释
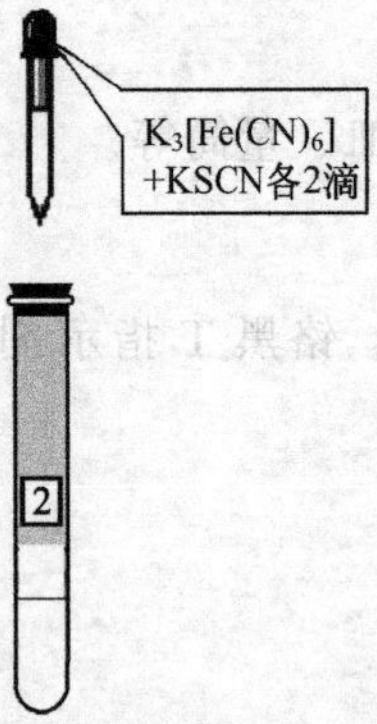		

讨论：配位化合物是强电解质，在水溶液中可以完全电离成内界和外界。中心离子和配体组成配位化合物的内界，内界中心离子不能发生简单离子的反应，外界离子是游离状态存在的，可以与其他离子发生反应。

3. 配离子的离解与转化

（1）

实验操作	实验现象	实验解释
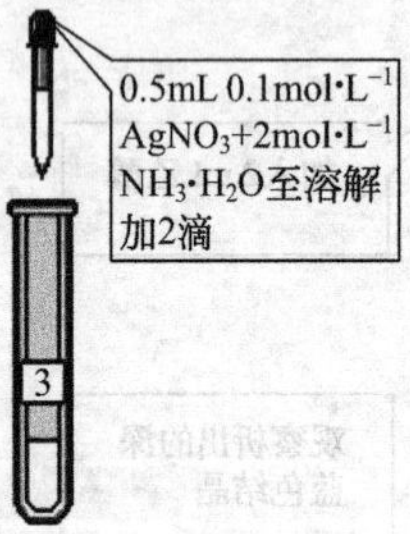		
将试管 3 中溶液分盛在 2 支试管中		
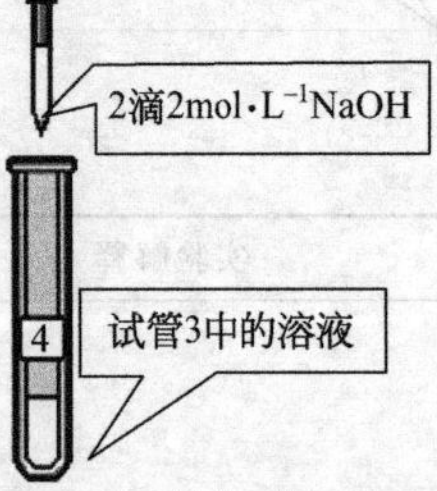		
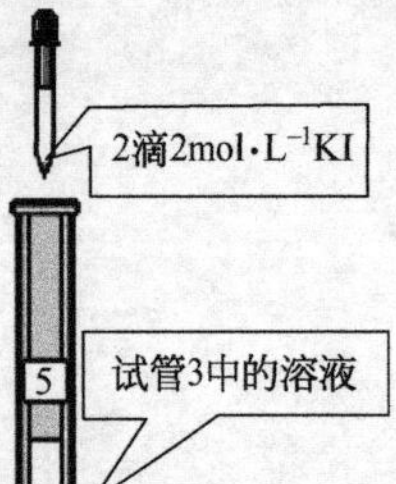		

（2）

<table>
<tr><th>实验操作</th><th>实验现象</th><th>实验解释</th></tr>
<tr><td>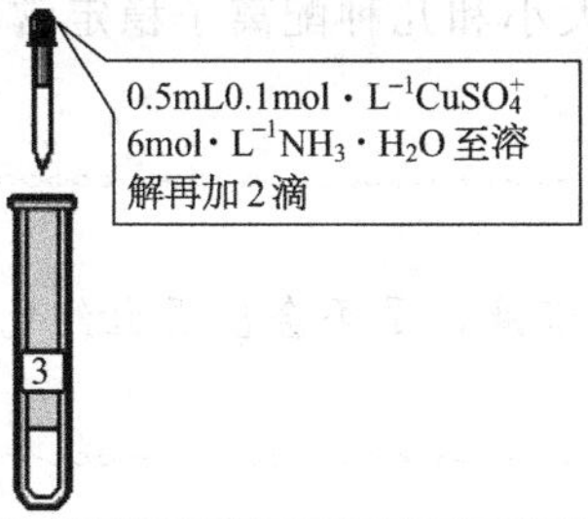</td><td></td><td></td></tr>
<tr><td colspan="3">将试管 3 中溶液分盛在 2 支试管中</td></tr>
<tr><td>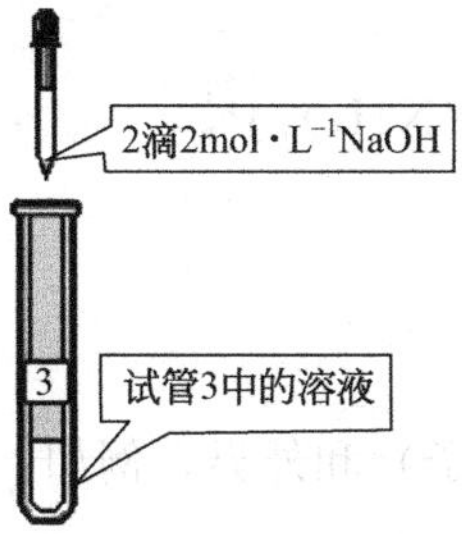</td><td></td><td></td></tr>
<tr><td>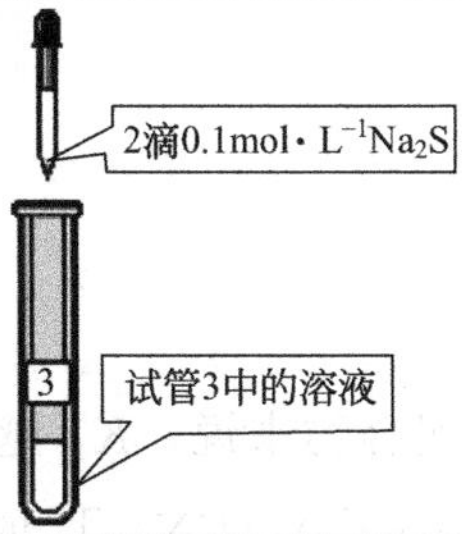</td><td></td><td></td></tr>
</table>

讨论：配离子是弱电解质，在水溶液中部分电离，因此溶液中以游离状态存在的中心离子的浓度较低，只能与其他离子生成溶度积很小的沉淀。

（3）

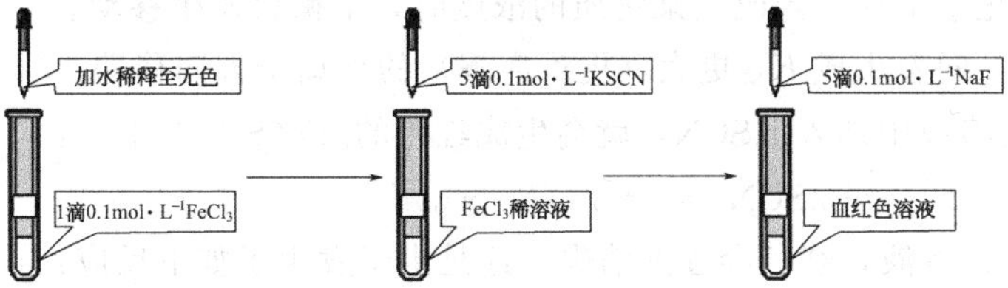

讨论：配离子的离解平衡是一种化学平衡，改变某物质的浓度可以使平衡发生移动，并向着生成更难离解的配离子（$K_{稳}$更大）的方向移动。

4. 配位平衡与沉淀平衡

在一支离心试管中加入 2 滴 $0.1mol \cdot L^{-1}$ $AgNO_3$ 溶液，按下列步骤进行实验：

① 逐滴加入 $0.1mol \cdot L^{-1}$ NaCl 溶液至沉淀刚生成；

② 逐滴加入 $6mol \cdot L^{-1}$氨水至沉淀恰好溶解；

③ 逐滴加入 $0.1mol \cdot L^{-1}$ KBr 溶液至刚有沉淀生成；

④ 逐滴加入 $0.1mol \cdot L^{-1}$ $Na_2S_2O_3$ 溶液，边滴边剧烈振荡至沉淀恰好溶解；

⑤ 逐滴加入 $0.1mol \cdot L^{-1}$ KI 溶液至沉淀刚生成；

⑥ 逐滴加入饱和 $Na_2S_2O_3$ 溶液，至沉淀恰好溶解；

⑦ 逐滴加入 0.1mol·L^{-1} Na_2S 溶液至沉淀刚生成。

写出每一步有关的离子方程式，比较几种沉淀的溶度积大小和几种配离子稳定常数大小，讨论配位平衡与沉淀平衡的关系。

【想一想】 1. 配合物与简单化合物有何区别？

2. $FeCl_3$ 溶液中加入过量 KI 溶液，再加入少量 KSCN 溶液，是否会出现血红色？为什么？

【任务解析】

1. 配位化合物的形成

在 $CuSO_4$ 溶液中加入过量 NH_3 水，就会生成深蓝色的 $[Cu(NH_3)_4]^{2+}$。

$$Cu^{2+} + 4NH_3 \rightleftharpoons [Cu(NH_3)_4]^{2+}$$

像 $[Cu(NH_3)_4]^{2+}$ 这种组成复杂的离子称为配离子。

2. 配离子的稳定平衡常数

配位化合物为强电解质，在水溶液中完全电离成内界（配离子）和外界，例如：

$$[Ag(NH_3)_2]Cl = [Ag(NH_3)_2]^+ + Cl^-$$

配离子是弱电解质，在水溶液中部分电离，例如：

$$Ag^+ + 2NH_3 \rightleftharpoons [Ag(NH_3)_2]^+$$

$$K^{\ominus}_{稳} = \frac{c'[Ag(NH_3)_2^+]}{c'(Ag^+)[c'(NH_3)]^2}$$

利用 $K^{\ominus}_{稳}$ 可以比较配合物在溶液中的稳定性。对于同类型的配合物来说，$K^{\ominus}_{稳}$ 越大，表示配合物在溶液中越稳定。例如 $[Ag(NH_3)_2]^+$ 的 $K^{\ominus}_{稳} = 1.12\times10^7$，$[Ag(CN)_2]^-$ 的 $K^{\ominus}_{稳} = 1.30\times10^{21}$，说明在水溶液中 $[Ag(CN)_2]^-$ 比 $[Ag(NH_3)_2]^+$ 更稳定。

3. 配离子之间的转化

配离子的离解是一种化学平衡，当改变某物质的浓度时，平衡会发生移动。

离解平衡移动的方向：向着生成 $K_{稳}$ 更大（更难离解）的配离子方向移动。

例如，在含有 Fe^{3+} 的溶液中加入 KSCN，就会生成红色的 $[Fe(SCN)_n]^{3-n}$：

$$Fe^{3+} + nSCN^- \rightleftharpoons [Fe(SCN)_n]^{3-n}$$

在上述溶液中滴加 NaF 溶液，红色会逐渐消失，这是由于发生了如下反应：

$$[Fe(SCN)_6]^{3+} + 6F^- \rightleftharpoons [FeF_6]^{3+} + 6SCN$$

可见，在溶液中，配离子之间的转化总是向着生成更稳定配离子的方向进行。

基础知识 1　配位化合物的概念

配位化合物是由中心离子（中心原子）与配位体以配位键相结合而成的复杂化合物，如 $[Cu(NH_3)_4]SO_4$、$K_3[Fe(CN)_6]$、$[Zn(NH_3)_4](OH)_2$ 等。

一、配位化合物及其组成

由配离子形成的配位化合物，如 $[Cu(NH_3)_4]SO_4$ 和 $K_4[Fe(CN)_6]$，是由内界和外界两部分组成的。电中性的配合物，如 $[CoCl_3(NH_3)_3]$、$[Ni(CO)_4]$ 等，没有外界。

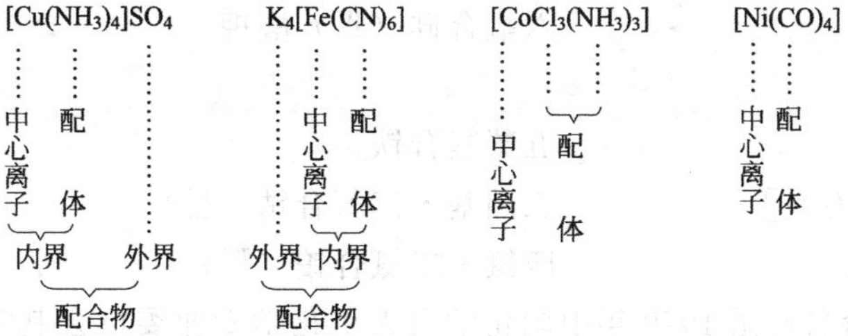

1. 中心离子

中心离子（用 M 表示）位于内界的中心，一般为带正电荷的阳离子。

常见的中心离子为过渡金属元素离子，如 Cr^{3+}、Ag^{+}、Cu^{2+} 等，也可以是中性原子和高氧化态的非金属元素，如 Ni、Si(Ⅳ) 等。价键理论中，中心离子（或原子）与配位体以配位键结合时，中心离子（或原子）提供空轨道，是电子对的接受体。

2. 配位体

与中心离子（或原子）结合的中性分子或阴离子叫做配位体（用 L 表示），简称配体。例如 NH_3、H_2O、OH^-、CN^-、X^- 等。提供配体的物质叫做配位剂，如 NaOH、KCN 等。有时配位剂本身就是配体，如 NH_3、H_2O 等。

配体中以配位键与中心离子（或原子）相结合的原子叫做配位原子，配位原子提供孤对电子。配位原子主要是那些电负性较大且有孤对电子的非金属元素，如 F、Cl、Br、I、O、S、N、P、C 等。

可以按一个配体中所含配位原子的数目不同，将配体分为单齿配体和多齿配体。

单齿配体中只含有一个配位原子，如 NH_3、OH^-、X^-、CN^-、SCN^- 等。

多齿配体中含有两个或两个以上的配位原子，如 $C_2O_4^{2-}$、乙二胺（$NH_2C_2H_4NH_2$，常缩写为 en）、NH_2CH_2COOH 等。多齿配体中的多个配位原子可以同时与一个中心离子结合，形成不同类型的环状结构，所形成的配合物特称为螯合物。

3. 配位数

配合物中与中心离子（或原子）成键的配位原子的总数叫做该中心离子（或原子）的配位数。例如，在 $[Ag(NH_3)_2]^+$ 中，中心离子 Ag^+ 的配位数为 2；在 $K_2[SiF_6]$、$[Fe(CN)_6]^{4-}$ 和 $[CrCl_2(H_2O)_4]Cl$ 中，中心离子 Si^{4+}、Fe^{2+} 和 Cr^{3+} 的配位数皆为 6。

多齿配体的数目不等于中心离子的配位数。如 $[Pt(en)_2]^{2+}$ 中的 en 是双齿配体，因此 Pt^{2+} 的配位数是 4 而不是 2。

中心离子配位数的多少，与中心离子和配体的性质以及形成配合物时的外界条件有关。增大配体的浓度或降低反应的温度，都将有利于形成高配位数的配合物。

二、配位化合物的命名

含配阳离子的配合物：

$[Cu(NH_3)_4]SO_4$	硫酸四氨合铜（Ⅱ）
$[Co(NH_3)_6]Cl_3$	三氯化六氨合钴（Ⅲ）
$[CrCl_2(H_2O)_4]Cl$	一氯化二氯·四水合铬（Ⅲ）
$[Co(NH_3)_5(H_2O)]Cl_3$	三氯化五氨·一水合钴（Ⅲ）

含配阴离子的配合物：

$K_4[Fe(CN)_6]$	六氰合铁（Ⅱ）酸钾

$K[PtCl_5(NH_3)]$	五氯·一氨合铂（Ⅳ）酸钾
$K_2[SiF_6]$	六氟合硅（Ⅳ）酸钾

电中性配合物：

$[Fe(CO)_5]$	五羰基合铁
$[Co(NO_2)_3(NH_3)_3]$	三硝基·三氨合钴（Ⅲ）
$[PtCl_4(NH_3)_2]$	四氯·二氨合铂（Ⅳ）

配位化合物的命名遵循 1979 年中国化学会无机化学专业委员会制定的汉语命名原则进行。命名时阴离子在前，阳离子在后，称为某化某或某酸某。

配离子命名时按以下顺序进行：配体数目（用倍数词头二、三、四等表示）—配体名称—合—中心离子（用罗马数字标明氧化数）。

配位体的命名顺序为：有多种配体时，阴离子配体先于中性分子配体，无机配体先于有机配体，简单配体先于复杂配体，同类配体按配位原子元素符号的英文字母顺序排列。不同配体名称之间以圆点“·”分开。

基础知识 2　配离子的配位离解平衡

与多元弱酸（弱碱）的离解相类似，有多个配位体的配离子在水溶液中的形成与离解都是分步进行的，最后在一定条件下达到某种平衡状态，这就是配位平衡。

一、配离子的稳定常数

一定条件下，配离子形成反应达到平衡时的平衡常数，称为配离子的稳定常数。在溶液中配离子的形成分步进行，其每步生成平衡常数称为逐级稳定常数（或分步稳定常数）。

例如，$[Cu(NH_3)_4]^{2+}$ 的形成过程如下。

第一步：$Cu^{2+} + NH_3 \rightleftharpoons [Cu(NH_3)]^{2+}$

$$K^{\ominus}_{稳_1} = \frac{c'\{[Cu(NH_3)]^{2+}\}}{c'(Cu^{2+})c'(NH_3)} = 10^{4.31}$$

第二步：$[Cu(NH_3)]^{2+} + NH_3 \rightleftharpoons [Cu(NH_3)_2]^{2+}$

$$K^{\ominus}_{稳_2} = \frac{c'\{[Cu(NH_3)_2]^{2+}\}}{c'\{[Cu(NH_3)]^{2+}\}c'(NH_3)} = 10^{3.67}$$

第三步：$[Cu(NH_3)_2]^{2+} + NH_3 \rightleftharpoons Cu[(NH_3)_3]^{2+}$

$$K^{\ominus}_{稳_3} = \frac{c'\{[Cu(NH_3)_3]^{2+}\}}{c'\{[Cu(NH_3)_2]^{2}\}c'(NH_3)} = 10^{3.04}$$

第四步：$Cu[(NH_3)_3]^{2+} + NH_3 \rightleftharpoons [Cu(NH_3)_4]^{2+}$

$$K^{\ominus}_{稳_4} = \frac{c'\{[Cu(NH_3)_4]^{2+}\}}{c'\{[Cu(NH_3)_3]^{2+}\}c'(NH_3)} = 10^{2.30}$$

可见，随着配位数的增加逐级稳定常数逐渐减小。这是因为随着配位数的增加，配体之间的斥力增大，同时中心离子对每个配体的吸引力减小，因此配离子的稳定性会逐渐减弱。

逐级稳定常数的乘积等于该配离子的总稳定常数：

$$Cu^{2+} + 4NH_3 \rightleftharpoons [Cu(NH_3)_4]^{2+}$$

$$K^{\ominus}_{稳} = K^{\ominus}_{稳_1} K^{\ominus}_{稳_2} K^{\ominus}_{稳_3} K^{\ominus}_{稳_4} = \frac{c'\{[Cu(NH_3)_4]^{2+}\}}{c'(Cu^{2+})[c'(NH_3)]^4} = 10^{13.32}$$

$K^{\ominus}_{稳}$值越大，表示该配离子在水中越稳定。因此，从$K^{\ominus}_{稳}$的大小可以判断配位反应完成的程度。

二、配位平衡移动及其应用

在水溶液中，配离子的配位平衡是相对的，当外界条件发生变化时，平衡发生移动，在新的条件下建立新的平衡。配位平衡的移动问题本质上是配位平衡与其他各种化学平衡的多重平衡问题，主要包括：配位平衡与酸碱平衡；配位平衡与沉淀平衡；配位平衡和氧化还原平衡；配离子之间的转化。

利用配离子的稳定常数$K^{\ominus}_{稳}$，可以计算配合物溶液中有关离子的浓度，判断配位平衡与沉淀溶解平衡之间、配位平衡与配位平衡之间相互转化的可能性，计算有关氧化还原电对的电极电势。

1. 计算配合物溶液中有关离子的浓度

例 6-1　计算溶液中与 1.0×10^{-3} mol·L^{-1} $[Cu(NH_3)_4]^{2+}$ 和 1.0 mol·L^{-1} NH_3 处于平衡状态的游离 Cu^{2+} 的浓度。

解：

$$Cu^{2+}+4NH_3 \rightleftharpoons [Cu(NH_3)_4]^{2+}$$

平衡浓度/mol·L^{-1}　　x　　1.0　　1.0×10^{-3}

已知$[Cu(NH_3)_4]^{2+}$的$K^{\ominus}_{稳}=10^{13.32}=2.1\times10^{13}$，将上述各项平衡浓度代入稳定常数表达式：

$$\frac{c'\{[Cu(NH_3)_4]^{2+}\}}{c'(Cu^{2+})[c'(NH_3)]^4}=K^{\ominus}_{稳}$$

$$\frac{1.0\times10^{-3}}{x(1.0)^4}=2.1\times10^{13}$$

$$x=\frac{1.0\times10^{-3}}{2.1\times10^{13}}\text{mol}\cdot\text{L}^{-1}=4.8\times10^{-17}\text{mol}\cdot\text{L}^{-1}$$

游离 Cu^{2+} 的浓度为 4.8×10^{-17} mol·L^{-1}。

2. 配位平衡与沉淀溶解平衡之间的转化

例 6-2　试比较完全溶解 0.10mol 的 AgCl 和完全溶解 0.10mol 的 AgBr 所需要的 NH_3 的浓度（已知 AgCl 的 $K^{\ominus}_{sp}=1.8\times10^{-10}$；AgBr 的 $K^{\ominus}_{sp}=5.4\times10^{-13}$）。

解：

AgCl 在 NH_3 中的溶解反应为：

$$AgCl+2NH_3 \rightleftharpoons [Ag(NH_3)_2]^{+}+Cl^{-}$$

其平衡常数为：

$$K^{\ominus}=\frac{c'\{[Ag(NH_3)_2]^{+}\}c'(Cl^{-})}{[c'(NH_3)]^2}=\frac{c'\{[Ag(NH_3)_2]^{+}\}c'(Ag^{+})c'(Cl^{-})}{c'(Ag^{+})[c'(NH_3)]^2}$$

$$=K^{\ominus}_{稳}\{[Ag(NH_3)_2]^{+}\}K^{\ominus}_{sp}(AgCl)$$

查附录知：$K^{\ominus}_{sp}(AgCl)=1.8\times10^{-10}$，$K^{\ominus}_{稳}\{[Ag(NH_3)_2]^{+}\}=1.1\times10^{7}$

则：　$K^{\ominus}=1.1\times10^{7}\times1.8\times10^{-10}=2.0\times10^{-3}$

平衡时：　$c'(NH_3)\sqrt{\frac{c'\{[Ag(NH_3)_2]^{+}\}c'(Cl^{-})}{K^{\ominus}}}$

设 AgCl 溶解后，全部转化为 $[Ag(NH_3)_2]^{+}$，则 $[Ag(NH_3)_2]^{+}$ 浓度为 0.10 mol·

L^{-1}（严格地讲，由于 $[Ag(NH_3)_2]^+$ 的离解，应略小于 0.10mol·L^{-1}），$c(Cl^-)=0.10$ mol·L^{-1}，有：

$$c(NH_3)=\sqrt{\frac{0.10\times0.10}{2.0\times10^{-3}}}\text{mol}\cdot L^{-1}=2.24\text{mol}\cdot L^{-1}$$

在溶解 0.10mol AgCl 的过程中，消耗 NH_3 的浓度为：

$$2\times0.10=0.20\text{mol}\cdot L^{-1}$$

故溶解 0.10molAgCl 所需要的 NH_3 的原始浓度为：

$$2.24+0.20=2.44\text{mol}\cdot L^{-1}$$

同理，可以求出溶解 0.10mol AgBr 所需要的 NH_3 的浓度至少为 41.23mol·L^{-1}。

下述实验事实可以说明有关配位平衡与沉淀溶解平衡之间的相互转化关系。在 $AgNO_3$ 溶液中，加入数滴 KCl 溶液，产生白色 AgCl 沉淀。再滴加氨水，由于生成 $[Ag(NH_3)_2]^+$，AgCl 沉淀即发生溶解。若向此溶液中再加入少量 KBr 溶液，会有淡黄色 AgBr 沉淀生成。再滴加 $Na_2S_2O_3$ 溶液，AgBr 沉淀将转化为 $[Ag(S_2O_3)_2]^{3-}$ 而被溶解。若再向溶液中滴加 KI 溶液，则又将会析出溶解度更小的黄色 AgI 沉淀。再滴加 KCN 溶液，AgI 沉淀又将溶解生成 $[Ag(CN)_2]^-$，此时若再加入 $(NH_4)_2S$ 溶液，则最终生成溶解度更小的棕黑色的 Ag_2S 沉淀。

由此可见，配合物的 $K^\ominus_{稳}$ 值越大，沉淀越易溶解形成相应配合物；而沉淀的 $K^\ominus_{sp}$ 越小，则配合物越易离解转变成相应的沉淀。

3. 配位平衡之间的转化

配离子之间的相互转化，和配离子与沉淀之间的转化类似，转化反应向着生成更稳定的配离子的方向进行。两种配离子的稳定常数相差越大，转化将越完全。

例 6-3 向含有 $[Ag(NH_3)_2]^+$ 的溶液中分别加入 KCN 和 $Na_2S_2O_3$，此时发生下列反应：

$$[Ag(NH_3)_2]^+ + 2CN^- \rightleftharpoons [Ag(CN)_2]^- + 2NH_3 \quad (1)$$

$$[Ag(NH_3)_2]^+ + 2S_2O_3{}^{2-} \rightleftharpoons [Ag(S_2O_3)_2]^{3-} + 2NH_3 \quad (2)$$

试问，在相同的情况下，哪个转化反应进行得较完全？

解：

反应式（1）的平衡常数表示为：

$$K_1^\ominus=\frac{c'\{[Ag(CN)_2]^-\}c'(NH_3)}{c'\{[Ag(NH_3)_2]^+\}c'(CN^-)^2}=\frac{c'\{[Ag(CN)_2]^-\}c'(NH_3)^2c'(Ag^+)}{c'\{[Ag(NH_3)_2]^+\}c'(CN^-)^2c'(Ag^+)}$$

$$=\frac{K^\ominus_{稳}\{[Ag(CN)_2]^-\}}{K^\ominus_{稳}\{[Ag(NH_3)_2]^+\}}=\frac{1.26\times10^{21}}{1.12\times10^{7}}=1.13\times10^{14}$$

同理，可求出反应式（2）的平衡常数 $K_2^\ominus=2.57\times10^6$。

由于 $K_1^\ominus$ 大于 $K_2^\ominus$，所以反应（1）比反应（2）进行得较完全。

例 6-3 也可以通过直接比较 $[Ag(CN)_2]^-$ 和 $[Ag(S_2O_3)_2]^{3-}$ 的 $K^\ominus_{稳}$ 值来进行判断，$[Ag(CN)_2]^-$ 的 $K^\ominus_{稳}$ 比 $[Ag(S_2O_3)_2]^{3-}$ 的 $K^\ominus_{稳}$ 大，所以反应（1）将会比反应（2）进行得完全。

4. 计算氧化还原电对的电极电势

氧化还原电对的电极电势会因配合物的生成而改变，相应物质的氧化还原性能也会发生改变。

例 6-4 已知 $E^{\ominus}(Au^+/Au)=1.692V$，$[Au(CN)_2]^-$ 的 $K^{\ominus}_{稳}=2.00\times10^{38}$，试计算 $E^{\ominus}\{[Au(CN)_2]^-/Au\}$ 的值？

解：

首先根据题意，要计算 $E^{\ominus}\{[Au(CN)_2]^-/Au\}$ 的值，配离子 $[Au(CN)_2]^-$ 和配体 CN^- 的浓度均为 $1mol\cdot L^{-1}$，则可以由 $K^{\ominus}_{稳}$ 值计算平衡时相应的 Au^+ 的浓度。

$$[Au(CN)_2]^- \rightleftharpoons Au^+ + 2CN^-$$

$$K^{\ominus}=\frac{(Au^+)[CN^-]^2}{[Au(CN)_2^-]}$$

$$\frac{1}{K^{\ominus}_{稳}\{[Au(CN)_2]^-\}}$$

则

$$(Au^+)=\frac{1}{K^{\ominus}_{稳}\{[Au(CN)_2]^-\}}=5.00\times10^{-39}\ mol\cdot L^{-1}$$

将 $[Au^+]$ 代入能斯特方程式：

$$E^{\ominus}\{[Au(CN)_2]^-/Au\}=E(Au^+/Au)=E^{\ominus}(Au^+/Au)+0.0592\lg[Au^+]$$
$$=(+1.692+0.0592\lg 5.00\times10^{-39})V$$
$$=-0.575V$$

可以看出，当 Au^+ 形成稳定的配离子 $[Au(CN)_2]^-$ 后，$E(Au^+/Au)$ 减小，此时 Au 的还原能力增强，即在配体 CN^- 存在时，Au 易被氧化为 $[Au(CN)_2]^-$，这就是湿法冶金提炼金所依据的原理。

基础知识 3　螯合物

一、螯合物

配位化合物的种类非常多，按照结构可分为两类：简单配位化合物和螯合物。

1. 简单配位化合物

简单配位化合物是指由单齿配体与中心离子配位结合形成的配位化合物，如 $[CuCl_2]^-$、$[Ag(CN)_2]^-$ 等。

2. 螯合物

螯合物是一类由中心离子和多齿配体结合形成的具有环状结构的配位化合物。例如，二齿配体乙二胺中有两个 N 原子可以作为配位原子，两个乙二胺能同时与配位数为 4 的 Cu^{2+} 配位，形成具有环状结构的螯合物 $[Cu(en)_2]^{2+}$ [二乙二胺合铜（Ⅱ）离子]。

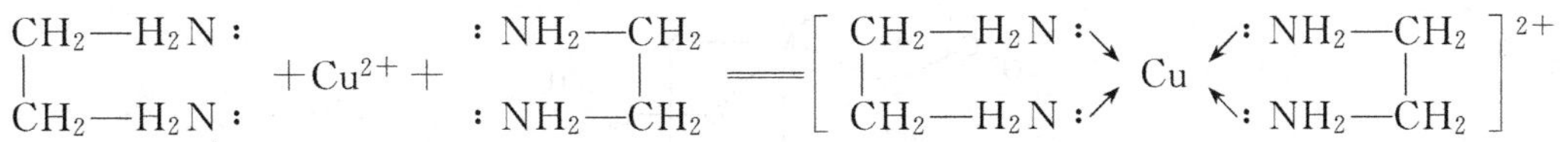

大多数螯合物具有五元环或六元环结构，使得螯合物通常比一般配合物要稳定，其稳定常数都非常高。

可以形成螯合物的配位剂称为螯合剂。常见的螯合剂是含有 N、O、S、P 等配位原子的有机化合物。例如，二齿螯合剂有乙二胺（en）、2,2′-联吡啶（bipy）、1,10-二氮菲

(phen)、草酸根（ox）等，乙二胺四乙酸（EDTA）是六齿螯合剂。

这些螯合剂的共同特点是：含有两个或两个以上能给出孤对电子的配位原子，这些配位原子相互之间一般间隔两个或三个其他原子，以形成稳定的五元环或六元环。

在各种螯合剂中，氨羧配位剂是一类十分重要的化合物，它们可与金属离子形成组成一定的很稳定的螯合物。目前在配位滴定中最重要、应用最广的氨羧配位剂是乙二胺四乙酸（EDTA），其结构式如下：

$$\mathrm{HOOCCH_2} \diagdown \mathrm{N-CH_2-CH_2-N} \diagup \mathrm{CH_2COOH}$$
$$\mathrm{HOOCCH_2} \diagup \qquad\qquad\qquad \diagdown \mathrm{CH_2COOH}$$

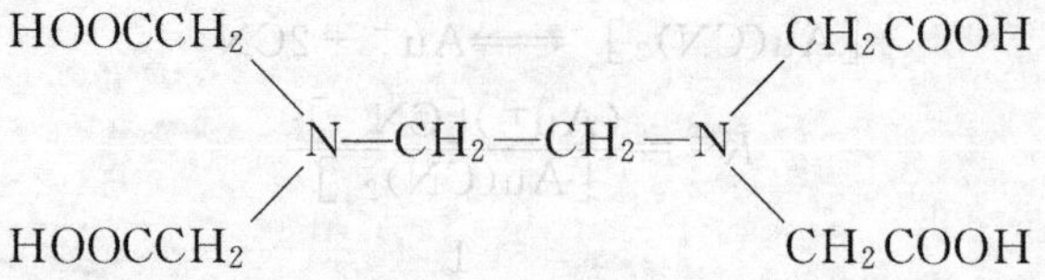

乙二胺四乙酸为四元弱酸，常用 H_4Y 表示。乙二胺四乙酸两个羧基上的 H^+ 常转移到 N 原子上，形成双偶极离子：

$$\mathrm{HOOCH_2C} \diagdown \overset{H}{\underset{+}{N}} -CH_2-CH_2- \overset{H}{\underset{+}{N}} \diagup \mathrm{CH_2COO^-}$$
$$\mathrm{^-OOCH_2C} \diagup \qquad\qquad\qquad \diagdown \mathrm{CH_2COOH}$$

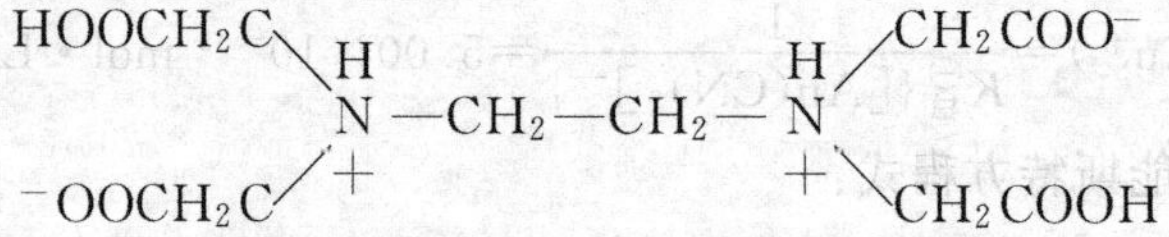

乙二胺四乙酸在水中的溶解度很小（室温下，每 100mL 水中只能溶解 0.02g），而它的二钠盐（$Na_2H_2Y \cdot 2H_2O$，一般也称 EDTA）溶解度较大（室温下，每 100mL 水中能溶解 11.2g），它的饱和溶液的浓度约为 $0.3\ mol \cdot L^{-1}$，因此滴定分析时常用它作为配位剂。

由于 EDTA 是多元酸，在不同条件的水溶液中常常有不同的型体，而只有 Y^{4-} 型体能与金属离子有效螯合。当溶液的酸度较大时，EDTA 的两个羧基负离子还可以再接受两个 H^+，形成 H_6Y^{2+}，这时，EDTA 就相当于一个六元酸。

二、金属离子-EDTA 配合物的特点

1. 特殊稳定性

螯合物比具有相同配位原子的非螯合物要稳定，在水中更难离解。螯合物的稳定性随螯合物中环数的增多而显著增强，这一特点称为螯合效应。

EDTA 的配位能力很强，它能通过 2 个 N 原子、4 个 O 原子总共 6 个配位原子与金属离子结合，形成很稳定的具有 5 个五元环的螯合物，它甚至能和很难形成配合物的、半径较大的碱土金属离子（如 Ca^{2+}、Sr^{2+}、Ba^{2+} 等）形成稳定的螯合物。一般情况下，EDTA 与 1～4 价金属离子都 1:1 配位，形成易溶于水的螯合物。为了讨论的方便，常可略去离子的电荷。金属离子 M 与 EDTA 的螯合物的结构如图 6-1 所示。

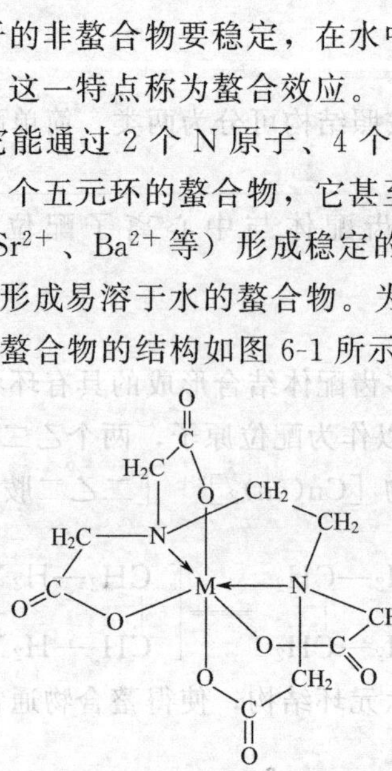

图 6-1　金属离子 M 与 EDTA 的螯合物结构示意图

2. 颜色

无色金属离子与 EDTA 形成的螯合物仍为无色，这有利于用指示剂确定滴定终点。有色金属与 EDTA 形成的螯合物的颜色将加深。

许多螯合物都具有特征颜色。例如，在弱碱性条件下，丁二酮肟与 Ni^{2+} 形成鲜红色的二丁二酮肟合镍螯合物沉淀，反应式如下：

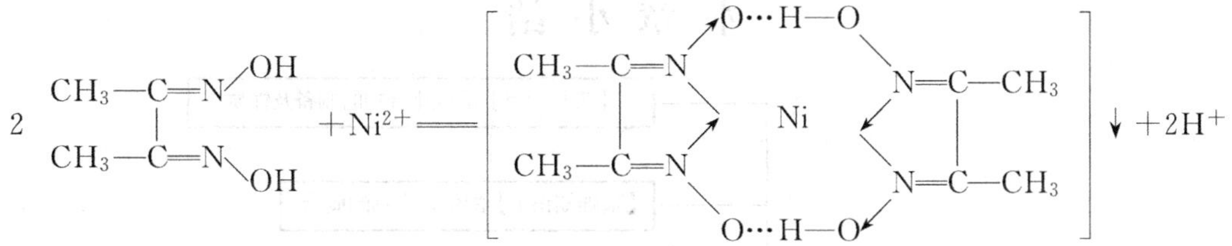

该反应可用于定性检验 Ni^{2+} 的存在，也可用来定量测定 Ni^{2+} 的含量。

阅读材料　配合物在生物、医药方面的应用

配合物在生活的诸多方面有着重要的应用，近年来，配合物在治疗药物和排除金属中毒，以及金属配合物在治疗癌症方面越来越受到人们的关注，对于配合物的研究也越来越深入。

1. 生物化学中的作用

金属配合物在生物化学中具有广泛而重要的应用。生物体中对各种生化反应起特殊作用的各种各样的酶，许多都含有复杂的金属配合物。由于酶的催化作用，使得许多目前在实验室中尚无法实现的化学反应，在生物体内实现了。生命体内的各种代谢作用、能量的转换以及 O_2 的输送，也与金属配合物有密切关系。以 Mg^{2+} 为中心的复杂配合物叶绿素，在进行光合作用时，将 CO_2、H_2O 合成为复杂的糖类，使太阳能转化为化学能加以储存供生命之需。使血液呈红色的血红素结构是以 Fe^{2+} 为中心的复杂配合物，它与有机大分子球蛋白结合成一种蛋白质称为血红蛋白，氧合血红蛋白具有鲜红的颜色，而血红蛋白本身是蓝色的。这就解释了为什么动脉血呈鲜红色（含氧量高），而静脉血则带蓝色（含氧量低）。

某些分子或负离子，如 CO 或 CN^-，可以与血红蛋白形成比血红蛋白 $\ddot{Y}O_2$ 更稳定的配合物，可以使血红蛋白中断输 O_2，造成组织缺 O_2 而中毒，这就是燃气（含 CO）及氰化物（含 CN^-）中毒的基本原理。另外，人体生长和代谢必需的维生素 B_{12} 是 Co 的配合物，起免疫等作用的血清蛋白是 Cu 和 Zn 的配合物；植物固氮菌中的的固氮酶含 Fe、Mo 的配合物等。目前，世界各国的科学界都在致力于这些配合物的组成、结构、性能和有关反应机理的研究，探索某些仿生新工艺，这显然是一个十分重要和备受关注的科学研究领域。

2. 抗癌金属配合物的研究

癌症是危害人类健康的一大顽症，专家预计癌症将成为人类的第一杀手。化疗是治疗癌症的重要手段，但是其毒副作用较大，于是寻求高效、低毒的抗癌药物一直是人们孜孜以求、不懈努力的奋斗目标。自 1965 年 Rosenberg 等人偶然发现顺铂具有抗癌活性以来，金属配合物的药用性引起了人们的广泛关注，开辟了金属配合物抗癌药物研究的新领域。随着人们对金属配合物的药理作用认识的进一步深入，新的高效、低毒、具有抗癌活性的金属配合物不断被合成出来，其中包括某些新型铂配合物、有机锡配合物、有机锗配合物、茂钛衍生物、稀土配合物、多酸化合物等。

虽然顺铂已经应用于临床，有较好的疗效，但由于它水溶性小，使肿瘤细胞获得性耐药性，有很强的毒副作用，为了减少它的毒性，人们尝试对它作结构上的修饰，卡铂便是其中之一。卡铂化学名为 1，1-环丁二羧酸二氨合铂（Ⅱ）。结构式中引入了亲水性的 1，1-环丁二羧酸作为配体，因此肾毒性和引发的恶心、呕吐均低于顺铂，其作用机理与顺铂相同，虽然其化学稳定性好，毒性小，但是它与顺铂有交叉耐药性（交叉度达 90％）。

金属配合物作为抗癌药物虽有的已经应用于临床，并且显示出了较好的临床效果，但是大多数仍处于

实验阶段，人们对它们的抗癌机理仍不是十分清楚。随着人们对金属配合物的抗癌机理以及其构效关系的进一步认识，人们必将合成出更多的高效、低毒的金属配合物，金属配合物的抗癌前景将更为广阔。

除上述各领域外，在医药领域中，配合物已成为药物治疗的一个重要方面。再如原子能、半导体、激光材料、太阳能储存等高科技领域，环境保护、印染、鞣革等领域也都与配合物有关。配合物的研究与应用，无疑具有广阔的前景。

本章小结

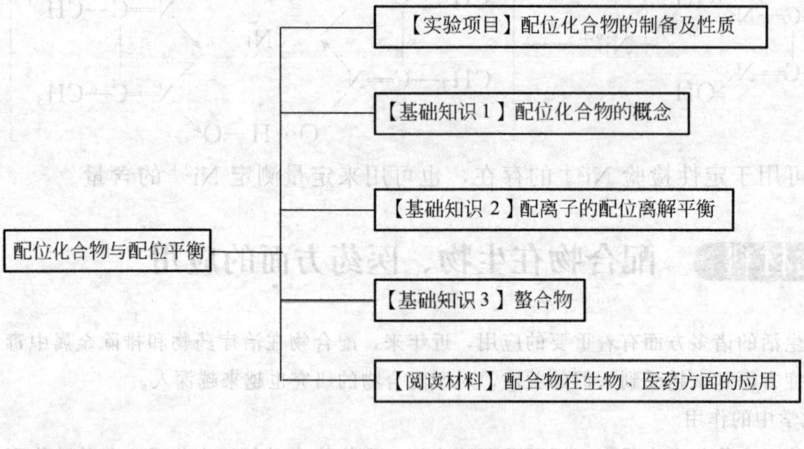

课后习题

1. 选择题

(1) $[Cu(NH_3)_4]SO_4$ 中 Cu^{2+} 的配位数是（　　）。

A. 1　　B. 2　　C. 3　　D. 4

(2) 配离子的电荷数是由（　　）决定的。

A. 中心离子电荷数　　B. 配位体电荷数

C. 配位原子电荷数　　D. 中心离子和配位体电荷数的代数和

(3) 下列物质中不能作配体的是（　　）。

A. $C_6H_5NH_2$　　B. CH_3NH_2

C. NH^{4+}　　D. NH_3

2. 命名下列配合物，并指出中心离子及氧化数、配位体及配位数

(1) $[Co(NH_3)_6]Cl_2$　　(2) $K_2[PtCl_6]$

(3) $Na_2[SiF_6]$　　(4) $[CoCl(NH_3)_5]Cl_2$

(5) $[Co(en)_3]Cl_3$　　(6) $[CoCl(NO_2)(NH_3)_4]^+$

3. 写出下列配合物的化学式

(1) 二硫代硫酸合银（Ⅰ）酸钠　　(2) 三硝基三氨合钴（Ⅲ）

(3) 氯化二氯三氨一水合钴（Ⅲ）　　(4) 二氯二羟基二氨合铂（Ⅳ）

(5) 硫酸一氯一氨二（乙二胺）合铬（Ⅲ）　　(6) 二氯一草酸根一（乙二胺）合铁（Ⅲ）离子

4. 计算题

(1) $0.10mol \cdot L^{-1}$ $AgNO_3$ 溶液 50mL，加入相对密度为 0.932 含 NH_3 18.24% 的氨水 30mL 后，加水稀释至 100mL，求此溶液中 $[Ag^+]$、$[Ag(NH_3)_2{}^+]$ 和 $[NH_3]$？（已知 $[Ag(NH_3)_2]^+$ 的 $K_{稳}=1.7\times10^7$）

(2) 计算含有 $0.10mol \cdot L^{-1}$ $CuSO_4$ 和 $1.8mol \cdot L^{-1}$ 氨水溶液中，Cu^{2+} 离子浓度？（$[Cu(NH_3)_4]^{2+}$ 的 $K_{不稳}=5\times10^{-16}$）

第七章

金属元素

知识目标

1. 掌握金属的通性及常见金属的性质
2. 掌握碱金属、碱土金属等主族金属元素的性质，了解其化合物的性质
3. 了解铜、银、金等过渡金属及其化合物的性质

能力目标

1. 会利用金属的性质鉴定常见金属离子
2. 小组成员间的团队协作能力
3. 培养学生的动手能力和安全生产的意识

生活常识　家用炊具与金属

家用炊具，一般为金属材料制品，如铝锅、铁锅、搪瓷锅、铜锅、不锈钢锅和陶瓷制品、砂锅，以及近年利用电磁波的微波炉等。它们各有优缺点，例如铝锅质轻不生锈，受热快，光洁度好。但铝性质活泼，极易与其他物质，尤其酸、碱物质发生化学变化，而随食物进入人体。当铝化物摄入量超过正常值 5～10 倍时，可抑制消化道对磷的吸收，干扰磷化物的代谢，导致钙、磷正常比例失调，影响人体骨骼的生长发育。同时还可抑制胃蛋白酶的活性，使胃液分泌减少，胃酸降低，消化功能紊乱。长期过量摄入可导致人的早期衰老、大脑神经和行为的退化，甚至出现老年性痴呆。科学家认为，酸碱食物在铝器内储存 8h 以上，就不可再食。为此，铝锅不宜长期保存食物。

实验项目 1　钠、镁、铝

【任务描述】

通过实验比较钠、镁、铝的化学性质及其金属活泼性顺序。

【教学器材】

试管、培养皿、镊子、烧杯、砂纸、小刀、滤纸、酒精灯。

【教学药品】

钠、镁条、铝片、蒸馏水、稀盐酸、酚酞、氢氧化钠溶液、氯化镁溶液、氯化铝溶液、氢氧化钠溶液。

【组织形式】

每三个同学为一实验小组，根据实验步骤，自行完成实验。

【注意事项】

钠与水反应非常剧烈，按要求切下绿豆大小即可，不可过多。

【实验步骤】

1. 钠、镁、铝与水反应

取 100mL 小烧杯，向烧杯中注入约 50mL 水，然后取绿豆大小擦去煤油的钠，放入烧杯中滴入 2～3 滴酚酞试液，观察现象。另取两支试管各注入约 5mL 的水，取一条镁条，用砂纸擦去表面的氧化物后，放入一支试管中；再取一片铝片，浸入氢氧化钠溶液中以除去表面氧化膜，然后取出，用水洗净，放入另一支试管中。若前面两支试管反应缓慢，可在酒精灯上加热，反应一段时间再加入 2～3 滴酚酞试液，观察现象。

2. 镁、铝与非氧化性酸的反应

在 2 支试管中分别加入 2mL 同浓度的稀盐酸，分别投入镁条和铝片，观察实验现象。

3. 镁与铝盐的反应

向盛有氯化铝溶液的试管中加入一小片用砂纸擦去表面氧化物的镁片，观察实验现象。

4. 氢氧化物的酸碱性

用 $MgCl_2$ 溶液和 NaOH 制备 $Mg(OH)_2$ 沉淀，分置两支试管，分别加入稀硫酸和 NaOH 溶液。观察现象。用 $AlCl_3$ 溶液和 NaOH 制备 $Al(OH)_3$ 沉淀，分置两支试管，分别加入稀硫酸和 NaOH 溶液。观察现象。

【任务解析】

通过实验现象总结如表 7-1 所示。

表 7-1　钠、镁、铝性质对比

性质	Na	Mg	Al
单质与水(或酸)的反应情况	与冷水剧烈反应	与冷水缓慢、与沸水迅速反应，与酸剧烈反应	与冷水不反应，与酸迅速反应
最高价氧化物对应水化物的碱性强弱	NaOH 强碱	$Mg(OH)_2$ 中强碱	$Al(OH)_3$ 两性氢氧化物

钠、镁、铝的金属性依次减弱。因为从钠到铝，原子的最外层电子数依次递增，元素的原子半径依次递减，原子核对最外层电子的引力逐步增强，原子失去最外层电子的能力逐步减弱，所以，元素的金属性依次减弱。

【想一想】 相同物质的量的钠、镁、铝与足量盐酸反应放出氢气的体积比是多少？相同质量的钠、镁、铝与足量盐酸反应放出氢气的体积比是多少？

基础知识1 金属概述

在目前已知的112种化学元素中，除了22种非金属元素外其余都是金属元素。在日常生活与经济建设中，小从家用电器，大到飞机零部件，无处不用到金属材料。因此我们必须了解金属的性质，以便合理地选择和使用金属材料。

一、金属键

金属晶体中晶格结点上排列的是金属原子或离子。由于金属原子的最外电子层上电子较少，原子核对它的束缚较弱，所以很容易脱落成为自由电子，这些自由电子不固定在某个或某几个原子周围，而是从一个原子自由地流向另外的原子或离子，并被许多原子或离子共有。众多的原子、离子被这些自由电子“胶合”在一起，形成金属键，如图7-1所示。也就是说金属键是金属晶体中自由移动电子与金属原子或离子之间的结合力。那么在金属键中，有无数的金属原子或离子共有无数的自由电子，所以金属键无方向性和饱和性。

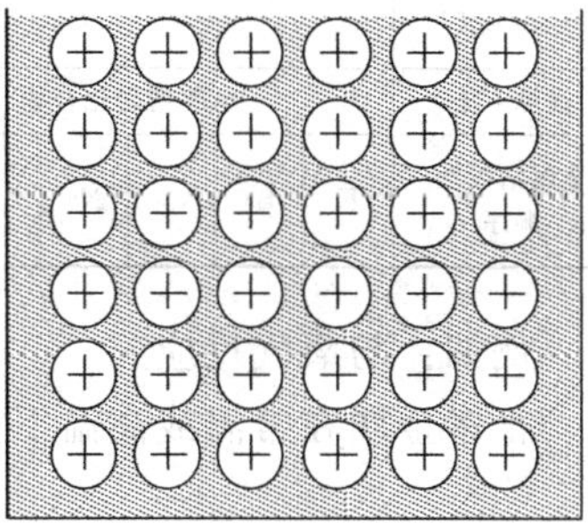

图7-1 金属键模型

【想一想】 金属键与共价键、离子键的区别是什么？

二、金属的物理性质

1. 光泽

金属晶体中的自由电子很容易吸收可见光，使金属具有不透明性；当电子吸收能量被激发到较高能级再回到较低能级时，可以放射出一定波长的光，因此具有光泽。例如，大多金属具有银白色或银灰色，金是黄色，铜是紫色等。

2. 传热导电性

自由电子在外电场作用下定向运动形成电流，这是金属能导电的原因。自由电子在运动过程中不断与金属原子或离子碰撞而交换能量，使整块金属温度趋于一致，这是金属能传热的原因。例如导电能力由大到小顺序为银、铜、金、铝、钨、铁、镍、钢、锰-铜合金、镍-铬合金。常见金属传热能力由大到小顺序为银、铜、金、铝、铁、锡、铅。

3. 延展性

在外力作用下，金属晶体各层离子间能发生相对滑动而不破坏金属键，所以金属可以被锻打成型，压成薄片或拉成细丝，例如金、铂、铜、银、钨、铝都富于延展性。

三、金属的化学性

金属在化学反应中，很容易失去外层的电子而表现出还原性。

表 7-2 金属化学性质和金属活泼性顺序表

金属活动顺序	K	Ba	Ca	Na	Mg	Al	Mn	Zn	Cr	Fe	Ni	Sn	Pb	H	Cu	Hg	Ag	Pt	Au
原子失去电子的能力	减弱 →																		
离子获得电子的能力	增强 →																		
在空气中与氧作用	易氧化				常温时能被氧化									—	加热能被氧化			不能被氧化	
和水作用	常温时能置换水中的氢				加热时能置换水中的氢									—	不能置换水中的氢				
和酸作用	能置换盐酸和稀硫酸中的氢													—	不能置换稀酸中的氢				
自然界中存在形式	仅呈化合态存在													—	呈化合态或游离态存在			呈游离态存在	
提炼方法	电解熔融化合物						用碳还原或铝热法												
金属活泼性顺序	K	Ba	Ca	Na	Mg	Al	Mn	Zn	Cr	Fe	Ni	Sn	Pb	H	Cu	Hg	Ag	Pt	Au

例如：与氧气反应

很多金属在常温或高温下能和氧气反应，但剧烈和难易程度不同。

$$2Mg + O_2 = 2MgO$$

$$4Al + 3O_2 = 2Al_2O_3$$

$$2Cu + O_2 = 2CuO$$

与稀酸反应（指稀盐酸和稀硫酸），能置换出酸中的氢。

$$Fe + 2HCl = FeCl_2 + H_2\uparrow$$

$$Mg + 2HCl = MgCl_2 + H_2\uparrow$$

$$2Al + 3H_2SO_4 = Al_2(SO_4)_3 + 3H_2\uparrow$$

与可溶性盐反应

$$Fe + CuCl_2 = FeCl_2 + Cu$$

$$Mg + ZnCl_2 = MgCl_2 + Zn$$

$$2Al + 3CuSO_4 = Al_2(SO_4)_3 + 3Cu$$

四、金属的存在和冶炼

1. 金属的存在

地球上的绝大多数金属元素是以化合态存在于自然界中。这是因为多数金属的化学性质比较活泼，只有极少数的金属如金、银等以游离态存在，见表 7-2。

例如重要的氧化物矿石有：赤铁矿（Fe_2O_3）、磁铁矿（Fe_3O_4）、软锰矿（MnO_2）等，重要的硫化物矿石有：方铅矿（PbS）、辉铜矿（Cu_2S）、辰砂（HgS）等。

2. 金属的冶炼

金属冶炼是把金属从化合态变为游离态的过程。金属的化学性质不同，它的离子获得电子还原成金属原子的难易程度也不同。因此有不同的冶炼方法，常见的有以下几种。

① 还原法　金属氧化物（与还原剂共热）⟶游离态金属。例如：

$$2Fe_2O_3 + 3C \xlongequal{高温} 4Fe + 3CO_2\uparrow$$

② 置换法　金属盐溶液（加入活泼金属）⟶游离态金属。此法又分为干式冶金和湿法冶金。

干式冶金又称为火法冶金，是把矿石和必要的添加物一起在炉中加热至高温，熔化为液体，生成所需的化学反应，从而分离出用于精炼的粗金属的方法。

湿法冶金是在酸、碱、盐类的水溶液中发生的以置换反应为主的从矿石中提取所需金属组分的制取方法。此法主要应用在低本位、难熔化或微粉状的矿石。例如：

$$CuSO_4 + Fe = Cu + FeSO_4$$

③ 电解法　熔融金属盐（电解）⟶游离态金属（金属单质）。

电解法应用在不能用还原法、置换法冶炼生成单质的活泼金属（如钠、钙、钾、镁等）和需要提纯精炼的金属（如精炼铝、镀铜等）。电解法相对成本较高，易造成环境污染，但提纯效果好，适用于多种金属。例如：

$$2Al_2O_3 \xlongequal{通电} 4Al + 3O_2$$

【练一练】 有 A、B、C 三种金属，将它们同时放入盐酸和 A 的盐溶液的混合物中，发现在 A 的表面没有气泡产生，而在 B 的表面既有气泡又有 A 析出，C 不反应，则 A、B、C 的活泼性顺序是什么？

基础知识 2　碱金属与碱土金属

周期表中ⅠA 族元素包括锂、钠、钾、铷、铯、钫六种元素，其中钫是放射性元素。由于它们的氧化物的水溶液显碱性，所以又叫碱金属。ⅡA 族包括铍、镁、钙、锶、钡、镭六种元素，其中镭是放射性元素。由于钙、锶、钡的氧化物的性质介于“碱性的”碱金属氧化物和“土性的”难溶的 Al_2O_3 等之间，所以又称为碱土金属。

碱金属与碱土金属是最活泼的金属，碱金属是同周期元素中金属性最强的元素，碱土金属比碱金属略差。碱金属与碱土金属的单质都能与大多数非金属反应，如极易在空气中燃烧。除了铍、镁外都较易与水反应。碱金属与碱土金属族元素大都形成稳定的氢氧化物，这些氢氧化物大多是强碱。

一、碱金属与碱土金属元素的重要化合物

1. 氧化物

碱金属、碱土金属与氧能形成三种类型的氧化物，即正常氧化物、过氧化物、超氧化物，分别含有 O^{2-}、O_2^{2-}、O_2^-。碱金属与碱土金属族元素与氧所形成的各种氧化物列于表 7-3 中。

表 7-3　碱金属与碱土金属元素与氧所形成的各种氧化物

氧化物	阴离子	直接形成	间接形成
正常氧化物	O^{2-}	Li、Be、Mg、Ca、Sr、Ba	ⅠA、ⅡA 所有元素
过氧化物	O_2^{2-}	Na、(Ba)	除 Be 外的所有元素
超氧化物	O_2^-	(Na)、K、Rb、Cs	除 Be、Mg、Li 外的所有元素

(1) 正常氧化物

碱金属中的 Li 和碱土金属 Be、Mg、Ca、Sr、Ba 在空气中燃烧时，生成正常氧化物 Li_2O 和 MO：

$$4Li + O_2 = 2Li_2O$$

$$2M + O_2 = 2MO$$

其他碱金属的正常氧化物是用金属与它们的过氧化物或硝酸盐作用而得的。例如：

$$Na_2O_2 + 2Na = 2Na_2O$$

$$2KNO_3 + 10K = 6K_2O + N_2\uparrow$$

碱金属的碳酸盐、硝酸盐、氢氧化物等热分解也得到氧化物 MO。例如：

$$MCO_3 = MO + CO_2\uparrow$$

碱金属氧化物从 Li_2O 过渡到 Cs_2O，颜色依次加深。由于 Li^+ 的半径特别小，Li_2O 的熔点很高。Na_2O 的熔点也很高，其余的氧化物未达到熔点时就分解。

碱金属氧化物与水化合生成碱性氢氧化物 MOH。Li_2O 与水反应很慢，Rb_2O 和 Cs_2O 与水发生剧烈反应。碱土金属的氧化物都是难溶于水的白色粉末。碱土金属氧化物中，唯有 BeO 是 ZnS 型晶体，其他氧化物都是 NaCl 型晶体。碱土金属离子比同周期的碱金属离子电荷多、半径小，所以碱土金属氧化物具有较大的晶格能，熔点都很高，硬度都很大。除 BeO 外，由 MgO 到 BaO，熔点依次降低。

BeO 和 MgO 可作高温材料，CaO 是重要的建筑材料，也可由它制得价格更便宜的碱 $Ca(OH)_2$。

(2) 过氧化物

除铍和镁外，所有碱金属和碱土金属都能分别形成相应的过氧化物 $M_2(\text{I})O_2$ 和 $M(\text{II})O_2$，其中只有钠和钡的过氧化物可由金属在空气中燃烧直接得到。

Na_2O_2 是最常见的碱金属过氧化物。将金属钠在铝制容器中加热到300℃，并通入不含 CO_2 的干燥空气，得到淡黄色的 Na_2O_2 粉末：

$$2Na + O_2 = Na_2O_2$$

Na_2O_2 与水或稀酸在室温下反应生成 H_2O_2，由于反应放出大量热，而使 H_2O_2 迅速分解：

$$Na_2O_2 + 2H_2O = 2NaOH + H_2O_2$$

$$Na_2O_2 + 2H_2SO_4(\text{稀}) = Na_2SO_4 + H_2O_2$$

$$2H_2O_2 = 2H_2O + O_2\uparrow$$

Na_2O_2 也能与 CO_2 反应，放出氧气：

$$2Na_2O_2 + 2CO_2 = 2Na_2CO_3 + O_2\uparrow$$

由于过氧化钠的这种特殊反应性能，使其用于防毒面具、高空飞行和潜水作业等。

Na_2O_2 本身相当稳定，加热至熔融时几乎不分解，但遇到棉花、木炭或铝粉等还原性物质时，就会引起燃烧或爆炸，因此使用过氧化钠时应注意安全，工业上过氧化钠被列为强氧化剂。在碱性介质中它也可体现出很强的氧化性，如能将矿石中的铬、锰、钒等氧化为可溶性的含氧酸盐，因此，在分析化学中常用作分解矿石的溶剂。例如：

$$Cr_2O_3 + 3Na_2O_2 = 2Na_2CrO_4 + Na_2O$$

$$MnO_2 + Na_2O_2 = Na_2MnO_4$$

Na_2O_2 的主要用途是作氧化剂和氧化发生剂，此外，还用作消毒剂，以及纺织、纸浆的漂白剂等。

钙、锶、钡的氧化物与过氧化氢作用，得到相应的过氧化物。

$$MO + H_2O_2 + 7H_2O = MO_2 \cdot 8H_2O$$

工业上把 BaO 在空气中加热到 600℃ 以上使它转化为过氧化钡。

$$2BaO + O_2 \xrightarrow{600\sim800℃} 2BaO_2$$

（3）超氧化物

除了锂、铍、镁外，碱金属和碱土金属都能形成超氧化物 M(Ⅰ)O$_2$ 和 M(Ⅱ)(O$_2$)$_2$。其中钾、铷、铯在过量的氧气中燃烧可直接生成超氧化物。例如：

$$K + O_2 = KO_2$$

超氧化物与水反应生成 H$_2$O$_2$ 和 O$_2$。例如：

$$2KO_2 + 2H_2O = 2KOH + H_2O_2 + O_2\uparrow$$
$$Ba(O_2)_2 + 2H_2O = Ba(OH)_2 + H_2O_2 + O_2\uparrow$$

与 CO$_2$ 作用也会有 O$_2$ 放出。例如：

$$4KO_2 + 2CO_2 = 2K_2CO_3 + 3O_2\uparrow$$
$$2Ba(O_2)_2 + 2CO_2 = 2BaCO_3\downarrow + 3O_2\uparrow$$

因此超氧化物可作供氧剂，还可作氧化剂。

2. 氢氧化物

碱金属与碱土金属元素的氧化物，除 BeO 几乎不与水反应，MgO 与水缓慢反应生成相应的碱外，其他氧化物遇水都能发生剧烈反应，生成相应的碱。

$$M_2O + H_2O = 2MOH$$
$$MO + H_2O = M(OH)_2$$

碱金属和碱土金属的氢氧化物都是白色固体。它们易吸收空气中的 CO$_2$ 变为相应的碳酸盐，也易在空气中吸水而潮解，故固体 NaOH 和 Ca(OH)$_2$ 常用作干燥剂。

碱金属的氢氧化物在水中都是易水溶的，溶解时放出大量的热。碱土金属的氢氧化物的溶解度则较小，其中 Be(OH)$_2$ 和 Mg(OH)$_2$ 是难溶的氢氧化物，其溶解度列于表 7-4。

表 7-4 碱土金属氢氧化物的溶解度（20℃）

氢氧化物	Be(OH)$_2$	Mg(OH)$_2$	Ca(OH)$_2$	Sr(OH)$_2$	Ba(OH)$_2$
溶解度/mol·L^{-1}	8×10^{-6}	5×10^{-4}	1.8×10^{-2}	6.7×10^{-2}	2×10^{-1}

由表 7-4 中数据可见，对碱土金属来说，由 Be(OH)$_2$ 到 Ba(OH)$_2$ 溶解度依次增大。这是由于随着金属半径的增大，正、负离子之间的作用力逐渐减小，容易为水分子所离解的缘故。碱金属、碱土金属的氢氧化物，除了 Be(OH)$_2$ 为两性氢氧化物外，其他的都是强碱或中强碱。碱性强弱递变规律见图 7-2。

3. 锂、铍的特殊性和对角线规则

一般来说，碱金属和碱土金属元素性质的递变是有规律的，锂和铍却表现反常。锂和镁，铍和铝在性质上却表现出很多相似性。

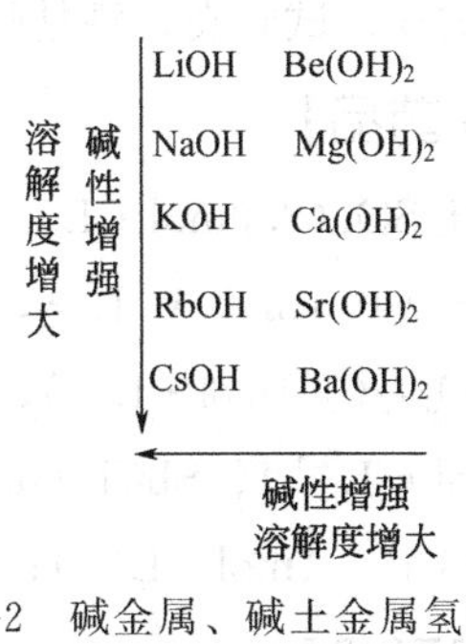

图 7-2 碱金属、碱土金属氢氧化物的碱性和溶解度递变规律

在周期系中，某元素的性质和它右下方或左上方的另一元素性质相似，称为对角线规则。这种相似性特别明显的存在于下列三对元素之间：

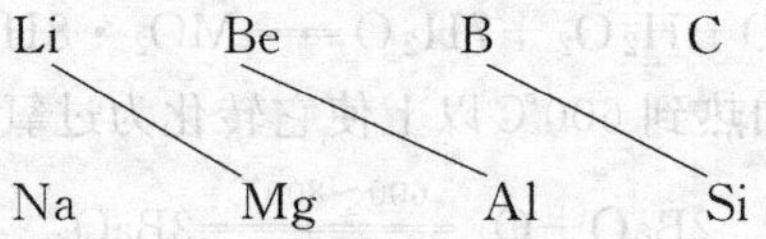

例如，锂和镁的相似性表现在：

① 在氧气中燃烧都生成正常氧化物，而其他碱金属生成过氧化物或超氧化物；

② 都能与氮气直接化合生成氮化物，而其他碱金属不能直接与氮气化合；

$$6Li + N_2 = 2Li_3N$$

$$3Mg + N_2 = Mg_3N_2$$

③ 它们的氟化物、碳酸盐、磷酸盐均难溶于水，其他碱金属相应的化合物均为易溶盐；

④ 氢氧化物均为中强碱，在水中溶解度不大。受热分解为正常氧化物，其他碱金属氢氧化物均为强碱，且加热至熔融也不分解；

⑤ 硝酸盐加热分解产物均为氧化物、二氧化氮、氧气，而其他碱金属硝酸盐受热分解产物为亚硝酸盐和氧气；

⑥ 氯化物都具有共价性，能溶于有机溶剂中，它们的水合氯化物晶体受热时都会发生水解反应。

$$LiCl \cdot H_2O = LiOH + HCl\uparrow$$

$$MgCl_2 \cdot 6H_2O = Mg(OH)Cl + 5H_2O\uparrow + HCl\uparrow$$

【想一想】 铍和铝在性质上的相似性有哪些？

实验项目 2 锡、铅、锑、铋

【任务描述】

通过实验掌握 Sn^{2+}、Pb^{2+}、Sb^{3+}、氢氧化物的酸碱性，Pb^{4+} 和 Bi^{5+} 的氧化性，Sn^{2+}、Sb^{3+}、Bi^{3+} 盐的水解性。

【教学器材】

试管、试管夹、酒精灯、离心试管、离心机、水浴锅。

【教学药品】

H_2SO_4(2.0mol·L^{-1})、HCl(2.0mol·L^{-1}，6.0mol·L^{-1})、HNO_3(6.0mol·L^{-1})、NaOH (0.1mol·L^{-1}，2.0mol·L^{-1}，6.0mol·L^{-1})、$SnCl_2$(0.1mol·L^{-1})、$Pb(NO_3)_2$(0.1mol·L^{-1})、$MnSO_4$(0.01mol·L^{-1})、$BiCl_3$(0.1mol·L^{-1})、KI(0.1mol·L^{-1}，1.0mol·L^{-1})、$SbCl_3$(0.1mol·L^{-1})、$HgCl_2$(0.1mol·L^{-1})、Na_2S(0.1mol·L^{-1})、K_2CrO_4l(0.1mol·L^{-1})；固体 $NaBiO_3$、PbO_2、$SnCl_2 \cdot 2H_2O$、KI-淀粉试纸。

【组织形式】

每个同学根据实验步骤独立完成实验。

【注意事项】

（1）离心机工作时千万不能打开盖子。

（2）注意强酸、强碱的腐蚀性。

【实验步骤】

1．锡、铅氢氧化物的酸碱性及 Sn^{2+} 的水解

（1）在两支试管中各加入 0.1mol·L^{-1} $SnCl_2$ 溶液 3 滴，再分别加入 2.0mol·L^{-1} NaOH 溶液至沉淀生成为止，观察沉淀的颜色。然后分别逐滴加入 2.0mol·L^{-1} NaOH 和 2.0mol·L^{-1} HCl，观察沉淀是否溶解，写出有关离子反应方程式。

（2）用 0.1mol·L^{-1} $Pb(NO_3)_2$ 代替 $SnCl_2$ 重复上述实验。

（3）取少量 $SnCl_2 \cdot 2H_2O$ 晶体放入试管中，加入 1～2mL 蒸馏水，观察现象。然后加入 6.0mol·L^{-1} HCl 溶液，观察其变化，写出相关反应方程式。

2．Sn^{2+} 的还原性和 Pb^{4+} 的氧化性

（1）取 0.1mol·L^{-1} $HgCl_2$ 3 滴，加入 0.1mol·L^{-1} $SnCl_2$ 溶液 1 滴，观察现象。继续滴加看看怎么变化，写出相关反应方程式。

（2）在一个干燥的试管中加入少量 PbO_2 固体，再加入 6.0mol·L^{-1} HCl 1mL，观察固体和溶液颜色的变化，解释现象并写出相关反应方程式。

（3）在一个干燥的试管中加入少量 PbO_2 固体，再加入 6.0mol·L^{-1} HNO_3 1mL 和 0.01mol·L^{-1} $MnSO_4$ 溶液 2 滴，微热后静置片刻，观察现象并写出相关反应方程式。

3．Pb^{2+} 的难溶盐

（1）观察 $PbCl_2$、$PbCrO_4$、$PbSO_4$、PbI_2 与 PbS 沉淀的颜色。

（2）将（1）中 $PbCl_2$ 沉淀的试管离心分离，弃去清液并加入 6.0mol·L^{-1} HCl，观察沉淀是否溶解，解释并写出相关反应方程式。

（3）将（1）中 PbI_2 沉淀的试管离心分离，弃去清液并加入 2.0mol·L^{-1} KI，观察沉淀是否溶解，解释并写出相关反应方程式。

4．锑和铋

（1）自行设计实验，观察 Sb^{3+} 和 Bi^{3+} 氢氧化物的酸碱性。

（2）自行设计实验，观察 Sb^{3+} 和 Bi^{3+} 盐的水解性，怎样抑制水解？写出相关反应方程式。

（3）Bi^{5+} 的氧化性　在一个试管中加入 0.01mol·L^{-1} $MnSO_4$ 溶液 2 滴和 6.0mol·L^{-1} HNO_3 1mL，加入少许 $NaBiO_3$，振荡，必要时微热。观察溶液的颜色，解释现象并写出相关反应方程式。

【任务解析】

锡和铅的氢氧化物都呈两性，既和酸反应又和碱反应。

Sn^{2+} 的还原性较强，例如，在酸性介质中，可以将 $HgCl_2$ 依次还原到亚汞、汞单质：

$$SnCl_2 + 2HgCl_2 \longrightarrow SnCl_4 + Hg_2Cl_2 \downarrow$$

$$SnCl_2 + Hg_2Cl_2 \longrightarrow SnCl_4 + 2Hg \downarrow$$

实验现象为沉淀由白到灰再到黑，此反应可以用来鉴定 Sn^{2+} 与 Hg^{2+}；在碱性介质中，Sn^{2+} 能将 Bi^{3+} 还原到铋单质：

$$3Sn(OH)_4^{2-} + 2Bi^{3+} + 6OH^- \longrightarrow 3Sn(OH)_6^{2-} + 2Bi \downarrow$$

Pb^{4+}具有强氧化性，在酸性介质中 PbO_2 可以把氯离子氧化成单质，将 2 价锰氧化到 7 价。

$$PbO_2 + 4HCl \longrightarrow PbCl_2 + Cl_2 \uparrow + 2H_2O$$

$$5PbO_2 + 2Mn^{2+} + 4H^+ \longrightarrow 5Pb^{2+} + 2MnO_4^- + 2H_2O$$

Pb^{2+}能够形成多种难溶化合物，如黄色的 $PbCrO_4$，可以用来鉴定 2 价铅或铬酸根。

PbI_2 因生成 $[PbCl_4]^{2-}$、$[PbI_4]^{2-}$ 配离子而溶解。

Sb^{3+}的氢氧化物呈两性，Bi^{3+}的氢氧化物只有弱碱性。

Bi^{5+}具有强氧化性：

$$5BiO_3^- + 2Mn^{2+} + 14H^+ \longrightarrow 5Bi^{3+} + 2MnO_4^- + 7H_2O$$

Sn^{2+}、Sb^{3+}、Bi^{3+}盐极易水解：

$$SnCl_2 + H_2O \rightleftharpoons Sn(OH)Cl \downarrow + HCl$$

$$SbCl_3 + H_2O \rightleftharpoons SbOCl \downarrow + 2HCl$$

$$BiCl_3 + H_2O \rightleftharpoons BiOCl \downarrow + 2HCl$$

【想一想】 实验室配制 $SnCl_2$ 溶液时，应注意什么？怎样配制？

实验项目 3　铜、银、锌、汞

【任务描述】

通过实验熟悉铜、银、锌、汞化合物的生成及性质，以及相应化合物的氧化还原性。

【教学器材】

试管、试管夹、酒精灯、离心试管、离心机、水浴锅。

【教学药品】

H_2SO_4(2.0mol·L^{-1})、HCl(2.0mol·L^{-1}，6.0mol·L^{-1})、HNO_3(6.0mol·L^{-1})、NaOH (0.1mol·L^{-1}，2.0mol·L^{-1}，6.0mol·L^{-1})、$NH_3 \cdot H_2O$(2.0mol·L^{-1}，6.0mol·L^{-1})、$HgCl_2$ (0.1mol·L^{-1})、KI (0.1mol·L^{-1})、$CuSO_4$ (0.1mol·L^{-1})、$BaCl_2$(0.1mol·L^{-1})、$FeCl_3$(0.1mol·L^{-1}，1.0mol·L^{-1})、NaF(1.0mol·L^{-1})、KSCN (0.1mol·L^{-1}、0.5mol·L^{-1})，$ZnSO_4$ (0.1mol·L^{-1})、$AgNO_3$ (0.1mol·L^{-1})、$Hg(NO_3)_2$(0.1mol·L^{-1})、$SnCl_2$ (0.1mol·L^{-1})、NaCl (0.1mol·L^{-1})、$Na_2S_2O_3$ (0.1mol·L^{-1})、NH_4Cl(0.1mol·L^{-1})；

其他　淀粉溶液 (0.2%)、甲醛 (2%)、CCl_4。

【组织形式】

每个同学根据实验步骤独立完成实验。

【注意事项】

(1) 离心机工作时千万不能打开盖子。

(2) 注意强酸、强碱的腐蚀性。

【实验步骤】

1. 铜、银、锌、汞氢氧化合物的生成及性质

（1）取 3 支试管，均加入 1mL 0.1mol·L^{-1} $CuSO_4$ 溶液，并滴加 2mol·L^{-1} NaOH 溶液，观察 $Cu(OH)_2$ 沉淀的颜色。然后第 1 支试管中滴加 2.0mol·L^{-1} H_2SO_4 溶液，观察现象。写出化学反应方程式；第 2 支试管中加入过量的 6mol·L^{-1} NaOH 溶液，振荡试管，观察现象。写出化学方程式。将第 3 支试管加热，观察现象。写出化学方程式。

（2）取两支试管，均加入 1mL 0.1mol·L^{-1} $ZnSO_4$ 溶液，并滴加 2mol·L^{-1} NaOH 溶液（不要过量），观察 $Zn(OH)_2$ 沉淀的颜色。然后在一支试管中滴加 2mol·L^{-1} HCl 溶液，在另一支试管中滴加 2mol·L^{-1} NaOH 溶液，观察现象。写出化学方程式。比较 $Cu(OH)_2$ 和 $Zn(OH)_2$ 的两性。

（3）在试管中加入 5 滴 0.1mol·L^{-1} $AgNO_3$ 溶液，然后逐滴加入新配制的 2mol·L^{-1} NaOH 溶液，观察产物的状态和颜色，写出化学方程式。

（4）在试管中加入 10 滴 0.1mol·L^{-1} $Hg(NO_3)_2$ 溶液，然后滴加 2mol·L^{-1} NaOH 溶液，观察产物的状态和颜色。写出化学方程式。

2. 铜、银、锌、汞与氨的配合物的生成

（1）在试管中加入 1mL 0.1mol·L^{-1} $CuSO_4$ 溶液，逐滴加入 6mol·L^{-1} $NH_3 \cdot H_2O$，观察沉淀的产生。继续滴加 6mol·L^{-1} $NH_3 \cdot H_2O$ 至沉淀溶解。写出化学方程式。

将上述溶液分为两份。一份滴加 6mol·L^{-1} NaOH 溶液，另一份滴加 2mol·L^{-1} H_2SO_4 溶液，观察沉淀重新生成。写出化学方程式并说明配位平衡的移动情况。

（2）在试管中加入 1mL 0.1mol·L^{-1} $ZnSO_4$ 溶液，并滴加 2mol·L^{-1} $NH_3 \cdot H_2O$，观察沉淀的产生。继续滴加 2mol·L^{-1} $NH_3 \cdot H_2O$ 至沉淀溶解。写出化学方程式。

将上述溶液分成两份，一份加热至沸腾，另一份逐滴加入 2mol·L^{-1} HCl 溶液，观察现象。写出化学方程式。

（3）在试管中加入 5 滴 0.1mol·L^{-1} $AgNO_3$ 溶液，再滴加 5 滴 0.1mol·L^{-1} NaCl 溶液，观察白色沉淀的产生。然后滴加 6mol·L^{-1} $NH_3 \cdot H_2O$ 至沉淀溶解。写出化学方程式。

（4）在试管中加入 5 滴 0.1mol·L^{-1} $Hg(NO_3)_2$ 溶液，并滴加 2mol·L^{-1} $NH_3 \cdot H_2O$，观察沉淀的产生。加入过量的 $NH_3 \cdot H_2O$，沉淀是否溶解？

3. Cu^{2+}、Ag^{+}、Hg^{2+} 的氧化性

（1）在离心试管中，加入 5 滴 0.1mol·L^{-1} $CuSO_4$ 溶液和 1mL 0.1mol·L^{-1} KI 溶液，观察沉淀的产生及其颜色，离心分离，在清液中滴加 1 滴淀粉溶液，检查是否有 I_2 存在；在沉淀中滴加 0.1mol·L^{-1} $Na_2S_2O_3$ 溶液，再观察沉淀的颜色（白色）。写出其离子方程式。

（2）银镜反应　取一支洁净试管，加入 1mL 0.1mol·L^{-1} $AgNO_3$ 溶液，逐滴加入 6mol·L^{-1} $NH_3 \cdot H_2O$ 至产生沉淀后又刚好消失，再多加 2 滴。然后加入 1～2 滴 2%甲醛溶液，将试管置于 77～87℃的水浴中加热数分钟，观察银镜的产生。

（3）在试管中加入 10 滴 0.1mol·L^{-1} $HgCl_2$ 溶液，滴加 $SnCl_2$ 溶液，观察沉淀的生成及其颜色的变化。写出化学方程式：

$$SnCl_2 + 2HgCl_2 \longrightarrow SnCl_4 + Hg_2Cl_2 \downarrow$$

$$SnCl_2 + Hg_2Cl_2 \longrightarrow SnCl_4 + 2Hg \downarrow$$

【任务解析】

（1）向铜、银、锌、汞盐溶液中加入碱，可得相应的氢氧化物，但 AgOH 和 $Hg(OH)_2$

不稳定，立即分解为氧化物：

$$2Ag^{+}+2OH^{-}=\!=\!=Ag_2O\downarrow+H_2O$$

$$Hg^{2+}+2OH^{-}=\!=\!=HgO\downarrow+H_2O$$

$Cu(OH)_2$ 呈淡蓝色，它受热脱水变成黑色的 CuO：

$$Cu(OH)_2 \xlongequal{800℃} CuO+H_2O$$

$Cu(OH)_2$ 略显两性，不但可以溶于酸，也溶于强碱溶液，而形成 $[Cu(OH)_4]^{2-}$：

$$Cu(OH)_2+2OH^{-}=\!=\!=[Cu(OH)_4]^{2-}$$

$[Cu(OH)_4]^{2-}$ 可被葡萄糖还原为鲜红色的 Cu_2O：

$$2[Cu(OH)_4]^{2-}+C_6H_{12}O_6=\!=\!=Cu_2O+2H_2O+C_6H_{12}O_7+4OH^{-}$$

医院里常用这个反应来检验尿糖含量。

$Zn(OH)_2$ 白色沉淀，是两性氢氧化物，既溶于酸，也溶于过量的碱（形成 $[Zn(OH)_4]^{2-}$）；而后者呈碱性，不溶于碱。但二者都溶于氨水中，形成配合物。

(2) 铜、银、锌、汞与氨均能形成配合物，如：

$$2CuSO_4+2NH_3\cdot H_2O=\!=\!=Cu_2(OH)_2SO_4\downarrow+(NH_4)_2SO_4$$

$$Cu_2(OH)_2SO_4+(NH_4)_2SO_4+6NH_3\cdot H_2O=\!=\!=2[Cu(NH_3)_4]SO_4+8H_2O$$

$$AgCl+2NH_3\cdot H_2O=\!=\!=[Ag(NH_3)_2]^{+}+Cl^{-}+2H_2O$$

$$2Hg(NO_3)_2+4NH_3+H_2O=\!=\!=HgO\cdot NH_2HgNO_3\downarrow(\text{白色})+3NH_4NO_3$$

$$2Hg_2(NO_3)_2+4NH_3+H_2O=\!=\!=HgO\cdot NH_2HgNO_3\downarrow(\text{白色})+3NH_4NO_3+2Hg$$

(3) Cu^{2+}、Ag^{+}、Hg^{2+} 的氧化性，如：

$$2Cu^{2+}+4I^{-}\longrightarrow Cu_2I_2\downarrow+I_2$$

$$2Ag^{+}+3NH_3\cdot H_2O\longrightarrow Ag_2O+2NH_4^{+}+H_2O$$

$$Ag_2O+4NH_3\cdot H_2O\longrightarrow 2[Ag(NH_3)_2]^{+}+2OH^{-}+3H_2O$$

$$2[Ag(NH_3)_2]^{+}+HCHO+2OH^{-}\longrightarrow 2Ag\downarrow+HCOO^{-}+NH_4^{+}+3NH_3+H_2O$$

汞的氧化性方程式见实验项目 2。

【想一想】 氢氧化锌与氢氧化铜的两性有什么区别？

基础知识 3　过渡金属元素的通性

副族元素位于周期表的中部，处于主族金属元素和主族非金属元素之间，故称过渡元素。其中第六周期和第七周期的镧系和锕系，由于它们的电子层结构和性质特别相似，故放在同一格内，被称为内过渡元素（本书不作讨论）。它们都是金属，也称过渡金属，大多在国民经济中具有重要意义。

1. 原子的电子层结构和原子半径

同周期过渡元素原子半径从左到右只略有减小（只有ⅠB族、ⅡB族略有增大），不如主族元素减小的那样明显。

2. 氧化值

过渡元素有多种氧化值。不少过渡元素的氧化值呈连续变化。例如，Mn 有+2、+3、+4、+6、+7 等。而主族元素的氧化值通常是跳跃式的变化。例如，Sn 有+2、+4；Cl

有+1、+3、+5、+7 等大多数过渡元素的最高氧化值等于它们所在族序数，这一点和主族元素相似。

3. 单质的物理性质

过渡元素的密度、硬度、熔点和沸点一般都比较高（ⅡB族元素除外）。例如，密度最大的金属是锇（$22.48g \cdot cm^{-3}$）；熔点最高的金属是钨（3370℃）；硬度最大的金属是铬（莫氏硬度 9）。这种现象与过渡元素的原子半径较小、核外电子排布等因素有关，它们具有很多优良而独特的物理性质。

4. 单质的化学性质

过渡元素具有金属的一般化学性质，但彼此的活泼性差别很大。一般第四周期的性质比较活泼，第五、六周期的性质较不活泼。

5. 水合离子的颜色

过渡元素的水合离子往往具有颜色，其原因比较复杂。据研究，这种现象与许多金属离子具有未成对的电子有关。其中 Cu^{+}、Ag^{+}、Zn^{2+}、Cd^{2+}、Hg^{2+} 等没有未成对的电子，所以都是无色的。

6. 配位性

过渡元素的原子或离子一般都具有空轨道，因此能接受配位体的孤对电子而形成配位键，因此它们的原子或离子都有形成配合物的倾向。

基础知识 4　铜、银、金、锌、镉、汞

一、铜、银、金和锌、镉、汞的单质

铜、银、金是电和热的良导体，其中银是金属中传导性最好的，铜次之。它们都是密度大，熔、沸点较高，延展性好的金属。锌、镉、汞的熔、沸点较低，汞是唯一在室温下呈液态的金属。汞与其他金属相比，具有较高的蒸气压。人体吸入汞蒸气会引起慢性中毒，使用汞时要特别小心，不要把它洒在地面上。万一不慎洒落时，应先小心把它收集起来，然后在地面上撒一些硫黄粉或三氯化铁溶液。汞的另一个特性是能够与许多金属形成合金，叫汞齐。在光亮的铜片上滴 1 滴 Hg^{2+} 或 Hg_2^{2+} 试液（不含 HNO_3），放置片刻，铜片上即出现汞齐的斑点，用布擦之，即光亮如镜。该反应是鉴定 Hg^{2+} 或 Hg_2^{2+} 的特效反应，它不受其他阳离子的干扰。

铜、银、金、锌、镉、汞等的化学性质列于表 7-5。

表 7-5　铜、银、金、锌、镉、汞的化学性质

反应物	铜(Cu)	银(Ag)	金(Au)	锌(Zn)	镉(Cd)	汞(Hg)
O_2	+(加热)	−	−	+(加热)	+(加热)	+(加热)
HNO_3 或浓 H_2SO_4	+	+	−	+	+	+
HCl	−	−	−	+	+	−
NaOH	−	−	−	+	−	−

金与所有酸都不反应，但可溶于王水：

$$Au + 4HCl + HNO_3 = H[AuCl_4] + NO\uparrow + 2H_2O$$

只有锌是可以与碱反应的金属：

$$Zn + 2H_2O + 2NaOH = Na_2[Zn(OH)_4] + H_2\uparrow$$

这是由于锌比较活泼，反应产物 $Na_2[Zn(OH)_4]$ 又可溶于水的缘故。

二、铜、银、金和锌、镉、汞的重要化合物

1. 氧化物

除金以外，其他元素各氧化物的性质见表 7-6。

表 7-6 铜、银、锌、镉、汞氧化物的性质

项目	Cu_2O	CuO	Ag_2O	ZnO	CdO	HgO
颜色	红色	黑色	棕色	白色	棕色	黄或红色
热稳定性	稳定	800℃开始分解为 Cu_2O	300℃开始分解为 Ag	稳定	稳定	300℃开始分解为 Hg
酸碱性	碱性	碱性为主略显两性	碱性	两性	碱性	碱性

2. 硫酸铜

最常见的铜盐是五水硫酸铜 $CuSO_4 \cdot 5H_2O$，俗称胆矾，呈蓝色。$CuSO_4 \cdot 5H_2O$ 中 4 个水分子与铜离子配位，而第 5 个水分子则通过氢键同时与硫酸根和配位水分子相连。因此，$CuSO_4 \cdot 5H_2O$ 受热逐步脱水：

$$CuSO_4 \cdot 5H_2O \xrightarrow{102℃} CuSO_4 \cdot 3H_2O \xrightarrow{113℃} CuSO_4 \cdot H_2O \xrightarrow{258℃} CuSO_4$$

无水硫酸铜是白色粉末，有很强的吸水性，吸水后变成蓝色，所以常用它检验有机物中的微量水，也可用作干燥剂。

在 $CuSO_4$ 溶液中逐步加入氨水，先得到浅蓝色碱式硫酸铜沉淀，继续加入氨水，沉淀溶解，得深蓝色的铜氨配离子：

$$2CuSO_4 + 2NH_3 \cdot H_2O = Cu_2(OH)_2SO_4\downarrow + (NH)_4SO_4$$

$$Cu_2(OH)_2SO_4 + (NH_4)_2SO_4 + 6NH_3 \cdot H_2O = 2[Cu(NH_3)_4]SO_4 + 8H_2O$$

Cu^{2+} 与过量氨水作用生成深蓝色 $[Cu(NH_3)_4]^{2+}$ 是鉴定 Cu^{2+} 的特效反应。但 Cu^{2+} 含量极微时，此法不宜检出。Cu^{2+} 在中性或酸性溶液中，能与 $K_4[Fe(CN)_6]$ 作用生成砖红色 $Cu_2[Fe(CN)_6]$ 沉淀：

$$2Cu^{2+} + [Fe(CN)_6]^{4-} = Cu_2[Fe(CN)_6]\downarrow$$

这个反应很灵敏，但 Fe^{3+}、Co^{2+} 的存在会有干扰。

硫酸铜有杀菌能力，用于蓄水池、游泳池中防止藻类生长。硫酸铜与石灰乳混合而成的“波尔多”液，可用于消灭植物的病虫害。

3. 银盐

银通常形成氧化数为 +1 的化合物，除 $AgNO_3$、AgF、$AgClO_4$ 能溶于水，Ag_2SO_4 微溶外，其他大多难溶于水。这是银盐的一个重要特点。

(1) 氧化银 (Ag_2O)

向可溶性银盐溶液中加入强碱，得到暗褐色 Ag_2O 沉淀：

$$2Ag^{+}+2OH^{-}\xlongequal{}Ag_2O\downarrow+H_2O$$

这个反应可以认为先生成极不稳定的 AgOH，常温下它立即脱水生成 Ag_2O。

Ag_2O 受热不稳定，加热至 300℃即完全分解为 Ag 和 O_2。此外 Ag_2O 具有较强的氧化性，与有机物摩擦可引起燃烧，能氧化 CO、H_2O_2，本身被还原为单质银。

Ag_2O 可溶于硝酸，也可溶于氰化钠或氨水溶液中：

$$Ag_2O+4CN^{-}+H_2O\xlongequal{}2[Ag(CN)_2]^{-}+2OH^{-}$$

$$Ag_2O+4NH_3+H_2O\xlongequal{}2[Ag(NH_3)_2]^{+}+2OH^{-}$$

$[Ag(NH_3)_2]^{+}$ 的溶液在放置过程中，会分解为黑色的易爆物 AgN_3。因此，该溶液不宜久置，而且，凡是接触过 $[Ag(NH_3)_2]^{+}$ 的器皿、用具，用后必须立即清洗干净，以免潜伏隐患。

(2) 硝酸银

硝酸银是重要的可溶性银盐，可由单质与硝酸作用制得：

$$Ag+2HNO_3(浓)\xlongequal{}AgNO_3+NO_2\uparrow+H_2O$$

$$3Ag+4HNO_3(稀)\xlongequal{}3AgNO_3+NO\uparrow+H_2O$$

固体硝酸银受热分解：

$$2AgNO_3\xlongequal{}2Ag+2NO_2\uparrow+O_2\uparrow$$

如若见光 $AgNO_3$ 也会按上式分解，故应将其保存在棕色玻璃瓶中。

$AgNO_3$ 具有氧化性，在水溶液中可被 Cu、Zn 等金属还原为单质。遇微量有机物也即刻被还原为单质。皮肤或工作服上沾上 $AgNO_3$ 逐渐变成紫黑色。它有一定的杀菌能力，对人体有腐蚀作用。

$AgNO_3$ 主要用于制造照相底片的卤化银，同时它也是一种重要的分析试剂。10%的 $AgNO_3$ 溶液在医疗上作消毒剂和腐蚀剂。$AgNO_3$ 还用于电镀、制镜、印刷、电子等行业。

(3) 卤化银

在硝酸银溶液中加入卤化物，可生成相应的卤化银沉淀。它们的颜色从 AgCl、AgBr 到 AgI 依次为白色、浅黄色、黄色，溶解度则依次降低。这是由于阴离子按 Cl^{-}、Br^{-}、I^{-} 的顺序变形性增大，使 Ag^{+} 与它们之间的极化作用依次增强的缘故。AgF 易溶于水。

卤化银中一个典型的性质是光敏性较强，在光照下分解：

$$2AgX\xlongequal{日光}2Ag+X_2$$

从 AgF 到 AgI 稳定性减弱，分解的趋势增大，因此在制备 AgBr 和 AgI 时要在暗室内进行。基于卤化银的感光性，可用它作为照相底片上的感光物质，也可将感光变色的卤化银加进玻璃以制造变色眼镜。

(4) 银的配合物

Ag^{+} 易与 NH_3、$S_2O_3^{2-}$、CN^{-} 等配体形成配位数为 2 的稳定的配合物。许多难溶的银盐都是借助于形成配合物而溶解，但若向银的配合物溶液加入适当的沉淀剂，又会有银的沉淀析出。根据 Ag^{+} 难溶盐溶解度的不同和配离子稳定性的差异，沉淀的生成和溶解以及配离子的形成和解离，可以在一定条件下相互转化。

在定性分析中，Ag^{+} 的鉴定可利用 Ag^{+} 与盐酸反应生成白色凝乳状沉淀，沉淀不溶于硝酸，但溶于氨水中。

$$AgCl+2NH_3\cdot H_2O\xlongequal{}[Ag(NH_3)_2]^{+}+Cl^{-}+2H_2O$$

银的配合物在实际生产、生活中有较广泛的用途。例如用于电镀、照相、制镜等方面。制造热水瓶时，瓶胆上镀银就是利用银氨配离子与甲醛或葡萄糖的反应：

$$2[Ag(NH_3)_2]^+ + RCHO + 2OH^- = 2Ag + RCOONH_4 + 3NH_3 + H_2O$$

这个反应称为银镜反应。

4. 锌盐

锌的化合物很多，主要形成氧化态为+2的化合物。多数锌盐带有结晶水，形成配合物的倾向也很大。

（1）氯化物

氯化锌（$ZnCl_2 \cdot H_2O$）是重要的锌盐，极易溶于水。其水溶液因 Zn^{2+} 水解呈酸性：

$$Zn^{2+} + H_2O = [Zn(OH)]^+ + H^+$$

因此水合氯化锌固体在加热时不能得到无水盐，而是形成碱式盐：

$$ZnCl_2 \cdot H_2O \xrightarrow{\triangle} Zn(OH)Cl + HCl\uparrow$$

要得到无水盐必须在氯化氢气氛下加热。

在 $ZnCl_2$ 溶液中，由于形成配合酸，溶液呈显著酸性：

$$ZnCl_2 + H_2O = H[ZnCl_2(OH)]$$

该溶液能溶解金属氧化物。例如：

$$FeO + 2H[ZnCl_2(OH)] = Fe[ZnCl_2(OH)]_2 + H_2O$$

因 $ZnCl_2$ 能清除金属表面的氧化物，可用作"焊药"。

$ZnCl_2$ 主要用作有机合成工业的脱水剂、缩合剂和催化剂，以及染料工业的媒染剂，也用作石油净化剂和活性炭活化剂。此外 $ZnCl_2$ 还用于干电池、电镀、医药、木材防腐和农药等方面。

（2）硫化物

在 Zn^{2+} 的溶液中通入 H_2S 时，都会有硫化物从溶液中析出：

$$Zn^{2+} + H_2S = 2H^+ + ZnS\downarrow（白色）$$

ZnS 中加入微量的 Cu、Mn、Ag 等离子作活化剂，光照后可发出多种颜色的荧光，这种材料称为荧光粉，可用于制作荧光屏、夜光表。

硫酸锌也是一种重要的硫化物，在 $ZnSO_4 \cdot 7H_2O$ 的溶液中加入硫化钡时生成 ZnS 和 $BaSO_4$ 的混合沉淀物，此沉淀叫锌钡白（俗称立德粉）。

$$Zn^{2+} + SO_4^{2-} + Ba^{2+} + S^{2-} = ZnS\downarrow + BaSO_4\downarrow$$

锌钡白无毒性，在空气中比较稳定，是一种优良的白色染料，广泛用于涂料和油墨中。

5. 汞盐

汞和锌、镉不同，有氧化态+1和+2两类化合物，前者常称为亚汞化合物，如氯化亚汞 Hg_2Cl_2、硝酸亚汞 $Hg_2(NO_3)_2$ 等。经 X 衍射实验证实氯化亚汞的分子式为 Cl—Hg—Hg—Cl，故分子式不是 HgCl，而是 Hg_2Cl_2。亚汞离子不是 Hg^+，而是 Hg_2^{2+}。绝大多数的亚汞化合物难溶于水，Hg(Ⅱ) 的化合物中难溶于水的也较多，易溶于水的汞的化合物都是有毒的。

（1）氯化汞、氯化亚汞

氯化汞（$HgCl_2$）是白色针状结晶或颗粒粉末。熔点低，易升华，俗称升汞。有剧毒，内服 0.2~0.4g 就能致命，但少量使用，有消毒作用。

氯化汞是在过量的氯气中加热金属汞而制得：

$$Hg+Cl_2 \xlongequal{\triangle} HgCl_2$$

在 $HgCl_2$ 中加入氨水，得白色的氯化氨基汞沉淀。

$$HgCl_2+2NH_3 = Hg(NH_2)Cl\downarrow(白色)+NH_4Cl$$

在酸性溶液中，$HgCl_2$ 是较强的氧化剂，与适量 $SnCl_2$ 作用，$HgCl_2$ 被还原为白色的 Hg_2Cl_2；$SnCl_2$ 过量时则析出黑色的金属汞：

$$2HgCl_2+Sn^{2+}+4Cl^- = [SnCl_6]^{2-}+Hg_2Cl_2\downarrow(白色)$$

$$Hg_2Cl_2+Sn^{2+}+4Cl^- = [SnCl_6]^{2-}+2Hg\downarrow(黑色)$$

化学分析中利用上述反应鉴定 Hg(Ⅱ) 和 Sn(Ⅱ)。

$HgCl_2$ 主要用作有机合成的催化剂，外科上用作消毒剂。此外，如干电池、染料、农药等也有应用。

氯化亚汞（Hg_2Cl_2）为直线形分子 Cl—Hg—Hg—Cl，是溶于水的白色粉末，无毒，因略有甜味，俗称甘汞。Hg_2Cl_2 见光分解，故应保存在棕色瓶中。

$$Hg_2Cl_2 = HgCl_2+Hg$$

Hg_2Cl_2 与氨水反应，即歧化为氯化氨基汞和汞：

$$Hg_2Cl_2+2NH_3 = Hg(NH_2)Cl\downarrow+Hg\downarrow+NH_4Cl$$

白色的氯化氨基汞和黑色的汞混合在一起，使沉淀呈灰黑色，这个反应可用来鉴定Hg(Ⅰ)。

Hg_2Cl_2 在化学上常用作制作甘汞电极，在医药上曾用作轻泻剂。

(2) 硝酸汞、硝酸亚汞

硝酸汞 [$Hg(NO_3)_2$] 和硝酸亚汞 [$Hg_2(NO_3)_2$] 都易溶于水，并水解成碱式盐，所以配制溶液时，应将它们溶于硝酸中。汞离子不易和 NH_3 形成配合物，而是形成氨基盐沉淀：

$$2Hg(NO_3)_2+4NH_3+H_2O \longrightarrow HgO\cdot NH_2HgNO_3\downarrow(白色)+3NH_4NO_3$$

$$2Hg_2(NO_3)_2+4NH_3+H_2O \longrightarrow HgO\cdot NH_2HgNO_3\downarrow(白色)+3NH_4NO_3+2Hg$$

在硝酸亚汞溶液中加入氨水，不仅有白色沉淀产生，同时有黑色汞析出，因此整个沉淀呈灰黑色。向 Hg^{2+}、Hg_2^{2+} 的溶液中分别加入适量的 Br^-、CN^-、SCN^-、$S_2O_3^{2-}$、S^{2-} 时，分别生成难溶于水的汞盐和亚汞盐。若再加入上述离子时，难溶的汞盐因生成配离子而溶解，难溶的亚汞盐则发生歧化反应产生 Hg(Ⅱ)的配离子及黑色的单质汞。例如，在 $Hg(NO_3)_2$ 及 $Hg_2(NO_3)_2$ 溶液中加入 KI 时发生如下反应：

$$Hg^{2+}+2I^- = HgI_2\downarrow(橘红色)$$

$$HgI_2+2I^- = [HgI_4]^{2-}(无色)$$

$$Hg_2^{2+}+2I^- = Hg_2I_2\downarrow(绿色)$$

$$Hg_2I_2+2I^- = [HgI_4]^{2-}+Hg(黑色)$$

硝酸汞是常用的化学试剂，也是制备其他含汞化合物的主要原料。

(3) 硫化汞

向 Hg_2^{2+} 及 Hg^{2+} 的溶液中通入 H_2S，均能产生黑色的 HgS 沉淀。虽然在 $HgCl_2$ 溶液中 Hg^{2+} 的浓度很小，但由于 HgS 非常难溶，故仍能有 HgS 析出：

$$HgCl_2+H_2S = HgS\downarrow(黑色)+2H^++2Cl^-$$

在金属硫化物中，HgS 的溶解度最小，其他的酸不能将其溶解，而只易溶于王水。

$$3HgS + 12Cl^- + 2NO_3^- + 8H^+ \rightleftharpoons 3[HgCl_4]^{2-} + 3S\downarrow + 2NO\uparrow + 4H_2O$$

这一反应由于有 S 及 $[HgCl_4]^{2-}$ 生成,有效降低了 S^{2-} 和 Hg^{2+} 的浓度,导致了 HgS 的溶解。可见,HgS 溶解是借助于氧化还原反应和配位反应共同作用的结果。

HgS 也溶于过量的 NaS 溶液中生成配离子:

$$HgS + S^{2-} \rightleftharpoons [HgS_2]^{2-}$$

(4) 汞的配合物

无论是 Hg_2Cl_2 还是 $Hg_2(NO_3)_2$,都不会形成 Hg_2^{2+} 的配离子,而 Hg(Ⅱ) 却能形成多种配合物,如 Hg(Ⅱ) 与卤素离子、CN^-、SCN^- 等离子可形成一系列配离子,其配位数为 4 的居多。

Hg^{2+} 与卤素离子形成配离子的倾向,依 Cl^-、Br^-、I^- 离子顺序增强。

Hg^{2+} 与过量 KI 作用最后生成无色的四碘合汞(Ⅱ)配离子 $[HgI_4]^{2-}$,其碱性溶液称为奈斯勒(Nessler)试剂。如果溶液中有 NH_4^+ 微量的存在,滴加该试剂,会立即生成红棕色沉淀。

$$2[HgI_4]^{2-} + 4OH^- + NH_4^+ \rightleftharpoons \left[\begin{array}{c} Hg \\ O \quad\quad NH_2 \\ Hg \end{array}\right]I\downarrow(红棕色) + 8I^- + 3H_2O$$

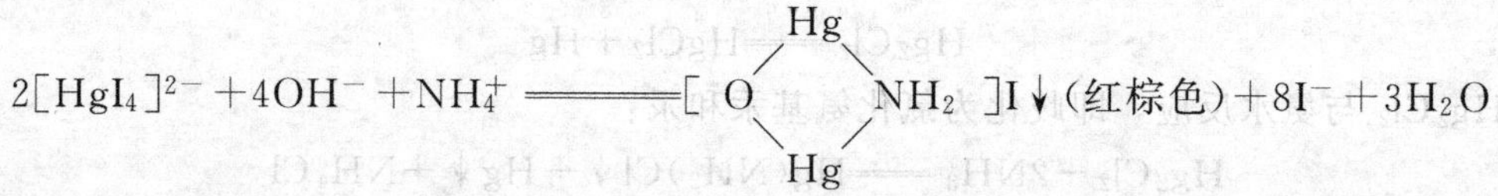

这个反应常用来鉴定 NH_4^+ 的存在。

实验项目 4　　铬、锰、铁

【任务描述】

通过实验熟悉氢氧化铬的两性;了解铬常见氧化态间的相互转化及转化条件;了解一些难溶的铬酸盐;熟悉 Mn(Ⅱ) 盐与高锰酸盐的性质;熟悉 Fe(Ⅱ)、Co(Ⅱ)、Ni(Ⅱ) 化合物的还原性和 Fe(Ⅲ)、Co(Ⅲ)、Ni(Ⅲ) 化合物的氧化性;掌握 Cr^{3+}、Mn^{2+}、Fe^{3+} 和 Fe^{2+} 的鉴定。

【教学器材】

试管、试管夹、酒精灯、离心试管、离心机、水浴锅。

【教学药品】

HCl(2.0mol·L^{-1},浓)、H_2SO_4(2.0mol·L^{-1})、HNO_3(3.0mol·L^{-1})、NaOH(2.0mol·L^{-1},6.0mol·L^{-1})、$Cr_2(SO_4)_3$(0.1mol·L^{-1})、$K_2Cr_2O_7$(0.1mol·L^{-1})、$AgNO_3$(0.1mol·L^{-1})、$BaCl_2$(0.1mol·L^{-1})、$Pb(NO_3)_2$(0.1mol·L^{-1})、K_2CrO_4(0.1mol·L^{-1})、$MnSO_4$(0.1mol·L^{-1})、K_2MnO_4(0.01mol·L^{-1})、$CoCl_2$(0.1mol·L^{-1})、$NiSO_4$(0.1mol·L^{-1})、$FeCl_3$(0.1mol·L^{-1})、KI(0.1mol·L^{-1})、KSCN(0.1mol·L^{-1})、H_2O_2(3%)、$K_4[Fe(CN)_6]$(0.1mol·L^{-1})、$K_3[Fe(CN)_6]$(0.1mol·L^{-1})、$FeSO_4$(固)、Na_2SO_3(固)、$NaBiO_3$(固)、$(NH_4)_2Fe(SO_4)_2·6H_2O$(固)、CCl_4、溴水、淀粉-KI 试纸。

【组织形式】

每个同学根据实验步骤独立完成实验。

【注意事项】

（1）离心机工作时千万不能打开盖子。

（2）注意强酸、强碱的腐蚀性。

【实验步骤】

1. 氢氧化铬的生成和性质

在两支试管中均加入 10 滴 0.1mol・L^{-1} $Cr_2(SO_4)_3$ 溶液，再逐滴加入 2mol・L^{-1} NaOH 溶液，观察灰蓝色 $Cr(OH)_3$ 沉淀的生成。然后在一支试管中继续滴加 NaOH 溶液，在另一支试管中滴加 2mol・L^{-1}的 HCl 溶液，观察现象并写出化学方程式。

2. Cr(Ⅲ）与 Cr(Ⅵ）的相互转化

（1）向一支试管中加入 1mL 0.1mol・$L^{-1}$$Cr_2(SO_4)_3$ 溶液和过量的 2mol・L^{-1} NaOH 溶液，使之成为 CrO^{2-}（至生成的沉淀刚好溶解），再加入 5～8 滴 3%FH_2O_2 溶液，在水浴中加热，观察黄色 CrO_4^{2-} 的生成并写出化学方程式。

（2）向一支试管中加入 10 滴 0.1mol・L^{-1} $K_2Cr_2O_7$溶液和 1mL 2mol・L^{-1} H_2SO_4 溶液，然后滴加 3% H_2O_2 溶液，振荡，观察现象并写出化学方程式。

（3）向一支试管中加入 10 滴 0.1mol・L^{-1} $K_2Cr_2O_7$溶液和 1mL 2mol・L^{-1} H_2SO_4 溶液，然后加入黄豆大小的 Na_2SO_3 固体，振荡，观察溶液颜色的变化并写出化学方程式。

（4）向一支试管中加入 10 滴 0.1mol・L^{-1} $K_2Cr_2O_7$溶液和 3～5mL 浓 HCl，微热，用湿润的淀粉-KI 试纸在试管口检验逸出的气体，观察试纸和溶液颜色的变化并写出化学方程式。

3. $Cr_2O_7^{2-}$ 与 CrO_4^{2-} 的相互转化

向一支试管中加入 1mL 0.1mol・L^{-1} $K_2Cr_2O_7$溶液，再逐滴加入 2mol・L^{-1} NaOH 溶液，观察溶液由橙黄色变为黄色，然后用 2mol・L^{-1} H_2SO_4 酸化，观察溶液由黄色转变为橙黄色，并写出转化的平衡方程式。

4. 难溶铬酸盐的生成

取三支试管，分别加入 10 滴 0.1mol・L^{-1} $AgNO_3$、0.1mol・L^{-1} $BaCl_2$、0.1mol・L^{-1} $Pb(NO_3)_2$溶液，再分别滴加 0.1mol・L^{-1} K_2CrO_4 溶液，观察生成沉淀的颜色并写出化学方程式。

5. Mn(Ⅱ）盐与高锰酸盐的性质

（1）取三支试管，均加入 10 滴 0.1mol・L^{-1} $MnSO_4$ 溶液，再滴加 2mol・L^{-1} NaOH 溶液，观察沉淀的颜色。然后分别向第一支试管中加入 2mol・L^{-1} NaOH 溶液，向第二支试管中加入 2mol・L^{-1} H_2SO_4 溶液，观察沉淀是否溶解；将第三支试管充分振荡后放置，观察沉淀颜色变化。写出化学方程式。

（2）向一支试管中加入 2mL 3mol・L^{-1} HNO_3 溶液和 1～2 滴 0.1mol・L^{-1} $MnSO_4$ 溶液，然后加入绿豆大小的 $NaBiO_3$ 固体，微热，观察紫红色 MnO_4^- 的生成。写出化学方程式。

（3）取三支试管，均加入 1mL 0.01mol・L^{-1} $KMnO_4$ 溶液，再分别加入 2mol・L^{-1} H_2SO_4 溶液、6mol・L^{-1} NaOH 溶液及水各 1mL，然后均加入少量 Na_2SO_3 固体，振荡试管，观察反应现象，比较它们的产物。写出离子方程式。

6. Fe(Ⅱ）、Co(Ⅱ）、Ni(Ⅱ）化合物的还原性

（1）取一支试管，加入1～2mL H_2O 和3～5滴2mol·L^{-1} H_2SO_4 溶液，煮沸，驱除溶解氧，加入黄豆大小的 $(NH_4)_2Fe(SO_4)_2 \cdot 6H_2O$ 固体，振荡，使之溶解；另取一支试管，加入1～2mL 2mol·L^{-1} NaOH溶液，煮沸，驱除溶解氧，然后迅速倒入第一支试管中，观察现象。再振荡试管，放置片刻，观察沉淀颜色的变化。解释并写出化学方程式。

（2）向一支试管中加入1mL 0.01mol·L^{-1} $KMnO_4$ 溶液，用1mL 2mol·L^{-1} H_2SO_4 溶液酸化，然后加入黄豆大小的 $(NH_4)_2Fe(SO_4)_2 \cdot 6H_2O$ 固体，振荡，观察 $KMnO_4$ 溶液颜色的变化。写出化学方程式。

（3）向一支试管中加入2mL 0.1mol·L^{-1} $CoCl_2$ 溶液，然后滴加2mol·L^{-1} NaOH溶液，观察粉红色沉淀的产生，振荡试管或微热，观察沉淀颜色的变化。写出化学方程式。

（4）向一支试管中加入2mL 0.1mol·L^{-1} $NiSO_4$ 溶液，然后滴加2mol·L^{-1} NaOH溶液，观察绿色沉淀的产生，写出化学方程式。放置，再观察沉淀颜色是否发生变化。

【想一想】 Fe(Ⅱ)、Co(Ⅱ)、Ni(Ⅱ)的还原性有什么区别？

7. Fe(Ⅲ)、Co(Ⅲ)、Ni(Ⅲ)化合物的氧化性

（1）向一支试管中加入1mL 0.1mol·L^{-1} $FeCl_3$ 溶液，然后滴加2mol·L^{-1} NaOH溶液，在生成的 $Fe(OH)_3$ 沉淀上滴加浓HCl，观察是否有气体产生，写出有关的化学方程式。

（2）向一支试管中加入1mL 0.1mol·L^{-1} $FeCl_3$ 溶液，然后滴加0.1mol·L^{-1}KI溶液至红棕色。加入5滴左右的 CCl_4，振荡，观察 CCl_4 层的颜色。写出化学方程式。

（3）向一支试管中加入1mL 0.1mol·L^{-1} $CoCl_2$ 溶液，然后滴加5～10滴溴水后，再滴加2mol·L^{-1}NaOH溶液至棕色 $Co(OH)_3$ 沉淀产生。将沉淀加热后静置，吸去上层清液并以少量水洗涤沉淀，然后在沉淀上滴加5滴浓HCl，加热。以湿润的淀粉-KI试纸检验放出的气体。化学方程式为：

$$2CoCl_2 + Br_2 + 6NaOH \longrightarrow 2Co(OH)_3 \downarrow + 2NaBr + 4NaCl$$

$$2Co(OH)_3 + 6HCl \longrightarrow 2CoCl_2 + Cl_2 \uparrow + 6H_2O$$

（4）以 $NiSO_4$ 代替 $CoCl_2$，重复实验内容（3）的操作。写出相关的化学应方程式。

8. 铁的配合物

（1）向一支试管中加入1mL 0.1mol·L^{-1} $K_4[Fe(CN)_6]$ 溶液，滴加0.1mol·L^{-1} $FeCl_3$ 溶液，观察蓝色沉淀的产生。写出化学方程式（该反应用于 Fe^{3+} 的鉴定）。

（2）向一支试管中加入1mL 0.1mol·L^{-1} $FeCl_3$ 溶液，滴加0.1mol·L^{-1} KSCN溶液，观察现象，写出反应的离子方程式（该反应用于 Fe^{3+} 的鉴定）。

（3）向一支试管中加入1mL 0.1mol·L^{-1} $K_3[Fe(CN)_6]$ 溶液，滴加新配制的0.1mol·$L^{-1}$$FeSO_4$ 溶液，观察蓝色沉淀的产生。写出化学方程式（该反应用于 Fe^{2+} 的鉴定）。

【任务解析】

1. 氢氧化铬的生成和性质

铬（Ⅲ）的氢氧化物 $Cr(OH)_3$ 是用适量的碱作用于铬盐溶液（pH约为5.3）而生成的灰蓝色沉淀：

$$Cr^{3+} + 3OH^- \longrightarrow Cr(OH)_3 \downarrow$$

$Cr(OH)_3$ 是两性氢氧化物。它溶于酸，生成绿色或紫色的水合铬离子。（由于 Cr^{3+} 的

水合作用随温度、浓度、酸度等条件而改变，故其颜色也有所不同。）

从溶液中结晶出来的铬盐大都为紫色晶体。$Cr(OH)_3$ 与强碱作用生成绿色的配离子 $[Cr(OH)_4]^-$ 或 $[Cr(OH)_6]^{3-}$：

$$Cr(OH)_3 + OH^- \longrightarrow [Cr(OH)_4]^-$$

由于 $Cr(OH)_3$ 的酸性和碱性都很弱，因此铬（Ⅲ）盐和四羟基合铬（Ⅲ）酸盐（或亚铬酸盐）在水中容易水解。

2. Cr(Ⅲ) 与 Cr(Ⅵ) 的相互转化

在水溶液中把铬（Ⅲ）氧化为铬（Ⅵ）的化合物，其难易程度随溶液的酸碱性不同而不同。在碱性介质中铬（Ⅲ）比较容易被氧化。相反，在酸性介质中就困难得多：

$$CrO_4^{2-} + 2H_2O + 3e^- \longrightarrow CrO_2^- + 4OH^- \quad E^\ominus = -0.12V$$

$$Cr_2O_7^{2-} + 14H^+ + 6e^- \longrightarrow 2Cr^{3+} + 7H_2O \quad E^\ominus = 1.33V$$

在碱性介质中，Cr^{3+} 可被稀释的 H_2O_2 溶液氧化，溶液由绿色变为黄色：

$$2[Cr(OH)_4]^- + 2OH^- + 3H_2O_2 \longrightarrow 2CrO_4^{2-} + 8H_2O$$

（绿色）　　　　　　　　（黄色）

3. $Cr_2O_7^{2-}$ 与 CrO_4^{2-} 的相互转化

可溶性的铬酸盐和重铬酸盐溶液中，都存在着 CrO_4^{2-} 和 $Cr_2O_7^{2-}$ 之间的平衡：

$$2CrO_4^{2-} + 2H^+ \rightleftharpoons 2HCrO_4^- \rightleftharpoons Cr_2O_7^{2-} + H_2O$$

（黄色）　　　　　　　　（橙红色）

4. 难溶铬酸盐的生成

$$Cr_2O_7^{2-} + 2Ba^{2+} + H_2O \longrightarrow 2H^+ + 2BaCrO_4\downarrow \text{（黄色）}$$

$$Cr_2O_7^{2-} + 2Pb^{2+} + H_2O \longrightarrow 2H^+ + 2PbCrO_4\downarrow \text{（黄色）}$$

$$Cr_2O_7^{2-} + 4Ag^+ + H_2O \longrightarrow 2H^+ + 2Ag_2CrO_4\downarrow \text{（红色）}$$

5. Mn(Ⅱ) 盐与高锰酸盐的性质

Mn^{2+} 与碱溶液作用，生成白色的氢氧化物 $[Mn(OH)_2]$ 沉淀：

$$Mn^{2+} + 2OH^- \longrightarrow Mn(OH)_2\downarrow$$

$Mn(OH)_2$ 还原性较强，极易被氧化，故不能稳定存在于空气中，白色的 $Mn(OH)_2$ 很快变成棕色的水合二氧化锰，甚至溶解在水中的少量氧也能将其氧化：

$$2Mn(OH)_2 + O_2 \longrightarrow 2MnO(OH)_2$$

这个反应在水质分析中用于测定水中的溶解氧。

Mn^{2+} 可以被铋酸钠等强氧化剂氧化成高锰酸根：

$$2Mn^{2+} + 5NaBiO_3 + 14H^+ \longrightarrow 5Na^+ + 5Bi^{3+} + 2MnO_4^- + 7H_2O$$

$$2Mn^{2+} + 5S_2O_8^{2-} + 8H_2O \longrightarrow 10SO_4^{2-} + 2MnO_4^- + 16H^+$$

$KMnO_4$ 是强氧化剂，溶液介质的酸碱性不仅影响 $KMnO_4$ 的氧化能力，也影响它的还原产物。在酸性介质、弱碱性或中性介质、强碱性介质中，其还原产物依次是 Mn^{2+}、MnO_2 或 MnO_4^{2-}。例如，$KMnO_4$ 与 K_2SO_3 反应：

$$2KMnO_4 + 5K_2SO_3 + 3H_2SO_4 \longrightarrow 2MnSO_4 + 6K_2SO_4 + 3H_2O \text{（酸性介质）}$$

$$2KMnO_4 + 3K_2SO_3 + H_2O \longrightarrow 2MnO_2\downarrow + 3K_2SO_4 + 2KOH \text{（弱碱性或中性介质）}$$

$$2KMnO_4 + K_2SO_3 + 2KOH \longrightarrow 2K_2MnO_4 + K_2SO_4 + H_2O \text{（强碱性介质）}$$

6. Fe(Ⅱ)、Co(Ⅱ)、Ni(Ⅱ) 化合物的还原性

其还原性按 $Fe^{2+} \rightarrow Co^{2+} \rightarrow Ni^{2+}$ 顺序减弱。在 Fe^{2+}、Co^{2+} 和 Ni^{2+} 的溶液中分别加入碱，可得到白色的 $Fe(OH)_2$、粉红色的 $Co(OH)_2$ 和绿色的 $Ni(OH)_2$ 沉淀。$Fe(OH)_2$ 沉淀被空气迅速氧化为红棕色的 $Fe(OH)_3$：

$$4Fe(OH)_2 + O_2 + 2H_2O \Longrightarrow 4Fe(OH)_3$$

$Co(OH)_2$ 也会很慢地被空气氧化为暗棕色的 $Co(OH)_3$。但 $Ni(OH)_2$ 不会被空气氧化，只有在强碱性溶液中用强氧化剂（如 NaClO）才能将其氧化为黑色的 $Ni(OH)_3$：

$$2Ni(OH)_2 + ClO^- + H_2O \Longrightarrow 2Ni(OH)_3 + Cl^-$$

7. Fe(Ⅲ)、Co(Ⅲ)、Ni(Ⅲ) 化合物的氧化性

Fe^{3+} 的强酸盐易溶于水，Fe^{3+} 具有氧化性，一些较强的还原剂如 H_2S、Ni、Cu 等可把它还原成 Fe^{2+}。

$$2Fe^{3+} + H_2S \Longrightarrow 2Fe^{2+} + S\downarrow + 2H^+$$

$$2Fe^{3+} + 2I^- \Longrightarrow 2Fe^{2+} + I_2$$

$$2Fe^{3+} + Cu \Longrightarrow 2Fe^{2+} + Cu^{2+}$$

8. 铁的配合物

Fe^{2+} 与 SCN^- 形成配合物有配位数为 4 和 6 两类，但在水溶液中不太稳定。

Fe^{3+} 与 SCN^- 形成组成为 $[Fe(SCN)_n]^{3-n}$（$n=1\sim6$）的红色配合物。从结合 1 个 SCN^- 的 $[Fe(SCN)(H_2O)_5]^{2+}$ 到结合 6 个 SCN^- 的 $[Fe(SCN)_6]^{3-}$ 都呈红色。这一反应非常灵敏，它是鉴定 Fe^{3+} 是否存在的重要反应之一。

黄色晶体 $K_4[Fe(CN)_6]\cdot 3H_2O$，工业名叫黄血盐。它主要用于制造颜料、涂料、油墨。Fe^{3+} 不能与 KCN 直接生成 $K_3[Fe(CN)_6]$。它是氯气氧化 $K_4[Fe(CN)_6]$ 的溶液而制得的。

$$2K_4[Fe(CN)_6] + Cl_2 \longrightarrow 2KCl + 2K_3[Fe(CN)_6]\text{(褐红色)}$$

$K_3[Fe(CN)_6]$ 是褐红色晶体，工业名叫赤血盐。它主要用于印刷制版、照相洗印及显影，也用于制晒蓝图纸等。

$[Fe(SCN)_6]^{3-}$ 和 $[Fe(SCN)_6]^{4-}$ 在溶液中十分稳定，因此在含有 $[Fe(SCN)_6]^{3-}$ 和 $[Fe(SCN)_6]^{4-}$ 的溶液中几乎检查不出解离的 Fe^{3+} 和 Fe^{2+}。但在含有 Fe^{2+} 的溶液中加入赤血盐溶液，或在含有 Fe^{3+} 的溶液中加入黄血盐溶液，均能生成蓝色沉淀：

$$K^+ + Fe^{2+} + [Fe(SCN)_6]^{3-} \rightleftharpoons KFe[Fe(CN)_6]\downarrow\text{(滕氏蓝)}$$

$$K^+ + Fe^{3+} + [Fe(SCN)_6]^{4-} \rightleftharpoons KFe[Fe(CN)_6]\downarrow\text{(普鲁士蓝)}$$

以上两个反应可分别用来鉴定 Fe^{2+} 和 Fe^{3+} 的存在。生成的蓝色物质广泛用于涂料和油墨工业。

阅读材料1 形状记忆合金

多年来，人们总认为，只有人和某些动物才有“记忆”的能力，非生物是不可能有这种能力的。可是，美国科学家在 20 世纪 50 年代初期偶然发现，某些金属及其合金也具有一种所谓“形状记忆”的能力。这种新发现，立即引起许多国家科学家的重视。研制出一些形状记忆合金，广泛应用于航天、机械、电子仪表和医疗器械上。

形状记忆合金是一种新的功能金属材料，用这种合金做成的金属丝，即使将它揉成一团，但只要达到某个温度，它便能在瞬间恢复原来的形状。形状记忆合金为什么能具有这种不可思议的“记忆力”呢？目

前的解释是因这类合金具有马氏体相变。凡是具有马氏体相变的合金，将它加热到相变温度时，就能从马氏体结构转变为奥氏体结构，完全恢复原来的形状。

最早研究成功的形状记忆合金是 Ni-Ti 合金，称为镍钛脑（nitanon）。它的优点是可靠性强、功能好，但价格高。铜基形状记忆合金如 Cu-Zn-Al 和 Cu-Al-Ni，价格只有 Ni-Ti 合金的 10%，但可靠性差。铁基形状记忆合金刚性好，强度高，易加工，价格低，很有开发前途。

形状记忆合金由于具有特殊的形状记忆功能，所以被广泛地用于卫星、航空、生物工程、医药、能源和自动化等方面。

在茫茫无际的太空，一架美国载人宇宙飞船，徐徐降落在静悄悄的月球上。安装在飞船上的一小团天线，在阳光的照射下迅速展开，伸张成半球状，开始了自己的工作。是宇航员发出的指令，还是什么自动化仪器使它展开的呢？都不是。因为这种天线的材料，本身具有奇妙的“记忆能力”，在一定温度下，又恢复了原来的形状。

为什么这些合金不“忘记”自己的“原形”呢？原来，这些合金都有一个转变温度，在转变温度之上，它具有一种组织结构，而在转变温度之下，它又具有另一种组织结构。结构不同性能不同，上面提及美国登月宇宙飞船上的自展天线，就是用镍钛型合金做成的，它具有形状记忆的能力。这种合金在转变温度之上时，坚硬结实，强度很大；而低于转变温度时，它却十分柔软，易于冷加工。科学家先把这种合金做成所需的大半球形展开天线，然后冷却到一定温度下，使它变软，再施加压力，把它弯曲成一个小球，使之在飞船上只占很小的空间。登上月球后，利用阳光照射的温度，使天线重新展开，恢复到大半球的形状。

形状记忆合金问世以来，引起人们极大的兴趣和关注，近年来发现在高分子材料、铁磁材料和超导材料中也存在形状记忆效应。对这类形状记忆材料的研究和开发，将促进机械、电子、自动控制、仪器仪表和机器人等相关学科的发展。高温合金涡轮叶片是飞机和航天飞机涡轮喷气发动机的关键部件，它在非常严酷的环境下运转。涡轮喷气发动机工作时，从大气中吸入空气，经压缩后在燃烧室与燃料混合燃烧，然后被压向涡轮。涡轮叶片和涡轮盘以每分钟上万转的速度高速旋转，燃气被喷向尾部并由喷筒喷出，从而产生强大的推力。在组成涡轮的零件中，叶片的工作温度最高，受力最复杂，也最容易损坏。因此极需新型高温合金材料来制造叶片。

阅读材料2 微量元素与人体健康

近年来，微量元素与人体健康的关系越来越引起人们的重视，含有某些微量元素的食品也应时而生。所谓微量元素是针对宏量元素而言的。人体内的宏量元素又称为主要元素，共有 11 种，按需要量多少的顺序排列为：氧、碳、氢、氮、钙、磷、钾、硫、钠、氯、镁。其中氧、碳、氢、氮占人体质量的 95%，其余约占 4%，此外，微量元素约占 1%。在生命必需的元素中，金属元素共有 14 种，其中钾、钠、钙、镁的含量占人体内金属元素总量的 99%以上，其余 10 种元素的含量很少。习惯上把含量高于 0.01%的元素，称为常量元素，低于此值的元素，称为微量元素。人体若缺乏某种主要元素，会引起人体机能失调，但这种情况很少发生，一般的饮食含有绰绰有余的宏量元素。微量元素虽然在体内含量（见表 7-7）很少，但它们在生命过程中的作用不可低估。没有这些必需的微量元素，酶的活性就会降低或完全丧失，激素、蛋白质、维生素的合成和代谢也就会发生障碍，人类生命过程就难以继续进行。

表 7-7 微量元素在体内的含量和日需量

微量元素	铁	锰	氟	铬	锌	铜	钴	钼	碘	硒
人体含量/(μg/g)	60	0.2	37	0.2	33	1.0	0.02	0.1	0.2	0.2
日需量/g	0.013	0.003	0.003	0.0005	0.013	0.005	0.0003	0.0002	0.0001	0.00001

另有两种可能必需的微量元素为镍和砷，体内含量各为 0.1μg/g。

目前，对于某些微量元素的功能尚不完全清楚，下面只作一简要介绍。

(1) 铁

铁是血液中交换和输送氧所必需的一种元素，生物体内许多氧化还原体系都离不开它。体内大部分铁分布在特殊的血细胞内。没有铁，生物就无法生存。

(2) 锌

锌是一种与生命攸关的元素，它在生命活动过程中起着转换物质和交流能量的"生命齿轮"作用。它是构成多种蛋白质所必需的。眼球的视觉部位含锌量高达 4%，可见它具有某种特殊功能。锌普遍存在于食物中，只要不偏食，人体一般不会缺锌。

(3) 铜

铜元素对于人体也至关重要，它是生物系统中一种独特而极为有效的催化剂。铜是 30 多种酶的活性成分，对人体的新陈代谢起着重要的调节作用。据报道，冠心病与缺铜有关。铜在人体内不易保留，需经常摄入和补充。茶叶中含有微量铜，所以常喝茶是有益的。

(4) 铬

在由胰岛素参与的糖或脂肪的代谢过程中，铬是必不可少的一种元素，也是维持正常胆固醇所必需的元素。

(5) 钴

钴是维生素 B_{12} 分子的一个必要组分，维生素 B_{12} 是形成红细胞所必需的成分。

(6) 锰

锰参与许多酶催化反应，是一切生物离不开的。

(7) 钼

钼是某种酶的一个组分，这种酶能催化嘌呤转化为尿酸。钼也是能量交换过程所必需的。微量钼是眼色素的构成成分。在豆荚、卷心菜、大白菜中含钼较多。多吃这些蔬菜对眼睛有益。

(8) 碘

碘在体内的主要功能是参与合成甲状腺素。缺碘会导致甲状腺功能亢进，儿童缺碘会造成智力低下。

(9) 氟

氟是形成坚硬骨骼和预防龋齿所必需的一种微量元素。

人类生存的一个必要条件是需要呼吸，这样体内必须要有某些能与氧气或二氧化碳相结合的物质，以便输送氧气和排泄二氧化碳。这些物质是以铁为骨干的化合物。

高等动物都有一套复杂的系统来接受生存环境带给它的信息，并通过神经把这些信息传输给生命的总指挥——大脑，然后大脑才能发出各种指令，指示体内的各个职能部门做出相应的反应。在这套传输和指挥系统中，金属元素同样起着关键的作用。

金属对于传宗接代也有很大的贡献。细胞之所以只能复制出和它相同的下一代细胞，就是因为每种细胞内都含有一种能传递遗传信息的核酸，它能指示各种氨基酸按规定的次序连接起来，形成规定的蛋白质，这个按遗传密码合成下一代蛋白质的过程是受某些金属元素控制的。

因此，人们愈来愈多地认为，人类的生存和发展绝对离不开这些必要的微量元素的吸收、传输、分布和利用。在人体内，微量元素的含量虽然远不如糖、脂肪和蛋白质那样多，但是它们的作用却一点也不亚于糖、脂肪和蛋白质。另外，科学家还通过研究认识到，利用这些微量元素绝对不是很简单的事情，并不像我们吃进米饭、馒头、鱼肉、蔬菜和水果那样的简单。例如，有人曾经设想，维生素 B_{12} 分子结构的中心是一个钴离子，也就是说维生素 B_{12} 是钴的化合物，那么，如果缺乏维生素 B_{12}，就应该多吃一点钴盐。但是事实却并非如此简单，吃了简单的钴盐，不但对治疗缺乏维生素 B_{12} 的症状无效，反而略有毒性，只有服用维生素 B_{12} 才真正有效。看来，利用微量元素还有很大的学问。

本章小结

- 金属元素
  - 【实验项目1】钠、镁、铝
  - 【基础知识1】金属概述
  - 【基础知识2】碱金属与碱土金属
  - 【实验项目2】锡、铅、锑、铋
  - 【实验项目3】铜、银、锌、汞
  - 【基础知识3】过渡金属元素的通性
  - 【基础知识4】铜、银、金、锌、镉、汞
  - 【实验项目4】铬、锰、铁
  - 【阅读材料1】形状记忆合金
  - 【阅读材料2】微量元素与人体健康

课后习题

1. 选择题

(1) 下列金属活泼性最强的是（　　）。

A. Mg　　B. Al　　C. Cu　　D. Au

(2) 下列金属导电能力最强的是（　　）。

A. Ag　　B. Al　　C. Cu　　D. Au

(3) 下列金属元素是过渡金属的是（　　）。

A. Na　　B. Al　　C. Cu　　D. Mg

(4) 下列金属元素是碱土金属的是（　　）。

A. Na　　B. K　　C. Cs　　D. Mg

(5) 下列金属元素的氢氧化物为蓝色的是（　　）。

A. Ag　　B. Al　　C. Cu　　D. Mg

2. 简要说明碱金属和碱土金属的性质有哪些相同之处和不同之处？与同族元素相比，锂、铍有哪些特殊性？

3. 何为过渡元素？它与主族金属相比有哪些特性？

4. 如何鉴定下列离子？

Ag^{+}、Sn^{2+}、Hg^{2+}、Cr^{3+}、$Cr_2O_7^{2-}$、Fe^{3+}、Fe^{2+}、Co^{2+}

5. 解释下列现象：

(1) 在 $CuSO_4$ 溶液中加入铜屑和适量 HCl，加热反应物，有白色沉淀生成。

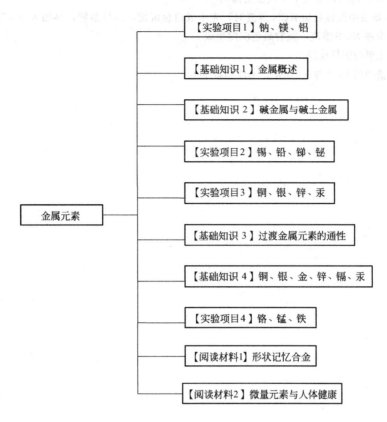

（2）$AgNO_3$ 存放在棕色瓶中。

（3）银器在含有 H_2S 的空气中会慢慢变黑。

（4）$AgNO_3$ 溶液中慢慢滴加 KCN 溶液时，先生成白色沉淀，然后溶解，再加入 NaCl 溶液时并无沉淀生成。但加入少许 Na_2S 溶液，就有黑色沉淀生成。

（5）埋在湿土里的铜钱变绿。

（6）在水溶液中用 Fe^{3+} 与 KI 作用，不能制得 FeI_3。

第八章

非金属元素

知识目标

1. 掌握元素周期表中非金属元素性质递变的规律，熟悉各族常见非金属元素的特性
2. 掌握非金属元素及其化合物的应用

能力目标

1. 能根据非金属元素性质的递变规律，推测未知元素的性质
2. 能根据元素性质，推断及鉴别物质

生活常识　消毒的毒气——氯

清晨，当你用自来水洗脸时，常会闻到一股刺鼻的气味，这就是氯气（Cl_2）的气味。我们平常所用的自来水，严格地说，是一种很稀的氯水（氯气，作用杀菌、消毒）。

实验项目1　卤素

【任务描述】

1. 了解卤素单质的溶解性；
2. 熟悉卤素单质的氧化性递变顺序和卤素离子的还原性递变顺序；
3. 掌握 HF 酸的性质；
4. 掌握卤素离子的鉴定方法。

【教学器材】

试管、玻璃片、离心机、滴管、镊子、塑料手套。

【教学药品】

固体：碘、锌粉、$FeSO_4 \cdot 7H_2O$、NaF。

酸：HCl(2mol·L^{-1})、HNO_3(2mol·L^{-1})、H_2SO_4(2mol·L^{-1})、HF(市售，质量分数不小于40%)。

碱：NaOH(2mol·L^{-1})。

其他：新配氯水、溴水、碘水、品红溶液、CCl_4、淀粉溶液、淀粉-KI试纸、石蜡、H_2O_2(质量分数3%)。

【组织形式】

两人一组，在教师指导下，根据实验步骤自行完成实验。

【注意事项】

氢氟酸气体有毒！吸入人体会使人中毒。氢氟酸能灼伤皮肤，所以操作要在通风橱中进行，且要小心防止溅在皮肤上（最好戴橡胶或塑料手套）。

【实验步骤】

1. 氯、溴、碘单质的溶解性

(1) 取三支试管，分别加入1mL新配制氯水、溴水和碘水，观察、记录颜色。

(2) 在以上3支试管中，各加入CCl_4 10滴，振荡试管，观察、记录CCl_4相和水相的颜色。

2. 自行设计实验，证明卤素间的置换顺序

3. 氢氟酸对玻璃的腐蚀性

在玻璃片上涂上石蜡层，用针头或刀尖在玻璃片中间刻字或图案，然后在通风橱中小心用塑料滴管吸取少量氢氟酸，滴或涂在图案上。至实验结束时，用镊子将玻璃片放在盛水的烧杯中，再取出用水冲一冲，除去玻璃片上的石蜡。观察、记录现象，写出反应方程式。

4. 次氯酸钠及次氯酸的氧化性

取氯水约4mL，加入2mol·L^{-1} NaOH溶液1～2滴（用pH试纸检验溶液刚到碱性为止），将溶液一分为三。

在第一支试管中加入1mol·L^{-1} KI溶液3～5滴，再加入2～3滴淀粉溶液，观察、记录现象，再滴加2mol·L^{-1} HCl，又如何？

在第二支试管中加入2mol·L^{-1} HCl溶液4～6滴，试证明有氯气生成，写出有关化学反应方程式。

在第三支试管中逐滴加入品红溶液，观察品红颜色是否褪去。

由上述实验结果，试对次氯酸及其盐的性质做出结论。

5. 自行设计实验，证明Br_2在碱性溶液中的歧化反应

提示：在碱性溶液中溴的元素电势图为

$$E^{\ominus}/V \quad BrO_3^- \xrightarrow{0.46} \underbrace{BrO_2^- \xrightarrow{0.54} \overbrace{BrO^- \xrightarrow{0.45} Br_2 \xrightarrow{1.07} Br^-}^{0.76}}_{0.65}$$

6. Cl^-、Br^-、I^-混合液分离及Br^-、I^-鉴定实验

Cl^-、Br^-、I^-混合液→加入过量$AgNO_3$→离心分离出（沉淀1）→加入2mol·L^{-1}氨水→离心分离（沉淀2）→滤液→HNO_3酸化，观察、记录现象。

沉淀2→加入1mol·L^{-1} $Na_2S_2O_3$→离心分离（沉淀3）→滤液→滴入氯水，观察、记录现象。

沉淀 3 → 加入 $2mol\cdot L^{-1}$ $Na_2S_2O_3$＋氯水＋CCl_4，观察、记录现象。

【想一想】 1. 实验中如何制备次氯酸钠？

2. 在 Br^-、I^- 混合溶液中加入氯水时，足量的氯最终能将 I^- 氧化成什么物质？

【任务解析】

1. 卤素单质的溶解性

卤素单质在水中的溶解度很小（氟与水发生强烈的化学反应），而在有机溶剂中的溶解度较大，在 CCl_4 中 Br_2 显橙色，I_2 显紫红色。

2. 卤素单质的氧化性和卤素离子的还原性

卤素单质典型的化学性质是氧化性。随着原子序数的递增，氧化性逐渐减弱。F_2 是最强的氧化剂。

氧化还原电对	F_2/F^-	Cl_2/Cl^-	Br_2/Br^-	I_2/I^-	O_2/H_2O
$E^{\ominus}$(pH=7)	2.87	1.36	1.08	0.535	0.816

卤素离子的还原性大小是 $I^->Br^->Cl^->F^-$。因此，卤素单质能把电负性比它小的卤素从其卤化物中置换出来。例如氟能把氯、溴、碘从它们相应的固态卤化物中置换出来，氯能把溴和碘从它们的卤化物溶液中置换出来，而溴又能从碘化物溶液中把碘置换出来。

$$F_2+2NaCl = Cl_2+2NaF$$

$$Cl_2+2NaBr = Br_2+2NaCl$$

$$Br_2+2NaI = I_2+2NaBr$$

3. HF 酸

卤化氢的水溶液称为氢卤酸，除氢氟酸是弱酸外，其他皆为强酸。但是氢氟酸却表现出一些独特的性质，例如它可与 SiO_2 反应：

$$SiO_2+4HF = SiF_4\downarrow+2H_2O$$

可利用这一性质来刻蚀玻璃或溶解各种硅酸盐。氢氟酸也可用来溶解普通强酸不能溶解的 Ti、Zr、Hf 等金属。这一特性与 F^- 半径特别小有关。

浓的氢氟酸会将皮肤灼伤，而难以痊愈，使用时应特别小心。

4. 氯的含氧酸及其盐的氧化性

卤素溶解于水，部分能与水发生作用，并且存在下列平衡：

$$X_2+H_2O = H^++X^-+HXO$$

在氯的水溶液中加入碱，平衡向右移动，生成氯化物和次氯酸盐，次氯酸和次氯酸盐都是强氧化剂，具有漂白性。

$$Cl_2+2NaOH = NaClO+NaCl+H_2O$$

$$2Cl_2+2Ca(OH)_2 = Ca(ClO)_2+CaCl_2+2H_2O$$

$$Ca(ClO)_2+4HCl = CaCl_2+2Cl_2+2H_2O$$

$$NaClO+H_2SO_4+2KI = I_2+NaCl+H_2O+K_2SO_4$$

漂白粉中含有 $Ca(ClO)_2$、$CaCl_2$、$Ca(OH)_2$ 和 H_2O，其有效成分是 $Ca(ClO)_2$，次氯酸盐（或漂白粉）的漂白作用主要基于次氯酸的氧化性。

基础知识1 卤素及其化合物

非金属元素除氢外，都位于元素周期表的右侧，包括卤族、氧族、氮族、碳族等。卤素是周期系中第ⅦA族元素，用X表示，包括氟(F)、氯(Cl)、溴(Br)、碘(I)、砹(At) 5种元素（At是放射性元素)。卤素一词的希腊原文是“成盐元素”的意思，它们都因能与典型的金属——碱金属化合生成盐而得名。

一、通性

在表8-1中列出了卤素的一些主要性质。

表8-1 卤族元素的性质

性质	氟(F)	氯(Cl)	溴(Br)	碘(I)
原子序数	9	17	35	53
最外层电子数	7	7	7	7
氧化值	−1	−1,+1,+3,+5,+7	−1,+1,+3,+5,+7	−1,+1,+3,+5,+7
原子半径/pm	64	99	114.2	127
$E^{\ominus}(X_2/X^-)/V$	2.87	1.36	1.07	0.54
熔点/℃	−219.7	−100.99	−7.3	113
沸点/℃	−188.2	−34.03	58.75	184.34
常温下状态	浅黄色气体	黄绿色气体	红棕色液体	紫黑色固体

从表8-1中可见，卤素的性质递变具有明显的规律性。例如熔点、沸点、原子半径等都随原子序数增大而增大。卤素单质的性质如下。

1. 物理性质

卤素单质的一些物理性质如熔点、沸点、颜色和聚集状态等随原子序数增加有规律地变化。在常温下，氟、氯为气体，溴为易挥发的液体，碘是固体。碘易升华，碘蒸气呈紫色。所有的卤素均有刺激性气味，强烈刺激眼、鼻、呼吸道及器官黏膜等，吸入较多蒸气会严重中毒，甚至死亡，刺激性从氟到碘依次减少。

碘难溶于水，但易溶于碘化物溶液（如碘化钾）中，这是由于I_2与I^-形成易溶于水的I_3^-：

$$I_2+I^- = I_3^-（棕色）$$

实验室中常用此反应获得较高浓度的碘水溶液。

2. 化学性质

卤素单质典型的化学性质是氧化性。F_2是最强的氧化剂，随着原子序数的递增，氧化性逐渐减弱。

卤素单质都能与氢直接化合生成卤化氢。氟与氢在阴冷处就能化合，放出大量热并引起爆炸；氯与氢的混合物在常温下缓慢化合，在强光照射下反应加快，甚至会发生爆炸反应；溴和氢化合反应程度比氯缓和；碘和氢在高温下能化合。

卤素和水可以发生两类化学反应，一类是对水的氧化反应：

$$2X_2+2H_2O = 4HX+O_2$$

另一类反应是卤素的歧化反应：

$$X_2+H_2O=\!=\!=H^++X^-+HXO$$

F_2 在水中只能进行置换反应，而 Cl_2、Br_2、I_2 可以进行歧化反应（对氯、溴、碘元素的歧化反应是主要的，但从氯到碘反应进行的程度越来越小），从歧化反应式可知，加酸可抑制正反应进行，加碱则促进生成卤化物和次卤酸。

二、卤化氢

卤化氢都是具有刺激性气味的无色气体，卤化氢的性质随原子序数增加而呈现有规律性的变化（见图 8-1）。

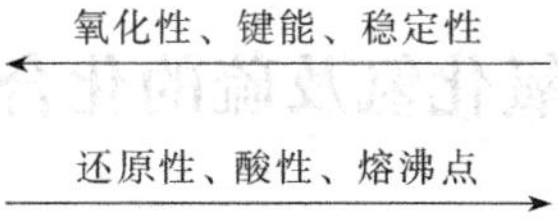

图 8-1　HX 性质的递变规律

其中 HF 因生成氢键，使得熔、沸点比 HCl 的高。在卤化氢和氢卤酸中卤素处于最低氧化值−1，因此它们具有还原性。HF 几乎不具有还原性，除电流外，任何强氧化剂都不能氧化它。其他氢卤酸通常被氧化为卤素单质。强氧化剂如 $KMnO_4$ 可氧化 HCl：

$$2KMnO_4+16HCl=\!=\!=2KCl+2MnCl_2+8H_2O+5Cl_2\uparrow$$

三、卤素离子的鉴定

常见无机离子的鉴定反应是元素化合物部分的主要内容。离子的鉴定是根据离子的性质，选择离子的特征反应，运用定性分析化学的方法去确证。

1. Cl^- 的鉴定

（1）$AgNO_3$ 溶液作用

在氯化物溶液中加入 $AgNO_3$，即有白色沉淀生成，此沉淀能溶于稀氨水，但不溶于 HNO_3：

$$Cl^-+Ag^+=\!=\!=AgCl\downarrow\text{（白色）}$$

$$AgCl+2NH_3=\!=\!=[Ag(NH_3)_2]^++Cl^-$$

（2）与 $KMnO_4$（或 MnO_2）作用

在氯化物溶液加 $KMnO_4$（或 MnO_2）和稀 H_2SO_4，加热即有氯气放出。Cl_2 使淀粉-KI 试纸显蓝色。

$$2Cl^-+MnO_2+4H^+=\!=\!=Mn^{2+}+Cl_2\uparrow+2H_2O$$

$$Cl_2+2I^-=\!=\!=2Cl^-+I_2$$

2. Br^- 的鉴定

（1）与 $AgNO_3$ 溶液作用

在溴化物溶液中加入 $AgNO_3$，即有淡黄色沉淀生成，此沉淀微溶于稀氨水，不溶于 HNO_3：

$$Br^-+Ag^+=\!=\!=AgBr\downarrow\text{（淡黄色）}$$

（2）与氯水作用

在溴化物溶液中加入氯水，再加氯仿（$CHICl_3$）振荡，氯仿层显黄色或红棕色：

$$2Br^-+Cl_2=\!=\!=Br_2+2Cl^-$$

3. I^- 的鉴定

(1) 与 $AgNO_3$ 溶液作用

碘化物溶液中加入 $AgNO_3$，即有黄色沉淀，此沉淀不溶于氨水及 HNO_3：

$$I^- + Ag^+ \longrightarrow AgI\downarrow(\text{黄色})$$

(2) 与氯水或铁（Ⅲ）作用

碘化物溶液中加入少量氯水或加 $FeCl_3$ 溶液，即有 I_2 生成。I_2 在 CCl_4 中显紫色，如加淀粉溶液则显蓝色：

$$2I^- + Cl_2 \longrightarrow I_2 + 2Cl^-$$
$$2I^- + 2Fe^{3+} \longrightarrow I_2 + 2Fe^{2+}$$

实验项目 2　过氧化氢及硫的化合物

【任务描述】

1. 掌握过氧化氢的氧化性和还原性；
2. 了解金属硫化物的溶解性的一般规律；
3. 熟悉 S^{2-}、SO_3^{2-}、$S_2O_3^{2-}$ 的鉴定方法。

【教学器材】

点滴板、离心机。

【教学药品】

固体：$FeSO_4\cdot7H_2O$、MnO_2、$KBrO_3$、$KClO_3$、$Na_2S\cdot9H_2O$、$Na_2SO_3\cdot7H_2O$、$Na_2SO_4\cdot10H_2O$、$Na_2S_2O_3\cdot5H_2O$、$K_2S_2O_8$、KIO_3。

酸：HCl（$2mol\cdot L^{-1}$，$6mol\cdot L^{-1}$，浓）、HNO_3（$6mol\cdot L^{-1}$，浓）、H_2SO_4（$2mol\cdot L^{-1}$）、H_2S（饱和溶液）。

碱：NaOH（$2mol\cdot L^{-1}$）、$NH_3\cdot H_2O$（$2mol\cdot L^{-1}$）。

盐：$CrCl_3$（$0.1mol\cdot L^{-1}$）、KI（$0.1mol\cdot L^{-1}$）、$KMnO_4$（$0.01mol\cdot L^{-1}$）、K_2CrO_4（$0.1mol\cdot L^{-1}$）、$K_2Cr_2O_7$（$0.1mol\cdot L^{-1}$）、$K_4[Fe(CN)_6]$（$0.1mol\cdot L^{-1}$）、NaCl（$0.1mol\cdot L^{-1}$）、$ZnSO_4$（$0.1mol\cdot L^{-1}$，饱和溶液）、$CdSO_4$（$0.1mol\cdot L^{-1}$）、$CuSO_4$（$0.1mol\cdot L^{-1}$）、$Hg(NO_3)_2$（$0.1mol\cdot L^{-1}$）、Na_2S（$0.1mol\cdot L^{-1}$）、$FeCl_3$（$0.1mol\cdot L^{-1}$）、$AgNO_3$（$0.1mol\cdot L^{-1}$）、Na_2SO_3（$0.1mol\cdot L^{-1}$）、$MnSO_4$（$0.01mol\cdot L^{-1}$）、$Na_2[Fe(CN)_5NO]$（质量分数1%）、$Pb(Ac)_2$（$0.1mol\cdot L^{-1}$）、$Na_2S_2O_3$（$0.1mol\cdot L^{-1}$）、$KBrO_3$（$0.1mol\cdot L^{-1}$）。

其他：H_2O_2（质量分数3%）、淀粉溶液、氯水、溴水、碘水（$0.01mol\cdot L^{-1}$）、淀粉-KI试纸、滤纸条、乙醚、品红试液、$Pb(Ac)_2$ 试纸。

【组织形式】

两人一组，在教师指导下，根据实验步骤自行完成实验。

【注意事项】

试管加热时，注意安全。

【实验步骤】

1. 参考标准电极电势表，自行设计实验，证明 H_2O_2 具有氧化性和还原性

(1) 分别以1～2个实验来证明 H_2O_2 的氧化性和还原性。

（2）尽可能在本实验所提供的药品中选择所需的有关试剂。

（3）所作实验应有明显的现象产生。

提示：含氧酸盐在酸性介质中可视为含氧酸。

2. H_2O_2 的鉴定

（1）取浓度为 0.1mol·L^{-1} $K_2Cr_2O_7$ 溶液 2 滴，加入 3%的 H_2O_2 溶液 3～4 滴和 10 滴乙醚，然后慢慢滴加浓度为 6mol·L^{-1}的 HNO_3，振荡试管，在乙醚层有蓝色出现，表示有 H_2O_2 存在。

（2）用 K_2CrO_4 代替 $K_2Cr_2O_7$，重复以上实验，解释 H_2O_2 在反应中的作用，写出反应方程式。

3. 硫化物的溶解性

（1）在 5 支小试管中，分别加入 0.1mol·L^{-1}的 NaCl、$ZnSO_4$、$CuSO_4$、$CdSO_4$、$Hg(NO_3)_2$溶液各 5 滴，再各加入 1mL 饱和 H_2S 溶液，观察并记录现象。

（2）将有沉淀的试管离心分离后，弃去清液，于沉淀试管中各加入 2mol·L^{-1} HCl 适量，振荡后，观察并记录实验现象。

（3）用 6mol·L^{-1}的 HCl 代替 2mol·L^{-1}的 HCl 重复上述操作，观察并记录实验现象。

（4）将有沉淀的试管离心，弃清液，用 2mL 水洗涤沉淀一次，再离心，弃洗涤液，然后各加入浓 HNO_3 适量，且试管要在振荡下适当加热，观察记录实验现象。

（5）重复（4）的操作，以王水取代浓 HNO_3，观察记录实验现象。

注意：实验（2）～实验（5），特别是实验（4）、实验（5），应在通风橱中进行。

记录与讨论：① 生成的硫化物是否都沉淀？② 相应各硫化物的颜色。③ 将实验中硫化物的颜色和溶解度变化与教材中内容进行比较。④ 根据相应的硫化物溶度积大小，得出相应的硫化物溶解时需要不同的溶剂及不同浓度的一般规律，并写出相应的化学反应方程式。

4. H_2SO_3、$S_2O_8^{2-}$ 的氧化性

（1）取 0.1mol·L^{-1}的 Na_2SO_3 溶液 5 滴，加入 2mol·L^{-1} H_2SO_4 溶液 2～3 滴酸化，然后逐滴加入 H_2S 饱和溶液，观察、记录现象，写出反应方程式。

（2）取 0.1mol·L^{-1}KI 溶液 5 滴，加入 2mol·L^{-1} H_2SO_4 溶液 2～3 滴酸化，然后加入少许 $K_2S_2O_8$固体，振荡试管，观察现象，写出反应方程式。

（3）在 10 滴蒸馏水中，加入 1～2 滴 2mol·L^{-1} H_2SO_4 溶液酸化，然后依次加入 0.01mol·$L^{-1}$$MnSO_4$ 溶液 2 滴和 0.1mol·L^{-1} $AgNO_3$ 溶液 1 滴，混合均匀后，加入少量的 $K_2S_2O_8$固体并微热，观察、记录现象，写出反应方程式。

由上述实验现象，对 H_2SO_3、$K_2S_2O_8$的性质得出结论。

5. S^{2-}、SO_3^{2-}、$S_2O_3^{2-}$ 的鉴定

（1）S^{2-}的鉴定

① 在点滴板上滴 1 滴 0.1mol·L^{-1}的含 S^{2-} 溶液，再加入质量分数为 1%的 $Na_2[Fe(CN)_5NO]$溶液 1 滴，试液中出现红紫色，表示有 S^{2-} 存在。

注意：试剂呈碱性时，才有颜色出现，如为酸性，则要加 2mol·L^{-1}氨水 1～2 滴，以改变其酸度。

② 取 0.1mol·L^{-1} Na_2S 溶液 10 滴加入试管中，再加入 2mol·L^{-1} HCl 溶液 5 滴，将湿的 $Pb(Ac)_2$ 试纸盖在试管口上，将试管在小火上微热，试纸上有黑斑出现，表示有 S^{2-} 存在，写出反应方程式。

（2）SO_3^{2-} 的鉴定

在点滴板上滴 2 滴饱和 $ZnSO_4$ 溶液，加入新配的 0.1mol·L^{-1} $K_4[Fe(CN)_6]$ 溶液 1 滴和前述新配的 $Na_2[Fe(CN)_5NO]$ 溶液 1 滴，再加入含 SO_3^{2-} 溶液 1 滴，用玻璃棒搅匀出现红色沉淀表示有 SO_3^{2-} 存在。

注意：酸性条件会使红色消失或不明显，此时可加入 2mol·L^{-1} 氨水 1～2 滴。

（3）$S_2O_3^{2-}$ 的鉴定

在点滴板上滴 1 滴 0.1mol·L^{-1} 的 $Na_2S_2O_3$ 溶液，再加入 0.1mol·L^{-1} $AgNO_3$ 溶液 1～2 滴，即有白色沉淀出现，观察沉淀颜色的变化。

（4）用最简单的方法鉴别下列四种固体物质

实验室有 A、B、C、D 四种没有标签的固体物质，但是知道它们分别是 Na_2S、Na_2SO_3、Na_2SO_4、$Na_2S_2O_3$。请用最简单的方法将它们鉴别出来。

要求：

① 设计并写好区别上列物质的实验操作步骤。

② 通过明显、可靠的实验现象，以准确的论据推断出 A、B、C、D 各为何物质。

【想一想】 1. H_2O_2 既有氧化性，又有还原性，介质对它的这种性质有何影响？

2. H_2SO_3 和 $Na_2S_2O_3$ 都既有还原性，又有氧化性，对这两种物质来说，哪个性质是主要的？

【任务解析】

1. 过氧化氢的氧化性和还原性

过氧化氢中的氧，其氧化值是−1，处于氧元素的中间氧化态。所以，过氧化氢既具有氧化性，又具有还原性，其氧化性较为常见。还可发生歧化反应，因为无论在酸性还是碱性介质中，H_2O_2 在左边的电势值总是小于右边的电势值，但其歧化反应的速率不大。

$$H_2O_2 + 2I^- + 2H^+ \longrightarrow I_2 + 2H_2O$$

$$5H_2O_2 + 2MnO_4^- + 6H^+ \longrightarrow 5O_2\uparrow + 2Mn^{2+} + 8H_2O$$

$$2H_2O_2 \longrightarrow 2H_2O + O_2\uparrow$$

过氧化氢在酸性溶液中，能与重铬酸钾反应，生成蓝色的过氧化 CrO_5。

$$4H_2O_2 + Cr_2O_7^{2-} + 2H^+ \longrightarrow 2CrO_5 + 5H_2O$$

$$4CrO_5 + 12H^+ \longrightarrow 4Cr^{3+} + 6H_2O + 7O_2\uparrow$$

利用这个反应可鉴别 H_2O_2，并且也可利用这个反应来鉴别 $Cr_2O_7^{2-}$ 和 CrO_4^{2-} 的存在。

2. 金属硫化物的溶解性

硫化氢稍溶于水，是常用的较强的还原剂，H_2S 的水溶液在空气中易于被空气中的氧氧化析出硫。

$$2H_2S + O_2 \longrightarrow 2S\downarrow + 2H_2O$$

硫化氢能和多种金属离子作用，生成不同颜色和不同溶解性的硫化物。根据溶度积规则，只有当离子积小于溶度积时，沉淀才能溶解。故此，针对不同金属硫化物，要使其溶解，一种方法是提高溶液的酸度，抑制 H_2S 的离解；另一种方法是采用氧化剂，将 S^{2-} 氧化，以使沉淀溶解。例如，白色的 ZnS 溶于稀酸，黄色的 CdS 溶于较浓的盐酸，黑色的 CuS、Ag_2S 溶于硝酸，而黑色的 HgS 需要在王水中才能溶解。

3. 硫化氢、亚硫酸盐及其盐、硫代硫酸盐的还原性、过二硫酸盐的氧化性

S^{2-}能和稀酸作用产生 H_2S 气体。可以根据产生的 H_2S 具有特殊的臭鸡蛋味或其能使 $Pb(Ac)_2$ 试纸变黑的现象来检测出 S^{2-}，此外，在弱碱条件下，S^{2-}能与 $Na_2[Fe(CN)_5NO]$（亚硝酸五氰合铁酸钠）作用，生成紫红色配合物，利用这一特征反应可鉴定 S^{2-}：

$$S^{2-}+[Fe(CN)_5NO]^{2-}\longrightarrow[Fe(CN)_5NOS]^{4-}$$

SO_2 溶于水生成 H_2SO_3，H_2SO_3 及其盐常作为还原剂。但遇到比其强的还原剂时，也可作氧化剂：

$$H_2SO_3+I_2+H_2O\longrightarrow SO_4^{2-}+2I^-+4H^+$$

$$5SO_3^{2-}+2MnO_4^-+6H^+\longrightarrow 5SO_4^{2-}+2Mn^{2+}+3H_2O$$

$$H_2SO_3+2H_2S\longrightarrow 3S\downarrow+3H_2O$$

SO_3^{2-} 能与 $Na_2[Fe(CN)_5NO]$ 反应生成红色配合物，加入硫酸锌的饱和溶液和 $K_4[Fe(CN)_6]$溶液后，可使红色显著加深，利用这个反应可以鉴定 SO_3^{2-} 的存在。

$H_2S_2O_3$ 不稳定，易分解为 S 和 SO_2，其反应为：

$$H_2S_2O_3\longrightarrow H_2O+S\downarrow+SO_2\uparrow$$

而 $Na_2S_2O_3$ 稳定，且是较强的还原剂，能将 I_2 还原为 I^-，本身被氧化为连四硫酸钠，其反应为：

$$2Na_2S_2O_3+I_2\longrightarrow Na_2S_4O_6+2NaI$$

该反应是定量进行的，在分析化学上用于碘量法测定。

$S_2O_3^{2-}$ 与 Ag^+ 生成白色 $Ag_2S_2O_3$ 沉淀，随后 $Ag_2S_2O_3$ 在发生水解过程中迅速出现一系列层次可辨的颜色变化，即白→黄→棕，最终成为黑色的 Ag_2S 沉淀：

$$2AgNO_3+Na_2S_2O_3\longrightarrow Ag_2S_2O_3\downarrow+2NaNO_3$$

$$Ag_2S_2O_3+H_2O\longrightarrow Ag_2S\downarrow+H_2SO_4$$

利用这一特征可鉴别 $S_2O_3^{2-}$ 的存在。

若 S^{2-}、SO_3^{2-}、$S_2O_3^{2-}$ 同时存在，可先除去对鉴别其他两种离子有干扰的 S^{2-}，然后再分别鉴定即可。

过硫酸盐如过二硫酸钾（$K_2S_2O_8$）在酸性介质中具有强氧化性，其可发生以下反应：

$$5K_2S_2O_8+2MnSO_4+8H_2O\xrightarrow{Ag^+}5K_2SO_4+2HMnO_4+7H_2SO_4$$

基础知识 2 氧族元素及其化合物

周期系第ⅥA 族包括氧、硫、硒、碲、钋 5 个元素，统称为氧族元素。其中氧是地壳中含量最多的元素。在自然界中氧和硫能以单质存在。硒、碲是稀有元素。钋是放射性元素。

一、通性

氧族元素的主要性质列于表 8-2。

表 8-2 氧族元素的性质

性质	氧(O)	硫(S)	硒(Se)	碲(Te)	钋(Po)
原子序数	8	16	34	52	84

续表

性质	氧(O)	硫(S)	硒(Se)	碲(Te)	钋(Po)
最外层电子数	6	6	6	6	6
主要氧化数	−2,+6	−2,+2,+4,+6	−2,+2,+4,+6	−2,+2,+4	
熔点/℃	−218.6	112.8	221	450	254
沸点/℃	−183.0	444.6	685	1009	962
原子半径/pm	66	104	117	137	153

氧族元素与非金属性强的元素化合时，可呈现＋2、＋4、＋6 氧化值。氧除了与氟化合时显正氧化值外，在所有化合物中均表现－2 氧化值（氧在过氧化物中的氧化值为－1)。

氧和硫的性质相似，都是活泼非金属。氧能与许多元素直接化合，生成氧化物，硫也能与氢、卤素及几乎所有的金属起作用，生成相应化合物的性质有很多相似之处。

二、氧族元素的化合物

1. 过氧化氢

过氧化氢的分子式为 H_2O_2，俗称双氧水。纯品是无色黏稠液体，能和水以任意比例混合。市售品有 30%和 3%两种规格。

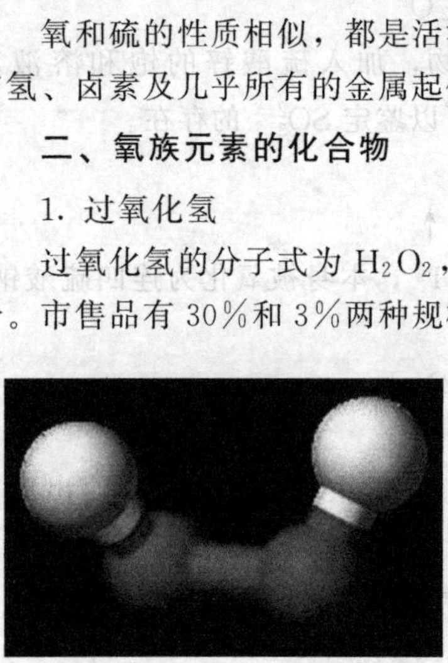

图 8-2 过氧化氢的分子结构

H_2O_2 的结构是 H—O—O—H，中间部分的—O—O—称为过氧键。2 个 H 原子和 O 原子并非在同一平面上，分子呈立体结构，如图 8-2 所示。H_2O_2 分子间由于存在氢键而有缔合作用，其缔合程度大于水，约是水中的 1.5 倍。

过氧化氢的化学性质主要表现为对热的不稳定性、氧化还原性和酸性。

① 不稳定性　纯的过氧化氢溶液较稳定些，但光照、加热和增大碱度都能促使其分解，故常用棕色瓶储存，放在阴凉处。重金属离子（Mn^{2+}、Cr^{3+}、Fe^{3+}）和 MnO_2 等对 H_2O_2 的分解有催化作用。

② 弱酸性　过氧化氢是一种二元弱酸，在水溶液中按下式解离：

$$H_2O_2 \rightleftharpoons H^+ + HO_2^- \quad K_{a_1}^{\ominus} = 2.2\times10^{-12}$$

H_2O_2 的 K_{a_2} 更小。H_2O_2 作为酸，可以与一些碱反应生成盐，例如：

$$H_2O_2 + Ba(OH)_2 = BaO_2 + 2H_2O$$

③ 氧化还原性　在 H_2O_2 分子中氧的氧化值为－1，处于中间价态，所以它既有氧化性又有还原性。例如在酸性溶液中可将 I^- 氧化为 I_2：

$$H_2O_2 + 2I^- + 2H^+ = I_2 + 2H_2O$$

过氧化氢的还原性较弱，尤其是在酸性介质。只有在遇到比它更强的氧化剂时才表现出还原性。例如：

$$2MnO_4^- + 5H_2O_2 + 6H^+ = 2Mn^{2+} + 5O_2\uparrow + 8H_2O$$

$$Cl_2 + H_2O_2 = 2HCl + O_2\uparrow$$

H_2O_2 的氧化性比还原性要显著，因此，它的主要用途是基于它的氧化性。3%的 H_2O_2 用作消毒剂，稀的 H_2O_2 和 30%的 H_2O_2 是实验室常用试剂。H_2O_2 能将有色物质氧化为无色，所以可用作漂白剂。H_2O_2 无论作为氧化剂还是作为还原剂都很“洁净”，因为它不会给反应体系引入新的杂质，而且过量部分很容易在加热时分解为 H_2O 和 O_2，O_2 从体系中逸出而不增加新的物种。

过氧化氢的浓溶液和蒸气对人体会产生危害，30%的 H_2O_2 会灼伤皮肤，H_2O_2 蒸气对眼睛黏膜有强烈的刺激作用，因此使用时要格外小心。

2. 硫化氢和氢硫酸

硫化氢（H_2S）是一种有毒气体，为大气污染物，空气中含 0.1% H_2S 会引起头晕，大量吸入会造成死亡。经常接触 H_2S 则会引起慢性中毒，所以在制取和使用 H_2S 时要注意通风。

硫化氢微溶于水，水溶液称为氢硫酸。20℃时，1 体积水约可溶解 2.6 体积的硫化氢，所得溶液的浓度约为 $0.1mol \cdot L^{-1}$。

氢硫酸是一个很弱的二元酸，分两级解离：

$$H_2S \longrightarrow H^+ + HS^- \qquad K_{a_1}^{\ominus} = 9.1 \times 10^{-8}$$

$$HS^- \longrightarrow H^+ + S^{2-} \qquad K_{a_2}^{\ominus} = 1.1 \times 10^{-12}$$

故

$$K_{a_1}^{\ominus} K_{a_2}^{\ominus} = \frac{[H^+]^2[S^{2-}]}{[H_2S]} = 1.0 \times 10^{-19}$$

上式表明溶液中硫离子浓度的大小与氢离子浓度的平方成反比，在定性分析中可通过控制溶液的酸碱度来控制 $[S^{2-}]$，使溶解度不同的硫化物沉淀分离。

氢硫酸是一个二元弱酸，可生成两类盐，即正盐（硫化物）和酸式盐（硫氢化物），两类盐都易水解。

H_2S 中 S 的氧化值为 -2，因此它具有还原性，例如：

$$H_2S + 4Cl_2 + 4H_2O \longrightarrow 8HCl + H_2SO_4$$

在空气中放置，就被氧化而析出硫：

$$2H_2S + O_2 \longrightarrow 2S\downarrow + 2H_2O$$

总之，H_2S 最主要的化学性质是弱酸性、还原性以及许多金属离子发生沉淀反应。

硫化物与盐酸作用，放出 H_2S 气体，它可使醋酸铅试纸变黑，这也是鉴别 S^{2-} 的方法之一：

$$S^{2-} + 2H^+ \longrightarrow H_2S\uparrow$$

$$Pb(Ac)_2 + H_2S \longrightarrow PbS\downarrow(黑) + 2HAc$$

三、氧族元素的硫化物

1. 金属硫化物

金属硫化物的特性是难溶于水，除碱金属和碱土金属硫化物外（BeS 难溶），其他金属硫化物几乎都不溶于水。金属硫化物按溶解的方法不同，可分为五类，如表 8-3 所示。

表 8-3 金属硫化物的颜色及溶解性

硫化物	颜色	$K_{sp}^{\ominus}$	溶解性
Na_2S	无色	—	溶于水或稍溶于水
K_2S	黄棕色	—	
BaS	无色	—	
MnS	肉色	1.4×10^{-15}	溶于 $0.3mol \cdot L^{-1}$ 的 H^+ 溶液
NiS(a)	黑色	3.2×10^{-19}	
FeS	黑色	3.7×10^{-19}	
CoS(a)	黑色	4.0×10^{-21}	
ZnS	白色	1.6×10^{-24}	

续表

硫化物	颜色	$K_{sp}^{\ominus}$	溶解性
CdS PbS	黄色 黑色	8.0×10^{-27} 3.4×10^{-28}	溶于浓 HCl
Ag_2S CuS	黑色 黑色	1.6×10^{-49} 8.5×10^{-36}	溶于浓 HNO_3
HgS	黑色	4×10^{-53}	溶于王水

随着硫化物溶度积的减小，溶解它就要设法把溶液中 S^{2-}、金属离子浓度降得越来越低，故溶解的手段要求也越来越苛刻。在无机化学中常利用硫化物的难溶解性来除去金属离子杂质。在分析化学中利用硫化物溶解方法的多样性以及硫化物的特征的颜色，用来分离和鉴别金属离子。

2. 硫的含氧酸盐及其盐

硫能形成种类繁多的含氧酸，如 H_2SO_3、H_2SO_4、$H_2S_2O_3$ 等。

(1) 亚硫酸及其盐

二氧化硫溶于水，部分与水作用生成亚硫酸：

$$SO_2 + H_2O = H_2SO_3$$

H_2SO_3 很不稳定，仅存在于溶液中，它是一个中强酸，亚硫酸可形成两种盐，即正盐和酸式盐，如 Na_2SO_3、$Ca(HSO_3)_2$等。

由于在二氧化硫、亚硫酸及其盐中，硫的氧化值为+4，所以既有氧化性，也有还原性，但以还原性为主，只有遇到强还原剂时，才表现出氧化性。例如：

$$2H_2S + 2H^+ + SO_3^{2-} = 3S\downarrow + 3H_2O$$

还原性以亚硫酸盐最强，其次为亚硫酸，二氧化硫最弱。空气中的 O_2 可氧化亚硫酸及亚硫酸盐：

$$2H_2SO_3 + O_2 = 2H_2SO_4$$

$$2Na_2SO_3 + O_2 = 2Na_2SO_4$$

因此，保存亚硫酸及亚硫酸盐时，应防止空气的进入。

亚硫酸盐在工业上有很多用途，如印染工业常用亚硫酸钠或亚硫酸氢钠作除氯剂，除去漂白后残余的氯。它们还可以用作消毒剂，杀灭霉菌。长期以来亚硫酸盐还被用于食品工业，亚硫酸盐曾被认为是食品的安全添加剂，在 pH 小于 4 的食品中所添加的亚硫酸盐，可以 SO_2 的形式挥发；而且它在人体中经亚硫酸氧化酶作用，会被氧化为无毒的硫酸盐。但是，对于亚硫酸盐过敏的人则会发生一些不良反应，如气喘、腹泻等。因此，目前经济发达的国家对食品中的亚硫酸盐含量已有限制。

(2) 硫及其盐

硫酸是主要的化工产品之一。大约有上千种化工产品需要硫酸为原料，硫酸主要用于化肥生产，此外还大量用于农药、燃料、医药、国防和轻工业等部门。

纯硫酸是无色油状液体，是二元酸中酸性最强的酸，浓硫酸具有强的吸水性。它与水混合时，由于形成水合物而放出大量的热，可使水局部沸腾而飞溅，所以稀释浓硫酸时，要在搅拌下将酸沿器壁慢慢倒入水中，切不可将水倒入浓硫酸中。利用浓硫酸的吸水能力，常用其作干燥剂。

浓硫酸还具有强烈的脱水性，能将有机物分子中的氢和氧按水的比例脱去，使有机物碳化。例如，蔗糖与浓 H_2SO_4 作用：

$$C_{12}H_{22}O_{11} \xrightarrow{H_2SO_4(浓)} 12C + 11H_2O$$

因此，浓硫酸能严重地破坏动、植物组织，如损坏衣物和烧伤皮肤，使用时应注意安全。

浓硫酸是很强的氧化剂，特别在加热时，能氧化很多金属和非金属。它将金属和非金属氧化为相应的氧化物，金属氧化物则与硫酸作用生成硫酸盐。浓硫酸作氧化剂时本身可被还原为 SO_2、S 或 H_2S。它和非金属作用时，一般还原为 SO_2。它和金属作用时，其被还原的程度和金属的活泼性有关。不活泼金属的还原性弱，只能将硫酸还原为 SO_2；活泼金属的还原性强，可以将硫酸还原为单质 S，甚至 H_2S：

$$C + 2H_2SO_4 = CO_2\uparrow + 2SO_2\uparrow + 2H_2O$$

$$Cu + 2H_2SO_4 = CuSO_4 + SO_2\uparrow + 2H_2O$$

酸式硫酸盐和大多数硫酸盐都易溶于水，但 $PbSO_4$、$CaSO_4$ 等难溶于水，而 $BaSO_4$ 几乎不溶于水也不溶于酸。因此，常用可溶性的钡盐溶液鉴定溶液中是否存在 SO_4^{2-}：

$$SO_4^{2-} + Ba^{2+} = BaSO_4$$

多数硫酸盐还具有生成复盐的倾向，如莫尔盐 $(NH_4)_2SO_4 \cdot FeSO_4 \cdot 6H_2O$、铝钾矾 $K_2SO_4 \cdot Al_2(SO_4)_3 \cdot 24H_2O$ 等。许多硫酸盐具有很重要的用途，如明矾是常用的净水剂；胆矾（$CuSO_4 \cdot 5H_2O$）是消毒杀菌剂和农药；绿矾（$FeSO_4 \cdot 12H_2O$）是农药、医药等的原料；芒硝（$Na_2SO_4 \cdot 10H_2O$）是主要的化工原料。

（3）硫代硫酸盐

亚硫酸盐与硫作用生成硫代硫酸盐。例如将硫粉溶于沸腾的亚硫酸钠碱性溶液中可制得 $Na_2S_2O_3$：

$$Na_2SO_3 + S = Na_2S_2O_3$$

硫代硫酸钠俗称大苏打，商品名为海波，是无色透明的晶体。易溶于水，水溶液呈弱碱性。它在中性或碱性溶液中很稳定，在酸性溶液中由于生成不稳定的硫代硫酸而分解：

$$S_2O_3^{2-} + 2H^+ = S\downarrow + SO_2\uparrow + H_2O$$

也常用这个反应来鉴定 $S_2O_3^{2-}$。

重金属的硫代硫酸盐难溶并且不稳定。例如 Ag^+ 与 $S_2O_3^{2-}$ 生成的白色沉淀 $Ag_2S_2O_3$，在溶液中 $Ag_2S_2O_3$ 迅速分解，颜色由白色经过黄色、棕色，最后变成黑色 Ag_2S，用此反应可鉴定 $S_2O_3^{2-}$：

$$S_2O_3^{2-} + 2Ag^+ = Ag_2S_2O_3\downarrow$$

$$Ag_2S_2O_3 + H_2O = Ag_2S\downarrow + H_2SO_4$$

硫代硫酸钠除以上用途外，在化工生产中常被用作还原剂；纺织、造纸工业中漂白物的脱氯剂；还用于电镀、鞣革等行业。

（4）过二硫酸盐

过二硫酸分子具有强氧化性，能与许多还原剂发生反应，例如过二硫酸盐在 Ag^+ 催化下，能将 Mn^{2+} 氧化为 MnO_4^-：

$$S_2O_8^{2-} + 2e^- = 2SO_4^{2-} \quad E^{\ominus} = 2.0V$$

$$2Mn^{2+} + 5S_2O_8^{2-} + 8H_2O \xrightarrow{Ag^+} 2MnO_4^- + 10SO_4^{2-} + 16H^+$$

这一反应用于钢铁分析中测定锰的含量。

过二硫酸盐及其盐不稳定，受热易分解。例如：

$$2K_2S_2O_8 \xlongequal{} 2K_2SO_4 + 2SO_3\uparrow + O_2\uparrow$$

过二硫酸盐固体因逐渐分解而失去氧化性，此外它与有机物混合易引起爆炸，所以使用时应引起注意。过二硫酸盐在合成橡胶、树脂工业中作聚合引发剂；在肥皂、油脂工业中作漂白剂；在染料的氧化及金属的刻蚀等方面也有应用。

实验项目3 氮、磷、碳、硅、硼

【任务描述】

1. 掌握硝酸的氧化性，了解相应盐包括铵盐的性质；

2. 熟悉碳、硅、硼含氧酸盐在水溶液中的水解；

3. 学会 NH_4^+、NO_3^-、NO_2^-、CO_2^{2-}、PO_2^{3-} 的鉴定方法；

4. 了解活性炭的吸附作用。

【教学器材】

点滴板、普通漏斗、表面皿。

【教学药品】

固体：$FeSO_4 \cdot 7H_2O$、锌粉、硫黄粉、铜粉、硼砂、$NaNO_3$、Na_3PO_4、Na_2CO_3、$NaHCO_3$、Na_2SiO_3。

酸：HCl（$2mol \cdot L^{-1}$）、HNO_3（$2mol \cdot L^{-1}$，浓）、H_2SO_4（浓）。

碱：NaOH（$2mol \cdot L^{-1}$）、饱和石灰水（新配）。

盐：NH_4Cl（$0.1mol \cdot L^{-1}$）、$BaCl_2$（$0.1mol \cdot L^{-1}$）、KNO_3（$0.1mol \cdot L^{-1}$）、KNO_2（$0.1mol \cdot L^{-1}$）、Na_2CO_3（$0.1mol \cdot L^{-1}$）、$NaHCO_3$（$0.1mol \cdot L^{-1}$）、$PbNO_3$（$0.001mol \cdot L^{-1}$）、$KMnO_4$（$0.01mol \cdot L^{-1}$）、K_2CrO_4（$0.1mol \cdot L^{-1}$）、Na_2SiO_3（$d=1.06$，用水玻璃配制）、$Na_2B_2O_7$（$0.1mol \cdot L^{-1}$）、$Hg(NO_3)_2$（$0.001mol \cdot L^{-1}$）、KI（$0.02mol \cdot L^{-1}$）、$(NH_4)_6Mo_7O_{24}$（$0.1mol \cdot L^{-1}$）、Na_3PO_4 $0.1mol \cdot L^{-1}$。

其他：活性炭、靛蓝溶液、pH 试纸、滤纸、甘油、奈斯勒试剂。

【组织形式】

两人一组，在教师指导下，根据实验步骤完成实验。

【注意事项】

使用浓硝酸、浓硫酸时注意安全。

【实验步骤】

1. 铵盐的鉴定

(1) 气室法

在一块表面皿中心贴一条湿润的 pH 试纸，在另一表面皿中间加 3～4 滴铵盐溶液及 $2mol \cdot L^{-1}$ NaOH 溶液 2 滴，混合均匀后，将贴试纸的表面皿盖在盛有试液的表面皿上做成“气室”。将此“气室”放在水浴上加热。观察试纸变化，记录现象。

(2) 奈斯勒试剂鉴定法

在点滴板上滴1～2滴铵盐溶液，再加3滴奈斯勒试剂，观察并记录现象，写出反应方程式。

2. 浓硝酸和稀硝酸的氧化性

（1）在两支干燥试管中，各加入少量硫黄粉，再分别加入1mL浓硝酸和2mol·L^{-1} HNO_3，加热煮沸（在通风橱内加热），静置一会，分别加0.1mol·L^{-1} $BaCl_2$溶液少许，振荡试管，观察并记录现象，得出结论，写出反应方程式。

（2）在分别盛有少量锌粉和铜粉的试管中，分别加入浓度为2mol·L^{-1}的HNO_3 1mL，观察现象并写出相应的反应方程式。

（3）在分别盛有少量铜粉、锌粉的试管中，各加入1mL浓HNO_3，有何现象？写出反应方程式。

3. NO_3^-、NO_2^-、CO_3^{2-}、PO_4^{3-}的鉴定

（1）NO_3^-的鉴定

试管中加入0.1mol·L^{-1} KNO_3溶液1mL、1～2小粒$FeSO_4$晶体，振荡溶解后，将试管倾斜，沿试管壁慢慢滴加浓H_2SO_4 4～5滴（切勿摇动试管，浓H_2SO_4密度大，在溶液下层），观察两液层交界处，若有棕色环产生，证明有NO_3^-存在。写出反应方程式。

（2）NO_2^-的鉴定

试管中加入0.1mol·L^{-1} KNO_2溶液1mL，加入2mol·L^{-1} HAc 3～5滴酸化，再加入几小粒$FeSO_4$晶体，如有棕色出现，证明NO_2^-存在。写出反应方程式。

（3）CO_3^{2-}的鉴定

试管中加入1mol·L^{-1} Na_2CO_3溶液1 mL，滴加2mol·L^{-1} HCl溶液，观察有何现象产生。将蘸有饱和石灰水的玻璃棒垂直置于试管中，观察有何现象产生。若石灰水变浑浊，证明有CO_3^{2-}存在。写出反应方程式。

（4）PO_4^{3-}的鉴定

试管中加入0.1mol·L^{-1} Na_3PO_4溶液1mL，再加入0.5mL钼酸铵试剂，剧烈振荡试管或微热至40～50℃，如有黄色出现，证明PO_4^{3-}存在。写出反应方程式。

4. 活性炭的吸附作用

（1）活性炭对溶液中有色物质的脱色作用

试管中加入2mL靛蓝溶液，再加入少量活性炭，振荡试管，然后用普通漏斗过滤，滤液盛接在另一支试管中，观察其颜色有何变化？试解释之。

（2）活性炭对汞、铅盐的吸附作用

① 试管中加入2mL 0.001mol·L^{-1} $Hg(NO_3)_2$溶液，然后加入0.02mol·L^{-1} KI溶液2～3滴，观察现象。

在另一试管中加入2mL 0.001mol·L^{-1} $Hg(NO_3)_2$溶液，然后加入少量活性炭，振荡试管，过滤。在滤液中加入几滴0.02mol·L^{-1} KI溶液，观察现象，与上进行比较，并解释之。

② 用$Pb(NO_3)_2$进行类似①的实验，并以0.1mol·L^{-1} K_2CrO_4代替KI进行Pb^{2+}的检验，写出相应的反应方程式，并得出结论。

5. 碳、硅、硼含氧酸盐的水解

（1）用pH试纸测定表8-4中溶液的pH，并与计算值对照。

表 8-4 溶液的 pH 值实验数据表

溶液	$NaHCO_3$	Na_2CO_3	Na_2SiO_3	$Na_2B_4O_7$
pH 实验值				

（2）在 4 支试管中分别加入 Na_2CO_3、$NaHCO_3$、Na_2SiO_3 和 $Na_2B_4O_7$ 溶液 1mL，再各加入 $0.1mol \cdot L^{-1}$ 从 NH_4Cl 溶液 1mL，稍加热后，用 pH 试纸检查哪些试管有氨气逸出，解释现象，写出反应方程式。

6. 硅酸凝胶的生成

（1）取 1 支试管，加入 3mL Na_2SiO_3 溶液，再通入 CO_2 气体，观察反应物的颜色和状态，写出反应方程式。

（2）取 1 支试管，加入 3mL Na_2SiO_3 溶液，滴加浓度为 $2mol \cdot L^{-1}$ 的 HCl 溶液，观察反应产物的颜色和状态，写出反应方程式。

（3）硅酸钠和氯化铵作用：用 $0.1mol \cdot L^{-1}$ 的 NH_4Cl 溶液代替 HCl，进行与（2）同样的实验，观察现象，并写出反应方程式。

【想一想】 1. $NaHCO_3$ 和 Na_2CO_3 溶液加 HCl 溶液都可产生 CO_2 气体，为什么在 $NaHCO_3$ 溶液中加入澄清石灰水没有白色沉淀生成？

2. 化学反应需要酸性条件时，不用硝酸是什么原因？

【任务解析】

1. 硝酸的强氧化性

硝酸是强酸，又是强氧化剂。

NO_2^-、NO_3^- 的鉴定方法：

NO_2^- 和过量的 $FeSO_4$ 溶液在 HAc 溶液中能生成棕色的 $[Fe(NO)]SO_4$。

$$NO_2^- + Fe^{2+} + 2HAc \longrightarrow NO + Fe^{3+} + 2Ac^- + H_2O$$

$$NO + FeSO_4 \longrightarrow [Fe(NO)]SO_4$$

检验 NO_3^- 也可采用相同方法，但必须使用浓硫酸，在浓硫酸与溶液的液层交界处出现棕色环（此法称为棕色环法），其反应式为：

$$3Fe^{2+} + NO_3^- + 4H^+ \longrightarrow 3Fe^{3+} + NO + 2H_2O$$

$$NO + Fe^{2+} \longrightarrow [Fe(NO)]^{2+}$$

2. 铵盐的性质

氨能与各种酸发生反应生成铵盐，铵盐遇碱有氨气放出，借此可鉴定 NH_4^+ 的存在，NH_4^+ 的鉴别通常采用以下两种方法：

（1）用 NaOH 溶液和 NH_4^+ 反应，在加热情况下放出氨气，使湿润的红色石蕊试纸变蓝。

（2）用奈斯勒试剂（$K_2[HgI_4]$ 的碱性溶液）和 NH_4^+ 反应，可以生成红棕色沉淀。

磷酸的各种钙盐在水中的溶解度是不同的，$Ca(H_2PO_4)_2$ 易溶于水，而 $CaHPO_4$ 和 $Ca_3(PO_4)_2$ 则难溶于水。

PO_4^{3-} 鉴别方法：PO_4^{3-} 与钼酸铵反应，生成黄色难溶晶体，其反应方程式为：

$$PO_4^{3-}+3NH_4^{+}+12MoO_4^{2-}+24H^{+} \longrightarrow (NH_4)_3PO_4 \cdot 12MoO_3 \cdot 6H_2O+6H_2O$$

3. 碳、硅、硼的含氧酸盐的水解

碳、硅、硼的含氧酸都是很弱的酸，因此其可溶性盐都易水解而使溶液显碱性：

$$CO_3^{2-}+H_2O \Longrightarrow HCO_3^{-}+OH^{-}$$

$$HCO_3^{-}+H_2O \Longrightarrow H_2CO_3+OH^{-}$$

4. 活性炭的吸附作用

碳有三种同素异形体，即金刚石、石墨和 C_n 原子簇。活性炭为黑色细小的颗粒和粉末，其特点是孔隙率高，1g 活性炭的表面积可达 500～1000m^2。因此，活性炭具有极强的吸附能力，可用于吸附某些气体，以及某些有机物分子中的杂质而使其脱色。活性炭还能吸附水溶液中的某些重金属离子。

基础知识 3　氮族元素

周期系第 VA 族元素包括氮、磷、砷、锑、铋 5 种元素，统称为氮族元素。氮大量以游离状态存在于空气中，磷是以化合物状态存在的。砷、锑、铋是亲硫元素，它们在自然界中主要以硫化物矿形式存在。在我国锑的蕴藏量占世界第一位。

一、氮及其化合物

1. 氮

氮气是无色无臭的气体，微溶于水。由于氮分子 N_2 由两个氮原子以一个 σ 键和两个 π 键组成，键能很大，分子特别稳定，在一般条件下很不活泼。基于 N_2 的这种稳定性，常用氮气作保护性气体，以阻止某些物质在空气中氧化。但在一定条件下氮能直接与氢或氧化合：

$$N_2+3H_2 \xrightarrow[\text{催化剂}]{\text{高温、高压}} 2NH_3$$

$$N_2+O_2 \xrightarrow{\text{放电}} 2NO$$

氮也可以和镁、钙、铝等元素化合生成 Mg_3N_2、Ca_3N_2、AlN 等氮化物。

氮气是主要的工业气体之一，在化学工业中它大量地用于合成氨，继而生产出氮肥、硝酸、炸药等。除此之外，在电子、机械、钢铁（如氮化热处理）、食品（防腐）工业等方面均有应用。

2. 氨和铵盐

（1）氨

氨是氮的重要化合物，几乎所有的含氮的化合物都可以由它来制取。工业上在高温、高压和催化剂存在下，由 H_2 和 N_2 合成。在实验室中，用铵盐和碱的反应来制备少量氨气：

$$2NH_4Cl+Ca(OH)_2 \Longrightarrow CaCl_2+2NH_3\uparrow+2H_2O$$

NH_3 是有特殊刺激性气味的无色气体，分子呈三角锥形，有极性，分子间能生成氢键而缔合。氨在水中的溶解度极大。

（2）铵盐

铵盐是氨和酸的反应物。铵盐的性质类似于钾盐，它们也有相似的溶解度。

铵盐一般是无色晶体，易溶于水。由于氨水的弱碱性，铵盐都有一定程度的水解。强酸的铵盐水溶液显酸性。

$$NH_4^+ + H_2O \rightleftharpoons NH_3 \cdot H_2O + H^+$$

当铵盐与强碱作用时，不论是溶液还是固体，都能产生NH_3，根据NH_3的特殊气味和它对石蕊试剂的反应，即可验证氨。

3. 氮的氧化物、含氧酸及其盐

(1) 氮的氧化物

氮可以形成多种氧化物，最主要的是NO和NO_2，一氧化氮是无色气体，它在水中的溶解度较小，而且与水不发生反应，常温下NO很容易氧化为NO_2。

$$2NO + O_2 = 2NO_2$$

二氧化氮是红棕色气体，具有特殊臭味并有毒。NO_2与水反应生成硝酸和一氧化氮。

$$3NO_2 + H_2O = 2HNO_3 + NO$$

工业废气、燃料燃烧以及汽车尾气中都有NO及NO_2，对人体、金属和植物都有害。目前处理废气中氮的氧化物的方法之一是用碱液吸收。

$$NO + NO_2 + 2NaOH = 2NaNO_2 + H_2O$$

(2) 硝酸

硝酸是工业上重要的三大强酸（盐酸、硫酸、硝酸）之一，在国民经济和国防工业中占有重要地位。它是制造炸药、塑料、硝酸盐和许多其他化工产品的重要化工原料。

纯硝酸为无色液体，它遇光和热即部分分解：

$$4HNO_3 = 2H_2O + 4NO_2\uparrow + O_2\uparrow$$

分解出来的NO_2又溶于HNO_3，使HNO_3带黄色或红棕色。因此实验室常把硝酸储存于棕色瓶中。

硝酸具有强氧化性。很多非金属都能被硝酸氧化成相应的氧化物或含氧酸。例如：

$$C + 4HNO_3 = CO_2\uparrow + 4NO_2\uparrow + 2H_2O$$

$$3P + 5HNO_3 + 2H_2O = 3H_3PO_4 + 5NO\uparrow$$

$$S + 2HNO_3 = H_2SO_4 + 2NO\uparrow$$

HNO_3在氧化还原反应中，其还原产物常常是混合物，混合物中以哪种物质为主，往往取决于硝酸的浓度、还原剂的强度和用量以及反应的温度。通常，浓硝酸作氧化剂时，还原产物主要是NO_2；稀硝酸作氧化剂时，还原产物主要是NO，例如：

$$Cu + 4HNO_3(浓) = Cu(NO_3)_2 + 2NO_2\uparrow + 2H_2O$$

$$3Cu + 8HNO_3(稀) = 3Cu(NO_3)_2 + 2NO\uparrow + 4H_2O$$

1体积浓硝酸与3体积浓盐酸组成的混合酸称为王水。

二、磷及其重要化合物

1. 单质磷

磷在自然界中总是以磷酸盐的形式出现的，磷是生物体中不可缺少的元素之一。在植物体中磷主要存在于种子的蛋白质中，在动物体中则存在于脑、血液和神经组织的蛋白质中，骨骼中也含有磷。

磷有多种同素异形体，如白磷、红（或紫）磷和黑磷。纯白磷的化学性质较活泼，易溶于有机溶剂。白磷经轻微的摩擦就会引起燃烧，必须保存在水中。白磷是剧毒物质，致死量约0.1g，白磷不溶于水易溶于CS_2中。红磷无毒，它的化学性质也比白磷稳定得多，红磷用于安全火柴的制造，在农业上用于制备杀虫剂。磷的化学式式量都相当于分子式 P_4。P_4 的结构如图 8-3 所示。

磷的活泼性远高于氮，易与氧、卤素、硫等许多非金属直接化合。

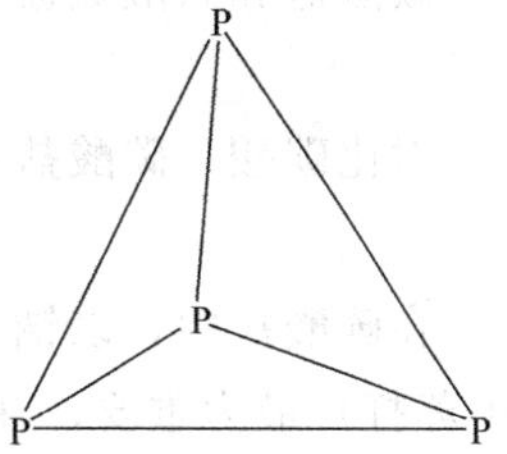

图 8-3　P_4结构

2. 磷酸

磷的含氧酸中以磷酸为最主要也最稳定，磷酸又称正磷酸。磷酸无氧化性，是稳定的三元中强酸。

3. 磷酸根离子的鉴定

（1）与 $AgNO_3$试液作用

向磷酸盐溶液中加 $AgNO_3$试液，即有黄色的磷酸银沉淀生成，该沉淀能溶于硝酸，也能溶于氨水中。

$$3Ag^+ + 2HPO_4^{2-} = Ag_3PO_4^- \downarrow (黄) + H_2PO_4^-$$

（2）与钼铵酸试液作用

利用磷酸盐的难溶性及形成多酸的性质，可对 PO_4^{3-} 进行定性鉴定。在硝酸溶液中，与过量钼酸铵[$(NH_4)_2MoO_4$]一起时，有磷钼酸铵黄色沉淀产生。

$$PO_4^{3-} + 3NH_4^+ + 12MoO_4^{2-} + 24H^+ = (NH_4)_3PO_4 \cdot 12MoO_3 \cdot 6H_2O + 6H_2O$$

磷酸盐在工农业生产和日常生活中有着很多用途。磷酸盐不仅可用作化肥，还可用作洗涤剂及动物饲料的添加剂、锅垢除垢剂、金属防腐剂，在电镀和有机合成上也有用途。磷酸盐在食品中应用甚广。磷是构成核酸、磷脂和某些酶的主要成分。因此，对一切生物来说，磷酸盐在所有能量传递过程，如新陈代谢、光合作用、神经功能和肌肉活动中都起着作用。

基础知识 4　碳族元素

碳族元素是周期系第ⅣA 族元素，包括碳、硅、锗、锡、铅五个元素。碳元素在地壳中约占 0.03%，但它是地球上分布最广、化合物最多的元素。

一、碳的氧化物及简单化合物

1. 碳有多种氧化物，最常见为 CO 和 CO_2

CO 是无色，无臭的气体。CO 气体有毒，主要是因为它能和血液中携 O_2 的血红蛋白结合成稳定的配合物，使血红蛋白失去输送 O_2 的能力，致使人缺氧而死亡。空气中的 CO 的体积分数达 0.1%时，就会引起中毒。

二氧化碳在空气中的体积分数为 0.03%。由于工农业的高度发展，近年来大气中二氧化碳的含量在增长，产生温室效应，全球变暖，因此大气中二氧化碳的平衡成为生态平衡研究课题之一。

CO_2不能自燃，又不助燃，相对密度比空气大，常用作灭火剂。在生产和科研中 CO_2 也常用作惰性介质。CO_2 可溶于水。溶于水中的 CO_2 部分与水作用生成碳酸。

2. 碳酸和碳酸盐

碳酸是二元弱酸，在水溶液中存在以下解离平衡：

$$H_2CO_3 = H^+ + HCO_3^- \quad K_{a_1}^{\ominus} = 4.3 \times 10^{-7}$$

$$HCO_3^- = H^+ + CO_3^{2-} \quad K_{a_2}^{\ominus} = 5.61 \times 10^{-11}$$

H_2CO_3不稳定，仅存在于稀溶液中，当浓度增大或加热溶液时即分解出CO_2。

碳酸盐和碳酸氢盐另一个重要性质是热稳定性较差，它们在高温下均会分解。

$$MCO_3 \xlongequal{} MO + CO_2\uparrow$$

对比碳酸、碳酸盐和碳酸氢盐的热稳定性，发现它们的稳定顺序是：

$$H_2CO_3 < MHCO_3 < M_2CO_3$$

在碳酸盐中，以钠、钾、钙的碳酸盐最为重要。钠盐俗称纯碱。碳酸氢盐中以$NaHCO_3$（小苏打）最为重要，在食品工业中，它与碳酸氢铵、碳酸铵等作为膨松剂。

3. CO_3^{2-} 和 HCO_3^- 的鉴定

(1) 与酸的反应

向碳酸盐或碳酸氢盐溶液中加入稀酸，即有CO_2气体放出，将此气体通入氢氧化钙溶液中，即有$CaCO_3$白色沉淀生成：

$$CO_3^{2-} + 2H^+ \xlongequal{} CO_2\uparrow + H_2O$$

(2) 与硫酸镁的反应

碳酸氢盐溶液中加入硫酸镁溶液，冷时无沉淀生成，加热煮沸，即有$MgCO_3$白色沉淀生成。

$$Mg(HCO_3)_2 \xlongequal{} MgCO_3\downarrow + CO_2\uparrow + H_2O$$

二、硅的含氧化合物

1. 二氧化硅

二氧化硅是硅的主要氧化物，有晶体和无定形体两种。石英是天然的SiO_2晶体，无色透明的纯净石英称为水晶。硅藻土为天然无定形SiO_2，为多孔性物质，工业上常用作吸附剂以及催化剂的载体。

二氧化硅化学性质很不活泼，不溶于强酸，在室温下仅与HF反应：

$$SiO_2 + 4HF \xlongequal{} SiF_4 + 2H_2O$$

高温时，二氧化硅和氢氧化钠或纯碱共熔即得硅酸钠：

$$SiO_2 + 2NaOH \xlongequal{} Na_2SiO_3 + H_2O$$

$$SiO_2 + Na_2CO_3 \xlongequal{} Na_2SiO_3 + CO_2\uparrow$$

硅酸是一种极弱的酸，$K_{a_1}^{\ominus} = 10^{-10}$左右，$K_{a_2}^{\ominus} = 10^{-12}$左右。

硅溶胶又称硅酸水溶胶，是水化的二氧化硅的微粒分散于水中的胶体溶液。它广泛地用于催化剂、黏合剂、纺织、造纸等工业。硅凝胶在烘干前，先用$CoCl_2$溶液浸泡，这样在干燥时呈蓝色，吸潮后为淡红色，这种变色硅胶可指示硅胶的吸湿状态，使用方便。

2. 分子筛

分子筛是一类多孔性的硅铝酸盐，有天然的和人工合成的两大类。泡沸石就是一种天然的分子筛，其组成为$Na_2O \cdot Al_2O_3 \cdot SiO_2 \cdot nH_2O$，人们模拟天然的分子筛，以氢氧化钠、铝酸钠和水玻璃为原料制成分子筛。分子筛有很强的吸附性，可把它当干燥剂。经过分子筛干燥后的气体和液体，含水量一般低于$10\mu g \cdot g^{-1}$。分子筛可活化再生连续使用，它的热稳定性也好。分子筛的类型和孔径大小是由化学组成中的$SiCl_2$与$A1_2O_3$的摩尔比决定的，分子筛组成中金属离子的种类（Na^+、K^+、Ca^{2+}）对孔径大小也有影响。分子筛能吸附的是分子体积较其孔径小的分子，分子的极性越强越容易被吸附。因此可用于化合物的分离、提纯以及作催化剂或催化剂载体。

硼族元素

硼族元素是周期表第ⅢA族元素,包括硼、铝、镓、铟、铊5个元素。硼和铝有富集矿藏,而镓、铟、铊是分散的稀有元素,常与其他矿共生。本节主要讨论硼和铝。

硼族元素中,硼是唯一的非金属元素,从铝到铊均为活泼金属。

一、硼酸

硼酸是一元弱酸,$K_a^{\ominus} = 5.8 \times 10^{-10}$。硼酸的酸性是由硼原子的缺电子性所引起的。$H_3BO_3$在溶液中能与水解离出来的$OH^-$生成加合物,使$[H^+]$相对升高,溶液呈酸性。

$$H_3BO_3 + H_2O \longrightarrow \left[\begin{array}{c} OH \\ | \\ HO-B\leftarrow OH \\ | \\ OH \end{array}\right]^- + H^+$$

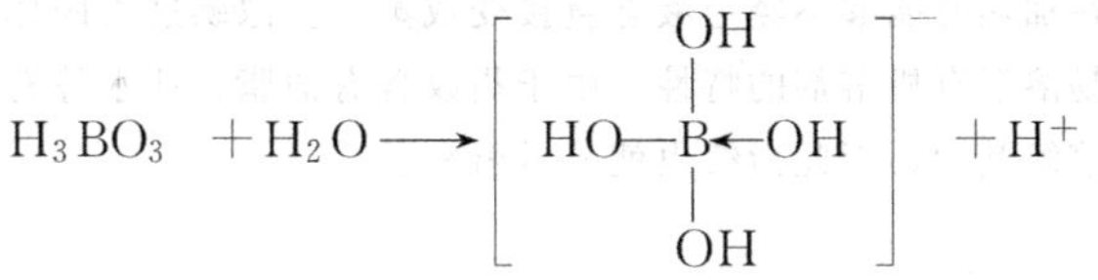

硼酸大量用于搪瓷和玻璃工业,它还可作防腐剂以及医用消毒剂。

二、铝及其化合物

1. 铝

金属铝广泛存在于地壳中,其丰度仅次于氧和硅,名列第三,是蕴藏最丰富的金属元素。铝主要以铝矾土($Al_2O_3 \cdot xH_2O$)矿物存在,它是冶炼金属铝的重要原料。纯铝是银白色的轻金属,无毒,富有延展性,具有很高的导电、传热性和抗腐蚀性,不发生火花放电。由于铝的性能优良,价格便宜,使它在国民经济中的地位与日俱增,在宇航工业、电力工业、房屋工业和运输、包装等方面被广泛应用。

铝与空气接触很快失去光泽,表面生成氧化铝薄膜(约10^{-6} cm厚),此膜可阻止铝继续被氧化。铝遇发烟硝酸,被氧化成"钝态",因此工业上常用铝罐储运发烟硝酸,这层膜遇稀酸则遭破坏,会导致罐体泄漏:

$$4Al + 3O_2 = 2Al_2O_3$$

铝是两性元素,既溶于酸也能溶于碱:

$$2Al + 6HCl = 2AlCl_3 + 3H_2\uparrow$$

$$2Al + 2NaOH + 6H_2O = 2Na[Al(OH)_4] + 3H_2\uparrow$$

2. 氧化铝和氢氧化铝

铝的氧化物Al_2O_3有多种变体,其中α-Al_2O_3称为刚玉,有很高的熔点和硬度,化学性质稳定,常用作耐火、耐腐蚀和高硬度材料。γ-Al_2O_3硬度小,不溶于水,但能溶于酸和碱,具有很强的吸附性能,可作吸附剂及催化剂。

氢氧化铝是两性氢氧化物,碱性略强于酸性。在溶液中形成的$Al(OH)_3$为白色凝胶状沉淀,并按下式以两种方式分解:

$$Al^{3+} + 3OH^- \rightleftharpoons Al(OH)_3 \underset{+H_2O}{\overset{-H_2O}{\rightleftharpoons}} H^+ + [Al(OH)_4]^-$$

加酸,平衡向左移动,生成铝盐;加碱,平衡向右移动,生成铝酸盐。

$Al(OH)_3$通常用来制药中和胃酸,也广泛用于玻璃和陶瓷工业。

阅读材料 碘与指纹破案

在电影中常常看到公安人员利用指纹破案的情节。其实，只要我们在一张白纸上面用手指按一下，然后把纸上手指按过的地方对准装有少量碘的试管口，并用酒精灯加热试管底部。等到试管中升华的紫色碘蒸气与纸接触之后，按在纸上的平常看不出来的指纹就会渐渐地显示出来，并可以得到一个十分明显的棕色指纹。如果把这张白纸收藏起来，数月之后再做上面的实验，仍能将隐藏在纸面上的指纹显示出来。

这是因为每个人的指纹并不完全相同，而手指上总含有油脂、矿物油和汗水等。当用手指在纸上面按的时候，指纹上的油脂、矿物油和汗水就会留在纸面上，只不过是人的眼睛看不出来罢了。纯净的碘是一种紫黑色的晶体，并有金属光泽。有趣的是，绝大多数物质在加热时，一般都有固态、液态和气态的三态变化。而碘却一反常态，在加热时能够不经过液态直接变成蒸气。像碘这类固体物质直接气化的现象，人们称为升华。同时碘还有易溶于有机溶剂的特性。由于指纹含有油脂、汗水等有机溶剂，当碘蒸气上升遇到这些有机溶剂时，就会溶解其中，因此指纹也就显示出来了。

本章小结

- 非金属元素
  - 【实验项目1】卤素
  - 【基础知识1】卤素及其化合物
  - 【实验项目2】过氧化氢及硫的化合物
  - 【基础知识2】氧族元素及其化合物
  - 【实验项目3】氮、磷、碳、硅、硼
  - 【基础知识3】氮族元素
  - 【基础知识4】碳族元素
  - 【基础知识5】硼族元素
  - 【阅读材料】碘与指纹破案

课后习题

1. 选择题

(1) 有关氟、氯、溴、碘的共性，错误的描述是（　　）。

A. 都可生成共价化合物　　B. 都可作为氧化剂

C. 都可生成离子化合物　　D. 都可溶于水放出氧气

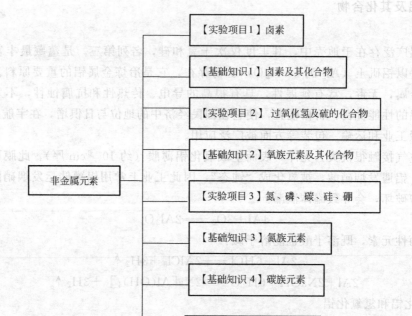

（2）高层大气中的臭氧层保护了人类生存的环境，其作用是（　　）。

A. 消毒　　B. 漂白　　C. 保温　　D. 吸收紫外线

（3）将 H_2O_2 加入 H_2SO_4 酸化的高锰酸钾溶液中，H_2O_2 所起的作用是（　　）。

A. 氧化剂作用　　B. 还原剂作用　　C. 还原 H_2SO_4　　D. 分解成氢和氧

（4）实验室中检验 H_2S 气体，通常用的是（　　）。

A. 石蕊试纸　　B. pH 试纸　　C. 醋酸铅试纸　　D. 淀粉-KI 试纸

（5）实验室配制 $SnCl_2$、$SbCl_3$、$BiCl_3$ 等溶液必须事先加入少量浓盐酸，才能得到澄清的溶液，这是由于（　　）。

A. 同离子效应　　B. 盐效应　　C. 缓冲溶液　　D. 盐类水解的原因

2. 试解释以下现象

（1）浓 HCl 在空气中发烟。

（2）I_2 难溶于纯水却易溶于 KI 溶液中。

（3）油画放久后，为什么会发暗、发黑？

（4）试述 HX 的还原性、热稳定性和氢卤酸的酸性的递变规律。

（5）有三支试管分别盛有 NaCl、NaBr 或 NaI，如何鉴别它们？

3. 用简单方法，将下列 5 种固体加以鉴定，并写出有关的方程式。

Na_2S、Na_2SO_3、$Na_2S_2O_3$、Na_2SO_4、$Na_2S_4O_8$

4. 怎样用简便的方法鉴别以下 6 种气体？

CO_2、NH_3、NO、H_2S、SO_2、NO_2

5. 推断题

（1）今有白色的钠盐 A 和 B，A 和 B 都溶于水，A 的水溶液呈中性，B 的水溶液呈碱性。A 溶液与 $FeCl_3$ 溶液作用，溶液呈棕色。A 溶液与 $AgNO_3$ 溶液作用，有黄色沉淀析出。晶体 B 与浓盐酸反应，有黄绿色气体产生，此气体与冷的 NaOH 溶液作用，可得到含 B 的溶液。向 A 溶液中开始滴加 B 溶液时，溶液呈红棕色；若继续滴加过量的 B 溶液，则溶液的红棕色消失。试判断白色晶体 A 和 B 各为何物？写出有关的反应方程式。

（2）向白色固体钾盐 A 中加入无色油状液体的酸 B，可得紫黑色固体 C 和无色刺激性气体 D；C 微溶于水，但易溶于 A 的溶液中并生成棕黄色溶液 E。向 E 中加入 NaOH 溶液，得无色溶液，将气体 D 通入 $Pb(NO_3)_2$ 得黑色沉淀溶液 F，若将 D 通入 $NaHSO_4$ 溶液，则有淡黄色沉淀 G 析出。试推断 A、B、C、D、E、F、G 各是何物？写出有关反应式。

习题答案

第一章

1.(1)D　(2)D　(3)A　(4)A　(5)C　(6)A

2.(1)0.25mol　(2)2mol　(3)1.20mol

3.224∶140∶35∶2

4.(1)1∶1；1∶1　(2)7∶8

5.(1)28.6kPa；(2)38.0kPa；(3)0.286

6.0.477L；0.492L

第二章

1. 反应物本身性质，浓度、温度、压力、催化剂。

2. B

3. A

4. B

5. 其他条件不变时，增大反应物或减小生成物浓度，平衡向正反应方向移动，减小反应物或增大生成物浓度平衡向逆反应方向移动；升高温度平衡向吸热方向移动，降低温度平衡向放热方向移动。

6. $2H_2O(l) \!=\!=\!= 2H_2(g)+O_2(g)$；$\Delta H=+571.6kJ\cdot mol^{-1}$　(1)

$2H_2(g)+O_2(g) \!=\!=\!= 2H_2O(g)$；$\Delta H=-483.6kJ\cdot mol^{-1}$，　(2)

根据盖斯定律，由式（1）+式(2）得：$2H_2O(l) \!=\!=\!= 2H_2O(g)$；$\Delta H=+88.0kJ\cdot mol^{-1}$，可知18g液态水变为气态水时，吸收44.0kJ的热量，则1g液态水变为气态水时，吸收的热量为：44/18 =2.44kJ。因此选D。

第三章

1.(1)C　(2)D　(3)B　(4)D　(5)B　(6)A　(7)C

2.(1)10^{-7}

(2)10　烧杯　少量　冷却　玻璃棒　250　3～4 容量瓶　低　2～3cm　胶头滴管　低　重新配制　摇匀　试剂瓶

(3)略

3. 略

第四章

1. 略

2.(1)有　(2)有　(3)有

3. $K_{sp}(AgCl)=[Ag^+][Cl^-]$

$K_{sp}(Ag_2S)=[Ag^+]^2[S^{2-}]$

$K_{sp}(CaF_2)=[Ca^{2+}][F^-]^2$

$K_{sp}(Ag_2CrO_4)=[Ag^+]^2[CrO_4^{2-}]$

4. (1)$K_{sp}(CaC_2O_4)=[Ca^{2+}][C_2O_4^{2-}]=(5.07\times10^{-5})^2=2.57\times10^{-9}$

(2)$K_{sp}(PbF_2)=[Pb^{2+}][F^-]^2=4\times(2.1\times10^{-3})^3=3.7\times10^{-8}$

(3)$K_{sp}(Ag_2CO_3)=[Ag^+]^2[CO_3^{2-}]=4\times\left(\frac{0.035}{275.74}\right)^3=8.2\times10^{-12}$

第五章

1.(1)C (2)D (3)A (4)D (5)B

2. 略

3.(1)√ (2)× (3)√ (4)× (5)×

4. 计算题

(1)解：

① 由于 $E^{\ominus}(Cu^+/Cu) > E^{\ominus}(Cu^{2+}/Cu)$，所以发生 Cu^+ 的歧化反应；因为 $E^{\ominus}(Fe^{3+}/Fe^{2+}) > E^{\ominus}(Fe^{2+}/Fe)$，所以$Fe^{2+}$不能发生歧化反应。

② $2Cu^+ = Cu + Cu^{2+}$

$$\lg K^{\ominus} = \frac{z(E^{\ominus}_{正} - E^{\ominus}_{负})}{0.0592} = \frac{1\times(0.520-0.159)}{0.0592} = 6.098$$

$K^{\ominus} = 1.2\times10^6$

(2)解：

① $I_2(S) + 2e^- = 2I^-$　　0.5345

$Br_2(l) + 2e^- = 2Br^-$　　1.065

$Cl_2(g) + 2e^- = 2Cl^-$　　1.36

所以 I^- 比 Br^- 的还原性强，I_2先游离出来。

② $I_2(S) + 2e^- = 2I^-$　　0.5345

$Fe^{3+} + e^- = Fe^{2+}$　　0.771

$Br_2(l) + 2e^- = 2Br^-$　　1.065

$MnO_4^- + 8H^+ + 5e^- \rightleftharpoons Mn^{2+} + 4H_2O$　　1.51

应选择 $E^{\ominus}$ 在 I_2/I^- 和 Br_2/Br^- 之间，即选择 $Fe_2(SO_4)_3$。

第六章

1.(1) D (2)D (3)C

2. (1)二氯化六氨合钴（Ⅱ）

(2)六氯合铂（Ⅳ）酸钾

(3)六氟合硅（Ⅳ）酸钠

(4)二氯化一氯五氨合钴（Ⅲ）

(5)三氯化三（乙二胺）合钴（Ⅲ）

(6)一氯一硝基四氨合钴（Ⅲ）配离子

3. (1)$Na_3[Ag(S_2O_3)_2]$

(2)$[Co(NO_2)_3(NH_3)_3]$

(3)$[CoCl_2(NH_3)_3(H_2O)]Cl$

(4)$[PtCl_2(NH_3)_2(OH)_2]$

(5)$[CrCl(NH_3)(en)_2]SO_4$

(6)$[FeCl_2(C_2O_4)(en)]^-$

4. (1)3.5×10^{-10} mol·L^{-1}；0.05mol·L^{-1}；2.9mol·L^{-1}

(2)1.30×10^{-17} mol·L^{-1}

第七章

1. (1)A (2)D (3)C (4)D (5)C

2. 略

3. 略

4. 略

5. 略

第八章

1. (1)D (2)D (3)B (4)C (5)D

2. (1)由于挥发出的氯化氢与空气中的水蒸气结合形成了酸雾。

(2) 根据相似相溶的原则，非极性的 I_2 在水中的溶解度很小。但 I_2 在 KI 溶液中与 I^- 互相作用生成 I_3^-，I_3^- 在水中的溶解度很大，因此 I_2 易溶于 KI 溶液中。

(3)油画放久后，会发暗、变黑，原因是油画中的白色颜料中含有 $PbSO_4$，遇到空气中的 H_2S 后生成 PbS 造成的。$PbSO_4$(白)$+H_2S$ ══ PbS(黑)$+H_2SO_4$

(4) 卤族元素的氢化物有：HF、HCl、HBr、HI。

还原性：$HF<HCl<HBr<HI$；

热稳定性：$HF>HCl>HBr>HI$；

酸性：$HF<HCl<HBr<HI$。

(5)① 加入 $AgNO_3$ 试剂，生成白色沉淀的为 NaCl；生成淡黄色沉淀的为 NaBr；若生成黄色沉淀则为 NaI。

② 加入 Cl_2/CCl_4，有机层呈紫色为 NaI；若有机层呈黄→红棕色则为 NaBr；无变化则为 NaCl。

3. 分别取少量固体溶于水，再分别加入稀盐酸，产生的气体能使 $Pb(Ac)_2$ 试纸变黑的是 Na_2S；产生有刺激性气味的气体，但不使 $Pb(Ac)_2$ 试纸变黑的是 Na_2SO_3；产生刺激性气味的气体，同时有黄色沉淀生成的是 $Na_2S_2O_3$；无任何变化的则是 Na_2SO_4 和 $Na_2S_4O_8$，将这两种溶液酸化后加入 KI 溶液，有紫黑色沉淀生成的是 $Na_2S_4O_8$，另一种则是 Na_2SO_4。

$$S^{2-}+2H^+ = H_2S\uparrow$$

$$H_2S+Pb(Ac)_2 = PbS\downarrow(\text{黑色})+2HAc$$

$$SO_3^{2-}+2H^+ = SO_2\uparrow+H_2O$$

$$S_2O_3^{2-}+2H^+ = S\downarrow+SO_2\uparrow+H_2O$$

$$S_4O_8^{2-}+2I^- = 2SO_4^{2-}+I_2$$

4. 答：CO_2——使澄清的石灰水浑浊。 $Ca(OH)_2+CO_2 = CaCO_3\downarrow+H_2O$

NH_3——使湿润的石蕊试剂变蓝。

NO——使浅绿色的 $FeSO_4$ 溶液变为棕色溶液。 $Fe^{2+}+NO = [Fe(NO)]^{2+}$

H_2S——使湿润的醋酸铅试纸变黑。 $H_2S+Pb(Ac)_2 = PbS\downarrow+2HAc$

SO_2——使紫色的高锰酸钾溶液褪色。$2MnO_4^-+5SO_2+2H_2O = 2Mn^{2+}+5SO_4^{2-}+4H^+$

NO_2——红棕色气体

5. (1)A:NaI;B:NaClO。

$2NaI+2FeCl_3 = 2NaCl+2FeCl_2+I_2$；$NaI+AgNO_3 = AgI\downarrow+NaNO_3$

$Cl^-+ClO^-+2H^+ = Cl_2\uparrow+H_2O$；$Cl_2+2NaOH = NaCl+NaClO+H_2O$；

$2I^-+ClO^-+H_2O = I_2+Cl^-+2OH^-$；$I_2+ClO^-+2OH^- = 2IO^-+Cl^-+H_2O$。

(2)解：A:KI;B:浓 H_2SO_4;C:I_2;D:H_2S;E:KI_3;F:PbS;G:S。

$2KI+2H_2SO_4 = I_2+K_2SO_4+SO_2\uparrow+2H_2O$

$I_2+KI = KI_3$

$3I_2+6NaOH = 5NaI+NaIO_3+3H_2O$

$H_2S+Pb(Ac)_2 = PbS\downarrow(\text{黑色})+2HAc$

$H^++3H_2S+NaHSO_4 = 4S\downarrow+4H_2O+Na^+$

附　　录

表 1　弱酸、弱碱的离解常数

（1）弱酸的离解常数（298.15K）

弱　酸	离　解　常　数　$K_a^\ominus$
H_3AlO_3	$K_1^\ominus=6.3\times10^{-12}$
H_3AsO_4	$K_1^\ominus=6.0\times10^{-3}$；$K_2^\ominus=1.0\times10^{-7}$；$K_3^\ominus=3.2\times10^{-12}$
H_3AsO_3	$K_1^\ominus=6.6\times10^{-10}$
H_3BO_3	$K_1^\ominus=5.8\times10^{-10}$
$H_2B_4O_7$	$K_1^\ominus=1\times10^{-4}$；$K_2^\ominus=1\times10^{-9}$
$HBrO$	$K_1^\ominus=2.0\times10^{-9}$
H_2CO_3	$K_1^\ominus=4.4\times10^{-7}$；$K_2^\ominus=4.7\times10^{-11}$
HCN	$K_1^\ominus=6.2\times10^{-10}$
H_2CrO_4	$K_1^\ominus=4.1$；$K_2^\ominus=1.3\times10^{-6}$
$HClO$	$K_1^\ominus=2.8\times10^{-8}$
HF	$K_1^\ominus=6.6\times10^{-4}$
HIO	$K_1^\ominus=2.3\times10^{-11}$
HIO_3	$K_1^\ominus=0.16$
H_5IO_6	$K_1^\ominus=2.8\times10^{-2}$；$K_2^\ominus=5.0\times10^{-9}$
H_2MnO_4	$K_2^\ominus=7.1\times10^{-11}$
HNO_2	$K_1^\ominus=7.2\times10^{-4}$
HN_3	$K_1^\ominus=1.9\times10^{-5}$
H_2O_2	$K_1^\ominus=2.2\times10^{-12}$
H_2O	$K_1^\ominus=1.8\times10^{-16}$
H_3PO_4	$K_1^\ominus=7.1\times10^{-3}$；$K_2^\ominus=6.3\times10^{-8}$；$K_3^\ominus=4.2\times10^{-13}$
$H_4P_2O_7$	$K_1^\ominus=3.0\times10^{-2}$；$K_2^\ominus=4.4\times10^{-3}$；$K_3^\ominus=2.5\times10^{-7}$；$K_4^\ominus=5.6\times10^{-10}$
$H_5P_3O_{10}$	$K_3^\ominus=1.6\times10^{-3}$；$K_4^\ominus=3.4\times10^{-7}$；$K_5^\ominus=5.8\times10^{-10}$
H_3PO_3	$K_1^\ominus=6.3\times10^{-3}$；$K_2^\ominus=2.0\times10^{-7}$
H_2SO_4	$K_2^\ominus=1.0\times10^{-2}$

续表

弱酸	离解常数 $K_a^\ominus$
H_2SO_3	$K_1^\ominus=1.3\times10^{-2}$；$K_2^\ominus=6.1\times10^{-3}$
$H_2S_2O_3$	$K_1^\ominus=0.25$；$K_2^\ominus=3.2\times10^{-2}\rightarrow2.0\times10^{-2}$
$H_2S_2O_4$	$K_1^\ominus=0.45$；$K_2^\ominus=3.5\times10^{-3}$
H_2Se	$K_1^\ominus=1.3\times10^{-4}$；$K_2^\ominus=1.0\times10^{-11}$
H_2S	$K_1^\ominus=1.32\times10^{-7}$；$K_2^\ominus=7.10\times10^{-15}$
H_2SeO_4	$K_2^\ominus=2.2\times10^{-2}$
H_2SeO_3	$K_1^\ominus=2.3\times10^{-3}$；$K_2^\ominus=5.0\times10^{-9}$
HSCN	$K_1^\ominus=1.41\times10^{-1}$
H_2SiO_3	$K_1^\ominus=1.7\times10^{-10}$；$K_2^\ominus=1.6\times10^{-12}$
$HSb(OH)_6$	$K_1^\ominus=2.8\times10^{-3}$
H_2TeO_3	$K_1^\ominus=3.5\times10^{-3}$；$K_2^\ominus=1.9\times10^{-8}$
H_2Te	$K_1^\ominus=2.3\times10^{-3}$；$K_2^\ominus=1.0\times10^{-11}\sim1.0\times10^{-12}$
H_2WO_4	$K_1^\ominus=3.2\times10^{-4}$；$K_2^\ominus=2.5\times10^{-5}$
NH_4^+	$K_1^\ominus=5.8\times10^{-10}$
$H_2C_2O_4$(草酸)	$K_1^\ominus=5.4\times10^{-2}$；$K_2^\ominus=5.4\times10^{-5}$
HCOOH(甲酸)	$K_1^\ominus=1.77\times10^{-4}$
CH_3COOH(醋酸)	$K_1^\ominus=1.75\times10^{-5}$
$ClCH_2COOH$(氯代醋酸)	$K_1^\ominus=1.4\times10^{-3}$
CH_2CHCO_2H(丙烯酸)	$K_1^\ominus=5.5\times10^{-5}$
$CH_3COOH_2CO_2H$(乙酰醋酸)	$K_1^\ominus=2.6\times10^{-4}$(316.15K)
$H_3C_6H_5O_7$(柠檬酸)	$K_1^\ominus=7.4\times10^{-4}$；$K_2^\ominus=1.73\times10^{-5}$；$K_3^\ominus=4\times10^{-7}$
H_4Y(乙二胺四乙酸)	$K_1^\ominus=10^{-2}$；$K_2^\ominus=2.1\times10^{-3}$；$K_3^\ominus=6.9\times10^{-7}$；$K_4^\ominus=5.9\times10^{-11}$

注：本表及后面的表 2、表 3 的数据主要取自 Lange′s Handbook of Chemistry，13th ed，1985.

（2）弱碱的离解常数（298.15K）

弱碱	离解常数 $K_b^\ominus$
$NH_3\cdot H_2O$	1.8×10^{-5}
NH_2-NH_2(联氨)	9.8×10^{-7}
NH_2OH(羟胺)	9.1×10^{-9}
$C_6H_5NH_2$(苯胺)	4×10^{-4}
C_5H_5N(吡啶)	1.5×10^{-9}
$(CH_2)_6N_4$(六亚甲基四胺)	1.4×10^{-9}

表 2 溶度积常数(298.15K)

化合物	$K_{sp}^{\ominus}$	化合物	$K_{sp}^{\ominus}$
AgAc	4.4×10^{-3}	$BaSO_3$	8×10^{-7}
Ag_3AsO_4	1.0×10^{-22}	BaS_2O_3	1.6×10^{-5}
AgBr	5.0×10^{-13}	$BeCO_3\cdot4H_2O$	1×10^{-3}
AgCl	1.8×10^{-10}	$Be(OH)_2$(无定形)	1.6×10^{-22}
Ag_2CO_3	8.1×10^{-12}	$Bi(OH)_3$	4×10^{-31}
Ag_2CrO_4	1.1×10^{-12}	BiI_3	8.1×10^{-19}
AgCN	1.2×10^{-16}	Bi_2S_3	1×10^{-97}
$Ag_2Cr_2O_7$	2.0×10^{-7}	BiOBr	3.0×10^{-7}
$Ag_2C_2O_4$	3.4×10^{-11}	BiOCl	1.8×10^{-31}
$Ag_2[Fe(CN)_6]$	1.6×10^{-41}	$BiONO_3$	2.82×10^{-3}
AgOH	2.0×10^{-8}	$CaCO_3$	2.8×10^{-9}
$AgIO_3$	3.0×10^{-8}	$CaC_2O_4\cdot H_2O$	4×10^{-9}
AgI	8.3×10^{-17}	$CaCrO_4$	7.1×10^{-4}
Ag_2MoO_4	2.8×10^{-12}	CaF_2	5.3×10^{-9}
$AgNO_2$	6.0×10^{-4}	$Ca(OH)_2$	5.5×10^{-6}
Ag_3PO_4	1.4×10^{-16}	$CaHPO_4$	1×10^{-7}
Ag_2SO_4	1.4×10^{-5}	$Ca_3(PO_4)_2$	2.0×10^{-29}
Ag_2SO_3	1.5×10^{-14}	$CaSiO_3$	2.5×10^{-8}
Ag_2S	6.3×10^{-50}	$CaSO_4$	9.1×10^{-6}
AgSCN	1.0×10^{-12}	$CdCO_3$	5.2×10^{-12}
$AlAsO_4$	1.6×10^{-16}	$Cd(OH)_2$(新鲜)	2.5×10^{-14}
$Al(OH)_3$(无定形)	1.3×10^{-33}	CdS	8.0×10^{-27}
$AlPO_4$	6.3×10^{-19}	CeF_3	8×10^{-16}
Al_2S_3	2.0×10^{-17}	$Ce(OH)_3$	1.6×10^{-20}
AuCl	2.0×10^{-13}	$Ce(OH)_4$	2×10^{-28}
$AuCl_3$	3.2×10^{-25}	Ce_2S_3	6.0×10^{-11}
AuI	1.6×10^{-23}	$Co(OH)_2$(新鲜)	1.6×10^{-15}
AuI_3	1.0×10^{-46}	$Co(OH)_3$	1.6×10^{-44}
$BaCO_3$	5.1×10^{-9}	α-CoS	4.0×10^{-21}
BaC_2O_4	1.6×10^{-7}	β-CoS	2.0×10^{-25}
$BaCrO_4$	1.2×10^{-10}	$Cr(OH)_3$	6.3×10^{-31}
$Ba_2[Fe(CN)_6]\cdot6H_2O$	3.2×10^{-8}	CuBr	5.3×10^{-9}
BaF_2	1.0×10^{-6}	CuCl	1.2×10^{-6}
$Ba(OH)_2$	5.0×10^{-3}	CuCN	3.2×10^{-20}
$Ba(NO_3)_2$	4.5×10^{-3}	CuI	1.1×10^{-12}
$BaHPO_4$	3.2×10^{-7}	CuOH	1×10^{-14}
$Ba_3(PO_4)_2$	3.4×10^{-23}	Cu_2S	2.5×10^{-48}
$Ba_2P_2O_7$	3.2×10^{-11}	CuSCN	4.8×10^{-15}
$BaSO_4$	1.1×10^{-10}	$CuCO_3$	1.4×10^{-10}

续表

化合物	$K_{sp}^{\ominus}$	化合物	$K_{sp}^{\ominus}$
$CuCrO_4$	3.6×10^{-6}	$Mn(OH)_2$	1.9×10^{-13}
$Cu[Fe(CN)_6]$	1.3×10^{-6}	MnS(无定形)	2.5×10^{-10}
$Cu(OH)_2$	2.2×10^{-20}	MnS(晶体)	2.5×10^{-13}
CuC_2O_4	2.3×10^{-8}	Na_3AlF_6	4.0×10^{-10}
$Cu_3(PO_4)_2$	1.3×10^{-37}	$NiCO_3$	6.6×10^{-9}
$CuCr_2O_7$	8.3×10^{-16}	$Ni(OH)_2$(新鲜)	2.0×10^{-15}
CuS	6.3×10^{-36}	α-NiS	3.2×10^{-19}
$FeCO_3$	3.2×10^{-11}	β-NiS	1.0×10^{-24}
$Fe(OH)_2$	8.0×10^{-16}	γ-NiS	2.0×10^{-26}
$FeC_2O_4\cdot H_2O$	3.6×10^{-7}	$PbCO_3$	7.4×10^{-14}
$Fe_4[Fe(CN)_6]_3$	3.3×10^{-41}	$PbCl_2$	1.6×10^{-5}
$Fe(OH)_3$	4×10^{-38}	$PbCrO_4$	2.8×10^{-13}
FeS	6.3×10^{-18}	PbC_2O_4	4.8×10^{-10}
Hg_2CO_3	8.9×10^{-17}	PbI_2	7.1×10^{-9}
$Hg_2(CN)_2$	5×10^{-40}	$Pb(N_3)_2$	2.5×10^{-9}
Hg_2Cl_2	1.3×10^{-18}	$Pb(OH)_2$	1.2×10^{-15}
Hg_2CrO_4	2.0×10^{-9}	$Pb(OH)_4$	3.2×10^{-66}
Hg_2I_2	4.5×10^{-29}	$Pb_3(PO_4)_2$	8.0×10^{-43}
$Hg_2(OH)_2$	2.0×10^{-24}	$PbSO_4$	1.6×10^{-8}
$Hg(OH)_2$	3.0×10^{-26}	PbS	8.0×10^{-28}
Hg_2SO_4	7.4×10^{-7}	$Pt(OH)_2$	1×10^{-35}
Hg_2S	1.0×10^{-47}	$Sn(OH)_2$	1.4×10^{-28}
HgS(红)	4×10^{-53}	$Sn(OH)_4$	1×10^{-56}
HgS(黑)	1.6×10^{-52}	SnS	1.0×10^{-25}
$K_2Na[Co(NO_2)_6]\cdot H_2O$	2.2×10^{-11}	$SrCO_3$	1.1×10^{-10}
$K_2[PtCl_6]$	1.1×10^{-5}	$SrC_2O_4\cdot H_2O$	1.6×10^{-7}
K_2SiF_6	8.7×10^{-7}	$SrCrO_4$	2.2×10^{-5}
Li_2CO_3	2.5×10^{-2}	$TlCl_4$	1.7×10^{-4}
LiF	3.8×10^{-3}	TlI	6.5×10^{-8}
Li_3PO_4	3.2×10^{-9}	$Tl(OH)_3$	6.3×10^{-46}
$MgCO_3$	3.5×10^{-8}	Tl_2S	5.0×10^{-21}
MgF_2	6.5×10^{-9}	$ZnCO_3$	1.4×10^{-11}
$Mg(OH)_2$	1.8×10^{-11}	$Zn(OH)_2$	1.2×10^{-17}
$Mg_3(PO_4)_2$	$10^{-27}\sim10^{-28}$	α-ZnS	1.6×10^{-24}
$MnCO_3$	1.8×10^{-11}	β-ZnS	2.5×10^{-22}

表3　标准电极电势(298.15K)

电极反应		$E^{\ominus}/V$
氧化型	还原型	
$Li + e^- \rightleftharpoons Li$		-3.045
$K^+ + e^- \rightleftharpoons K$		-2.925
$Rb^+ + e^- \rightleftharpoons Rb$		-2.925
$Cs^+ + e^- \rightleftharpoons Cs$		-2.923
$Ra^{2+} + 2e^- \rightleftharpoons Ra$		-2.92
$Ba^{2+} + 2e^- \rightleftharpoons Ba$		-2.90
$Sr^{2+} + 2e^- \rightleftharpoons Sr$		-2.89
$Ca^{2+} + 2e^- \rightleftharpoons Ca$		-2.87
$Na^+ + e^- \rightleftharpoons Na$		-2.714
$La^{3+} + 3e^- \rightleftharpoons La$		-2.52
$Mg^{2+} + 2e^- \rightleftharpoons Mg$		-2.37
$Sc^{3+} + 3e^- \rightleftharpoons Sc$		-2.08
$[AlF_6]^{3-} + 3e^- \rightleftharpoons Al + 6F^-$		-2.07
$Be^{2+} + 2e^- \rightleftharpoons Be$		-1.85
$Al^{3+} + 3e^- \rightleftharpoons Al$		-1.66
$Ti^{2+} + 2e^- \rightleftharpoons Ti$		-1.63
$Zr^{4+} + 4e^- \rightleftharpoons Zr$		-1.53
$[TiF_6]^{2-} + 4e^- \rightleftharpoons Ti + 6F^-$		-1.24
$[SiF_6]^{2-} + 4e^- \rightleftharpoons Si + 6F^-$		-1.2
$Mn^{2+} + 2e^- \rightleftharpoons Mn$		-1.18
* $SO_4^{2-} + H_2O + 2e^- \rightleftharpoons SO_3^{2-} + 2OH^-$		-0.93
$TiO^{2+} + 2H^+ + 4e^- \rightleftharpoons Ti + H_2O$		-0.89
* $Fe(OH)_2 + 2e^- \rightleftharpoons Fe + 2OH^-$		-0.887
$H_3BO_3 + 3H^+ + 3e^- \rightleftharpoons B + 3H_2O$		-0.87
$SiO_2(S) + 4H^+ + 4e^- \rightleftharpoons Si + 2H_2O$		-0.86

续表

电极反应 氧化型 ⇌ 还原型	$E^{\ominus}/V$
$Zn^{2+}+2e^{-} \rightleftharpoons Zn$	−0.763
$^{*}FeCO_3+2e^{-} \rightleftharpoons Fe+CO_3^{2-}$	−0.756
$Cr^{3+}+3e^{-} \rightleftharpoons Cr$	−0.74
$As+3H^{+}+3e^{-} \rightleftharpoons AsH_3$	−0.60
$^{*}2SO_3^{2-}+3H_2O+4e^{-} \rightleftharpoons S_2O_3^{2-}+6OH^{-}$	−0.58
$^{*}Fe(OH)_3+e^{-} \rightleftharpoons Fe(OH)_2+OH^{-}$	−0.56
$Ga^{3+}+3e^{-} \rightleftharpoons Ga$	−0.56
$Sb+3H^{+}+3e^{-} \rightleftharpoons SbH_3(g)$	−0.51
$H_3PO_2+H^{+}+e^{-} \rightleftharpoons P+2H_2O$	−0.51
$H_3PO_3+2H^{+}+2e^{-} \rightleftharpoons H_3PO_2+H_2O$	−0.50
$2CO_2+2H^{+}+2e^{-} \rightleftharpoons H_2C_2O_4$	−0.49
$^{*}S+2e^{-} \rightleftharpoons S^{2-}$	−0.48
$Fe^{2+}+2e^{-} \rightleftharpoons Fe$	−0.44
$Cr^{3+}+e^{-} \rightleftharpoons Cr^{2+}$	−0.41
$Cd^{2+}+2e^{-} \rightleftharpoons Cd$	−0.403
$Se+2H^{+}+2e^{-} \rightleftharpoons H_2Se$	−0.40
$Ti^{3+}+e^{-} \rightleftharpoons Ti^{2+}$	−0.37
$PbI_2+2e^{-} \rightleftharpoons Pb+2I^{-}$	−0.365
$^{*}Cu_2O+H_2O+2e^{-} \rightleftharpoons 2Cu+2OH^{-}$	−0.361
$PbSO_4+2e^{-} \rightleftharpoons Pb+SO_4^{2-}$	−0.3553
$In^{3+}+3e^{-} \rightleftharpoons In$	−0.342
$Tl^{+}+e^{-} \rightleftharpoons Tl$	−0.336
$^{*}Ag(CN)_2^{-}+e^{-} \rightleftharpoons Ag+2CN^{-}$	−0.31
$PtS+2H^{+}+2e^{-} \rightleftharpoons Pt+H_2S(g)$	−0.30
$PbBr_2+2e^{-} \rightleftharpoons Pb+2Br^{-}$	−0.280
$Co^{2+}+2e^{-} \rightleftharpoons Co$	−0.277

续表

电极反应		$E^{\ominus}$/V
氧化型	还原型	
$H_3PO_4+2H^++2e^- \rightleftharpoons$	$H_3PO_3+H_2O$	−0.276
$PbCl_2+2e^- \rightleftharpoons$	$Pb+2Cl^-$	−0.268
$V^{3+}+e^- \rightleftharpoons$	V^{2+}	−0.255
$VO_2^++4H^++5e^- \rightleftharpoons$	$V+2H_2O$	−0.253
$[SnF_6]^{2-}+4e^- \rightleftharpoons$	$Sn+6F^-$	−0.25
$Ni^{2+}+2e^- \rightleftharpoons$	Ni	−0.246
$N_2+5H^++4e^- \rightleftharpoons$	$N_2H_5^+$	−0.23
$Mo^{3+}+3e^- \rightleftharpoons$	Mo	−0.20
$CuI+e^- \rightleftharpoons$	$Cu+I^-$	−0.185
$AgI+e^- \rightleftharpoons$	$Ag+I^-$	−0.152
$Sn^{2+}+2e^- \rightleftharpoons$	Sn	−0.136
$Pb^{2+}+2e^- \rightleftharpoons$	Pb	−0.126
* $Cu(NH_3)_2^++e^- \rightleftharpoons$	$Cu+2NH_3$	−0.12
* $CrO_4^{2-}+2H_2O+3e^- \rightleftharpoons$	$CrO_2^-+4OH^-$	−0.12
$WO_3(Cr)+6H^++6e^- \rightleftharpoons$	$W+3H_2O$	−0.09
* $2Cu(OH)_2+2e^- \rightleftharpoons$	$Cu_2O+2OH^-+H_2O$	−0.08
* $MnO_2+H_2O+2e^- \rightleftharpoons$	$Mn(OH)_2+2OH^-$	−0.05
$[HgI_4]^{2-}+2e^- \rightleftharpoons$	$Hg+4I^-$	−0.039
* $AgCN+e^- \rightleftharpoons$	$Ag+CN^-$	−0.017
$2H^++2e^- \rightleftharpoons$	$H_2(g)$	−0.00
$[Ag(S_2O_3)_2]^{3-}+e^- \rightleftharpoons$	$Ag+2S_2O_3^{2-}$	0.01
* $NO_3^-+H_2O+2e^- \rightleftharpoons$	$NO_2^-+2OH^-$	0.01
$AgBr(s)+e^- \rightleftharpoons$	$Ag+Br^-$	0.071

续表

电极反应 氧化型	还原型	$E^{\ominus}$/V
$S_4O_6^{2-}+2e^- \rightleftharpoons 2S_2O_3^{2-}$		0.08
*$[Co(NH_3)_6]^{3+}+e^- \rightleftharpoons [Co(NH_3)_6]^{2+}$		0.1
$TiO^{2+}+2H^++e^- \rightleftharpoons Ti^{3+}+H_2O$		0.10
$S+2H^++2e^- \rightleftharpoons H_2S(aq)$		0.141
$Sn^{4+}+2e^- \rightleftharpoons Sn^{2+}$		0.154
$Cu^{2+}+e^- \rightleftharpoons Cu^+$		0.159
$SO_4^{2-}+4H^++3e^- \rightleftharpoons H_2SO_3+H_2O$		0.17
$[HgBr_4]^{2-}+2e^- \rightleftharpoons Hg+4Br^-$		0.21
$AgCl(s)+e^- \rightleftharpoons Ag+Cl^-$		0.2223
*$PbO_2+H_2O+2e^- \rightleftharpoons PbO+2OH^-$		0.247
$HAsO_2+3H^++3e^- \rightleftharpoons As+2H_2O$		0.248
$Hg_2Cl_2(s)+2e^- \rightleftharpoons 2Hg+2Cl^-$		0.268
$BiO^++2H^++3e^- \rightleftharpoons Bi+H_2O$		0.32
$Cu^{2+}+2e^- \rightleftharpoons Cu$		0.337
*$Ag_2O+H_2O+2e^- \rightleftharpoons 2Ag+2OH^-$		0.342
$[Fe(CN)_6]^{3-}+e^- \rightleftharpoons [Fe(CN)_6]^{4-}$		0.36
*$ClO_4^-+H_2O+2e^- \rightleftharpoons ClO_3^-+2OH^-$		0.36
*$[Ag(NH_3)_2]^++e^- \rightleftharpoons Ag+2NH_3$		0.373
$2H_2SO_3+2H_2O+4e^- \rightleftharpoons S_2O_3^{2-}+2OH^-+3H_2O$		0.40
*$O_2+2H_2O+4e^- \rightleftharpoons 4OH^-$		0.401
$Ag_2CrO_4+2e^- \rightleftharpoons 2Ag+CrO_4^{2-}$		0.447
$H_2SO_3+4H^++4e^- \rightleftharpoons S+3H_2O$		0.45
$Cu^++e^- \rightleftharpoons Cu$		0.52
$TeO_2(s)+4H^++4e^- \rightleftharpoons Te+2H_2O$		0.529

续表

电极反应		$E^{\ominus}/V$
氧化型	还原型	
$I_2(s)+2e^- \rightleftharpoons 2I^-$		0.5345
$H_3AsO_4+4H^++4e^- \rightleftharpoons H_3AsO_3+H_2O$		0.560
$MnO_4^-+e^- \rightleftharpoons MnO_4^{2-}$		0.564
* $MnO_4^-+2H_2O+3e^- \rightleftharpoons MnO_2+4OH^-$		0.588
* $MnO_4^{2-}+2H_2O+2e^- \rightleftharpoons MnO_2+4OH^-$		0.60
* $BrO_3^-+3H_2O+6e^- \rightleftharpoons Br^-+6OH^-$		0.61
$2HgCl_2+2e^- \rightleftharpoons Hg_2Cl_2(s)+2Cl^-$		0.63
* $ClO_2^-+H_2O+2e^- \rightleftharpoons ClO^-+2OH^-$		0.66
$O_2(g)+2H^++2e^- \rightleftharpoons H_2O_2(aq)$		0.682
$[PtCl_4]^{2-}+2e^- \rightleftharpoons Pt+4Cl^-$		0.73
$Fe^{3+}+e^- \rightleftharpoons Fe^{2+}$		0.771
$Hg_2^{2+}+2e^- \rightleftharpoons 2Hg$		0.793
$Ag^++e^- \rightleftharpoons Ag$		0.799
$NO_3^-+2H^++e^- \rightleftharpoons NO_2+H_2O$		0.80
* $HO_2^-+H_2O+2e^- \rightleftharpoons 3OH^-$		0.88
* $ClO^-+H_2O+2e^- \rightleftharpoons Cl^-+2OH^-$		0.89
$2Hg^{2+}+2e^- \rightleftharpoons Hg_2^{2+}$		0.920
$NO_3^-+3H^++2e^- \rightleftharpoons HNO_2+H_2O$		0.94
$NO_3^-+4H^++3e^- \rightleftharpoons NO+2H_2O$		0.96
$HNO_2+H^++e^- \rightleftharpoons NO+H_2O$		1.00
$NO_2+2H^++2e^- \rightleftharpoons NO+H_2O$		1.03
$Br_2(l)+2e^- \rightleftharpoons 2Br^-$		1.065

续表

电极反应		$E^{\ominus}/V$
氧化型	还原型	
$NO_2 + H^+ + e^- \rightleftharpoons HNO_2$		1.07
$Cu^{2+} + 2CN^- + e^- \rightleftharpoons Cu(CN)_2^-$		1.12
$ClO_2 + e^- \rightleftharpoons ClO_2^-$		1.16
$ClO_4^- + 2H^+ + 2e^- \rightleftharpoons ClO_3^- + H_2O$		1.19
$2IO_3^- + 12H^+ + 10e^- \rightleftharpoons I_2 + 6H_2O$		1.20
$ClO_3^- + 3H^+ + 2e^- \rightleftharpoons HClO_2 + H_2O$		1.21
$O_2 + 4H^+ + 4e^- \rightleftharpoons 2H_2O(l)$		1.229
$MnO_2 + 4H^+ + 2e^- \rightleftharpoons Mn^{2+} + 2H_2O$		1.23
* $O_3 + H_2O + 2e^- \rightleftharpoons O_2 + 2OH^-$		1.24
$ClO_2 + H^+ + e^- \rightleftharpoons HClO_2$		1.275
$2HNO_2 + 4H^+ + 4e^- \rightleftharpoons N_2O + 3H_2O$		1.29
$Cr_2O_7^{2-} + 14H^+ + 6e^- \rightleftharpoons 2Cr^{3+} + 7H_2O$		1.33
$Cl_2 + 2e^- \rightleftharpoons 2Cl^-$		1.36
$2HIO + 2H^+ + 2e^- \rightleftharpoons I_2 + 2H_2O$		1.45
$PbO_2 + 4H^+ + 2e^- \rightleftharpoons Pb^{2+} + 2H_2O$		1.455
$Au^{3+} + 3e^- \rightleftharpoons Au$		1.50
$Mn^{3+} + e^- \rightleftharpoons Mn^{2+}$		1.51
$MnO_4^- + 8H^+ + 5e^- \rightleftharpoons Mn^{2+} + 4H_2O$		1.51
$2BrO_3^- + 12H^+ + 10e^- \rightleftharpoons Br_2(l) + 6H_2O$		1.52
$2HBrO + 2H^+ + 2e^- \rightleftharpoons Br_2(l) + 2H_2O$		1.59
$H_5IO_6 + H^+ + 2e^- \rightleftharpoons IO_3^- + 3H_2O$		1.60
$2HClO + 2H^+ + 2e^- \rightleftharpoons Cl_2 + H_2O$		1.63
$HClO_2 + 2H^+ + 2e^- \rightleftharpoons HClO + H_2O$		1.64
$Au^+ + e^- \rightleftharpoons Au$		1.68

续表

电极反应（氧化型 ⇌ 还原型）	$E^{\ominus}/V$
$NiO_2+4H^++2e^- \rightleftharpoons Ni^{2+}+2H_2O$	1.68
$MnO_4^-+4H^++3e^- \rightleftharpoons MnO_2+2H_2O$	1.695
$H_2O_2+2H^++2e^- \rightleftharpoons 2H_2O$	1.77
$Co^{3+}+e^- \rightleftharpoons Co^{2+}$	1.84
$Ag^{2+}+e^- \rightleftharpoons Ag^+$	1.98
$S_2O_8^{2-}+2e^- \rightleftharpoons 2SO_4^{2-}$	2.01
$O_3+2H^++2e^- \rightleftharpoons O_2+H_2O$	2.07
$F_2+2e^- \rightleftharpoons 2F^-$	2.87
$F_2+2H^++2e^- \rightleftharpoons 2HF$	3.06

注：本表中凡前面有＊符号的电极反应是在碱性溶液中进行，其余都在酸性溶液中进行。

表 4　配离子的稳定常数(298.15K)

化学式	稳定常数 β	lgβ	化学式	稳定常数 β	lgβ
＊$[AgCl_2]^-$	1.1×10^5	5.04	＊$[Cu(en)_2]^{2+}$	1.0×10^{20}	20.00
＊$[AgI_2]^-$	5.5×10^{11}	11.74	$[Cu(NH_3)_2]^+$	7.4×10^{10}	10.87
$[Ag(CN)_2]^-$	5.6×10^{18}	18.74	$[Cu(NH_3)_4]^{2+}$	4.3×10^{13}	13.63
$[Ag(NH_3)_2]^+$	1.7×10^7	7.23	$[Fe(C_2O_4)_3]^{3-}$	1×10^{20}	20
$[Ag(S_2O_3)_2]^{3-}$	1.7×10^{13}	13.22	$[FeF_6]^{3-}$	$\sim2\times10^{15}$	～15.3
$[AlF_6]^{3-}$	6.9×10^{19}	19.84	$[Fe(CN)_6]^{4-}$	1×10^{35}	35
$[AuCl_4]^-$	2×10^{21}	21.3	$[Fe(CN)_6]^{3-}$	1×10^{42}	42
$[Au(CN)_2]^-$	2.0×10^{38}	38.3	$[Fe(NCS)_6]^{3-}$	1.3×10^9	9.10
$[CdI_4]^{2-}$	2×10^6	6.3	$[HgCl_4]^{2-}$	9.1×10^{15}	15.96
$[Cd(CN)_4]^{2-}$	7.1×10^{18}	18.85	$[HgI_4]^{2-}$	1.9×10^{30}	30.28
$[Cd(NH_3)_4]^{2+}$	1.3×10^7	7.12	$[Hg(CN)_4]^{2-}$	2.5×10^{41}	41.40
＊$[Co(NCS)_4]^{2-}$	1.0×10^3	3.00	$[Hg(NH_3)_4]^{2+}$	1.9×10^{19}	19.28
$[Co(NH_3)_6]^{2+}$	8.0×10^4	4.90	$[Hg(SCN)_4]^{2-}$	2×10^{19}	19.3
$[Co(NH_3)_6]^{3+}$	4.6×10^{33}	33.66	$[Ni(CN)_4]^{2-}$	1×10^{22}	22
＊$[CuCl_2]^-$	3.2×10^5	5.50	＊$[Ni(en)_3]^{2+}$	2.1×10^{18}	18.33
$[Cu(Br)_2]^-$	7.8×10^5	5.89	$[Ni(NH_3)_6]^{2+}$	5.6×10^8	8.74
$[CuI_2]^-$	7.1×10^8	8.85	$[Zn(CN)_4]^{2-}$	7.8×10^{16}	16.89
$[Cu(CN)_2]^-$	1×10^{16}	16.0	$[Zn(en)_2]^{2+}$	6.8×10^{10}	10.83
$[Cu(CN)_4]^{3-}$	1.0×10^{30}	30.00	$[Zn(NH_3)_4]^{2+}$	2.9×10^9	9.47

注：本表标有＊的引自 J. A. Deam，“Lange's Handbook of Chemistry”，其余引自 W. M. Atimer，Oxidation Potentials。

表5 工业常用气瓶的标志①

气 体	气瓶外壳颜色	字 样	字样颜色
H_2	深绿	氢	红
O_2	天蓝	氧	黑
N_2	黑	氮	黄
He	灰	氦	绿
Cl_2	草绿	液氯	白
CO_2	铅白	液化二氧化碳	黑
SO_2	灰	液化二氧化硫	黑
NH_3	黄	液氨	黑
H_2S	白	液化硫化氢	红
HCl	灰	液化氯化氢	黑

①摘自中华人民共和国劳动总局颁发《气瓶安全监察规程》(1979)。

表6 常用的干燥剂

(1) 普通干燥器内常用的干燥剂

干 燥 剂	吸 收 的 溶 剂
CaO	水、醋酸
$CaCl_2$(无色)	水、醇
硅胶	水
NaOH	水、醇、酚、醋酸、氯化氢
H_2SO_4	水、醇、醋酸
P_2O_5(P_4O_{10})	水、醇
石蜡刨片或橄榄油	醇、醚、石油醚、苯、甲苯、氯仿、四氯化碳

(2) 干燥剂干燥后空气中的水的质量浓度 ρH_2O

干燥剂	水的质量浓度 ρH_2O $g \cdot m^{-3}$	干燥剂	水的质量浓度 ρH_2O $g \cdot m^{-3}$
P_2O_5(P_4O_{10})	2×10^{-5}	硅胶	0.03
$Mg(ClO_4)_2$	0.0005	$CaBr_2$	0.14
BaO	0.00065	NaOH(熔融)	0.16
$Mg(ClO_4)_2 \cdot 3H_2O$	0.002	CaO	0.2
KOH(熔融)	0.002	H_2SO_4(95.1%)	0.3
H_2SO_4(100%)	0.003	$CaCl_2$(熔融)	0.36
Al_2O_3	0.003	$ZnCl_2$	0.85
$CaSO_4$	0.004	$ZnBr_2$	1.16
MgO	0.008	$CuSO_4$	1.4

表 7　常用的制冷剂

(1) 盐-水制冷剂的制冷温度(15℃下指定量的盐和 100g 水混合)

盐	最低温度 T/℃	混　合　盐	最低温度 T/℃
100g KCNS	−24	113g KCNS+5g NH_4NO_3	−32.4
133g NH_4SCN	−16	59g NH_4SCN+32g NH_4NO_3	−30.6
100g NH_4NO_3	−12	57g NH_4SCN+57g $NaNO_3$	−29.8
250g $CaCl_2$	−8	56g NH_4NO_3+55g $NaNO_3$	−23.8
30g NH_4Cl	−3	18g NH_4Cl+43g $NaNO_3$	−22.4
30g KCl	2	26g NH_4Cl+14g KNO_3	−17.8
30g $(NH_4)_2CO_3$	3	98g NH_4SCN+22g KNO_3	−13.8
16g KNO_3	5	88g NH_4NO_3+63g $NaNO_3$	−10.8
40g Na_2CO_3	6	32g NH_4Cl+21g KNO_3	−3.9
20g $Na_2SO_4 \cdot 10H_2O$	8	26g NH_4Cl+57g KNO_3	−1.6

(2) 盐-冰制冷剂的制冷温度(15℃下指定量的盐和 100g 雪或碎冰混合)

盐	最低温度 T/℃	混　合　盐	最低温度 T/℃
51g $ZnCl_2$	−62	39.5g NH_4SCN+54.5g $NaNO_3$	−37.4
29.8g $CaCl_2$	−55	2g KNO_3+112g KCNS	−34.1
36g $CuCl_2$	−40	13g NH_4Cl+38g KNO_3	−31
39.5g K_2CO_3	−36.5	32g NH_4NO_3+59g NH_4SCN	−30.6
26.1g Mg Cl_2	−33.6	9g KNO_3+67g NH_4SCN	−28.2
39.4g $Zn(NO_3)_2$	−29	52g NH_4NO_3+55g $NaNO_3$	−25.8
23.3g NaCl	−21.3	9g KNO_3+67g NH_4SCN	−25
23.2g $(NH_4)_2SO_4$	−19.05	12g NH_4Cl+50.5g $(NH_4)_2SO_4$	−22.5
18.6g NH_4Cl	−15.8	18.8g NH_4Cl+44g NH_4NO_3	−22.1
19.75g KCl	−11.1	26g NH_4Cl+13.5g KNO_3	−17.8

表 8　不同浓度的 KCl 溶液在不同温度下的电导率 κ 值

KCl 浓度/(mol/L)	电导率 κ/(S/m)		
	0℃	18℃	25℃
1	6.5431	9.8202	11.173
0.1	0.7154	1.1192	1.2886
0.01	0.07751	0.1227	0.1411

参 考 文 献

[1] 高职高专化学教材编写组．无机化学．第3版．北京：高等教育出版社，2008.
[2] 高职高专化学教材编写组．无机化学实验．第3版．北京：高等教育出版社，2008.
[3] 吴秀玲，李勇．无机化学．北京：化学工业出版社，2011.
[4] 高琳．基础化学．第2版．北京：高等教育出版社，2012
[5] 王英健．无机与分析化学．北京：化学工业出版社，2010.
[6] 索陇宁．化学实验技术．北京：高等教育出版社，2006.
[7] 高职高专化学教材编写组．物理化学．北京：高等教育出版社，2008.
[8] 叶芬霞．无机及分析化学．北京：高等教育出版社，2004.
[9] 中国石油大学无机化学教研室．普通化学．东营：中国石油大学出版社，2006.
[10] 丁敬敏主编．化学实验技术（I）．北京：化学工业出版社，2002.
[11] 王建梅，刘晓薇主编．化学实验基础．第2版．北京：化学工业出版社，2007.
[12] 陈建华，马春玉主编．无机化学．北京：科学出版社，2009.
[13] 丁敬敏主编．化学实验技术（上、下册）．北京：化学工业出版社，2008.
[14] 姜洪文，王英健主编．化工分析．北京：化学工业出版社，2008.
[15] 大连理工大学无机化学教研室．无机化学．第3版．北京：高等教育出版社，1990.
[16] 张淑民编著，吴集贵，王流芳修订．基础无机化学．第2版．兰州：兰州大学出版社，1995.
[17] 天津大学无机化学教研室．无机化学．第3版．北京：高等教育出版社，2002.

元素周期表

IUPAC 2013

95	原子序数
Am	元素符号(红色的为放射性元素)
镅▲	元素名称(注▲的为人造元素)
$5f^77s^2$	价层电子构型
243.06138(2)✦	以 ^{12}C=12为基准的原子量(注✦的是半衰期最长同位素的原子量)
+2 +3 +4 +5 +6	氧化态(单质的氧化态为0，未列入；常见的为红色)

s区元素　p区元素　d区元素　ds区元素　f区元素　稀有气体

族 / 周期	1 IA	2 IIA	3 IIIB	4 IVB	5 VB	6 VIB	7 VIIB	8 VIIIB(VIII)	9 VIIIB(VIII)	10 VIIIB(VIII)	11 IB	12 IIB	13 IIIA	14 IVA	15 VA	16 VIA	17 VIIA	18 VIIIA(0)	电子层
1	−1 +1 1 H 氢 $1s^1$ 1.008																	2 He 氦 $1s^2$ 4.002602(2)	K
2	+1 3 Li 锂 $2s^1$ 6.94	+2 4 Be 铍 $2s^2$ 9.0121831(5)											+3 5 B 硼 $2s^22p^1$ 10.81	−4 +2 +4 6 C 碳 $2s^22p^2$ 12.011	−3 −2 −1 +1 +2 +3 +4 +5 7 N 氮 $2s^22p^3$ 14.007	−2 −1 8 O 氧 $2s^22p^4$ 15.999	−1 9 F 氟 $2s^22p^5$ 18.998403163(6)	10 Ne 氖 $2s^22p^6$ 20.1797(6)	L K
3	−1 +1 11 Na 钠 $3s^1$ 22.98976928(2)	+2 12 Mg 镁 $3s^2$ 24.305											+3 13 Al 铝 $3s^23p^1$ 26.9815385(7)	−4 +2 +4 14 Si 硅 $3s^23p^2$ 28.085	−3 +1 +3 +5 15 P 磷 $3s^23p^3$ 30.973761998(5)	−2 +2 +4 +6 16 S 硫 $3s^23p^4$ 32.06	−1 +1 +3 +5 +7 17 Cl 氯 $3s^23p^5$ 35.45	18 Ar 氩 $3s^23p^6$ 39.948(1)	M L K
4	−1 +1 19 K 钾 $4s^1$ 39.0983(1)	+2 20 Ca 钙 $4s^2$ 40.078(4)	+3 21 Sc 钪 $3d^14s^2$ 44.955908(5)	−1 0 +2 +3 +4 22 Ti 钛 $3d^24s^2$ 47.867(1)	0 ±1 +2 +3 +4 +5 23 V 钒 $3d^34s^2$ 50.9415(1)	−3 0 ±1 +2 +3 +4 +5 +6 24 Cr 铬 $3d^54s^1$ 51.9961(6)	−2 0 ±1 +2 +3 +4 +5 +6 +7 25 Mn 锰 $3d^54s^2$ 54.938044(3)	−2 0 ±1 +2 +3 +4 +5 +6 26 Fe 铁 $3d^64s^2$ 55.845(2)	0 ±1 +2 +3 +4 +5 27 Co 钴 $3d^74s^2$ 58.933194(4)	0 ±1 +2 +3 +4 28 Ni 镍 $3d^84s^2$ 58.6934(4)	+1 +2 +3 +4 29 Cu 铜 $3d^{10}4s^1$ 63.546(3)	+1 +2 30 Zn 锌 $3d^{10}4s^2$ 65.38(2)	+1 +3 31 Ga 镓 $4s^24p^1$ 69.723(1)	+2 +4 32 Ge 锗 $4s^24p^2$ 72.630(8)	−3 +3 +5 33 As 砷 $4s^24p^3$ 74.921595(6)	−2 +2 +4 +6 34 Se 硒 $4s^24p^4$ 78.971(8)	−1 +1 +3 +5 +7 35 Br 溴 $4s^24p^5$ 79.904	+2 +4 36 Kr 氪 $4s^24p^6$ 83.798(2)	N M L K
5	−1 +1 37 Rb 铷 $5s^1$ 85.4678(3)	+2 38 Sr 锶 $5s^2$ 87.62(1)	+3 39 Y 钇 $4d^15s^2$ 88.90584(2)	+1 +2 +3 +4 40 Zr 锆 $4d^25s^2$ 91.224(2)	0 ±1 +2 +3 +4 +5 41 Nb 铌 $4d^45s^1$ 92.90637(2)	0 ±1 ±2 +3 +4 +5 +6 42 Mo 钼 $4d^55s^1$ 95.95(1)	0 ±1 +2 +3 +4 +5 +6 +7 43 Tc 锝▲ $4d^55s^2$ 97.90721(3)✦	0 +1 +2 +3 +4 +5 +6 +7 +8 44 Ru 钌 $4d^75s^1$ 101.07(2)	0 +1 +2 +3 +4 +5 +6 45 Rh 铑 $4d^85s^1$ 102.90550(2)	0 +1 +2 +3 +4 46 Pd 钯 $4d^{10}$ 106.42(1)	+1 +2 +3 47 Ag 银 $4d^{10}5s^1$ 107.8682(2)	+1 +2 48 Cd 镉 $4d^{10}5s^2$ 112.414(4)	+1 +3 49 In 铟 $5s^25p^1$ 114.818(1)	+2 +4 50 Sn 锡 $5s^25p^2$ 118.710(7)	−3 +3 +5 51 Sb 锑 $5s^25p^3$ 121.760(1)	−2 +2 +4 +6 52 Te 碲 $5s^25p^4$ 127.60(3)	−1 +1 +3 +5 +7 53 I 碘 $5s^25p^5$ 126.90447(3)	+2 +4 +6 +8 54 Xe 氙 $5s^25p^6$ 131.293(6)	O N M L K
6	−1 +1 55 Cs 铯 $6s^1$ 132.90545196(6)	+2 56 Ba 钡 $6s^2$ 137.327(7)	57~71 La~Lu 镧系	+1 +2 +3 +4 72 Hf 铪 $5d^26s^2$ 178.49(2)	0 ±1 +2 +3 +4 +5 73 Ta 钽 $5d^36s^2$ 180.94788(2)	0 ±1 ±2 +3 +4 +5 +6 74 W 钨 $5d^46s^2$ 183.84(1)	0 ±1 +2 +3 +4 +5 +6 +7 75 Re 铼 $5d^56s^2$ 186.207(1)	0 +1 +2 +3 +4 +5 +6 +7 +8 76 Os 锇 $5d^66s^2$ 190.23(3)	0 +1 +2 +3 +4 +5 +6 77 Ir 铱 $5d^76s^2$ 192.217(3)	0 +2 +3 +4 +5 +6 78 Pt 铂 $5d^96s^1$ 195.084(9)	+1 +2 +3 +5 79 Au 金 $5d^{10}6s^1$ 196.966569(5)	+1 +2 +3 80 Hg 汞 $5d^{10}6s^2$ 200.592(3)	+1 +3 81 Tl 铊 $6s^26p^1$ 204.38	+2 +4 82 Pb 铅 $6s^26p^2$ 207.2(1)	−3 +3 +5 83 Bi 铋 $6s^26p^3$ 208.98040(1)	−2 +2 +4 +6 84 Po 钋 $6s^26p^4$ 208.98243(2)✦	±1 +5 +7 85 At 砹 $6s^26p^5$ 209.98715(5)✦	+2 86 Rn 氡 $6s^26p^6$ 222.01758(2)✦	P O N M L K
7	+1 87 Fr 钫▲ $7s^1$ 223.01974(2)✦	+2 88 Ra 镭 $7s^2$ 226.02541(2)✦	89~103 Ac~Lr 锕系	104 Rf 𬬻▲ $6d^27s^2$ 267.122(4)✦	105 Db 𬭊▲ $6d^37s^2$ 270.131(4)✦	106 Sg 𬭳▲ $6d^47s^2$ 269.129(3)✦	107 Bh 𬭛▲ $6d^57s^2$ 270.133(2)✦	108 Hs 𬭶▲ $6d^67s^2$ 270.134(2)✦	109 Mt 鿏▲ $6d^77s^2$ 278.156(5)✦	110 Ds 𫟼▲ 281.165(4)✦	111 Rg 𬬭▲ 281.166(6)✦	112 Cn 鿔▲ 285.177(4)✦	113 Nh 鿭▲ 286.182(5)✦	114 Fl 𫓧▲ 289.190(4)✦	115 Mc 镆▲ 289.194(6)✦	116 Lv 𫟷▲ 293.204(4)✦	117 Ts 鿬▲ 293.208(6)✦	118 Og 鿫▲ 294.214(5)✦	Q P O N M L K

系															
★ 镧系	+3 57 La★ 镧 $5d^16s^2$ 138.90547(7)	+2 +3 +4 58 Ce 铈 $4f^15d^16s^2$ 140.116(1)	+3 +4 59 Pr 镨 $4f^36s^2$ 140.90766(2)	+2 +3 +4 60 Nd 钕 $4f^46s^2$ 144.242(3)	+3 61 Pm 钷▲ $4f^56s^2$ 144.91276(2)✦	+2 +3 62 Sm 钐 $4f^66s^2$ 150.36(2)	+2 +3 63 Eu 铕 $4f^76s^2$ 151.964(1)	+3 64 Gd 钆 $4f^75d^16s^2$ 157.25(3)	+3 +4 65 Tb 铽 $4f^96s^2$ 158.92535(2)	+3 +4 66 Dy 镝 $4f^{10}6s^2$ 162.500(1)	+3 67 Ho 钬 $4f^{11}6s^2$ 164.93033(2)	+3 68 Er 铒 $4f^{12}6s^2$ 167.259(3)	+2 +3 69 Tm 铥 $4f^{13}6s^2$ 168.93422(2)	+2 +3 70 Yb 镱 $4f^{14}6s^2$ 173.045(10)	+3 71 Lu 镥 $4f^{14}5d^16s^2$ 174.9668(1)
★ 锕系	+3 89 Ac★ 锕 $6d^17s^2$ 227.02775(2)✦	+3 +4 90 Th 钍 $6d^27s^2$ 232.0377(4)	+3 +4 +5 91 Pa 镤 $5f^26d^17s^2$ 231.03588(2)	+2 +3 +4 +5 +6 92 U 铀 $5f^36d^17s^2$ 238.02891(3)	+3 +4 +5 +6 +7 93 Np 镎 $5f^46d^17s^2$ 237.04817(2)✦	+3 +4 +5 +6 +7 94 Pu 钚 $5f^67s^2$ 244.06421(4)✦	+2 +3 +4 +5 +6 95 Am 镅▲ $5f^77s^2$ 243.06138(2)✦	+3 +4 96 Cm 锔▲ $5f^76d^17s^2$ 247.07035(3)✦	+3 +4 97 Bk 锫▲ $5f^97s^2$ 247.07031(4)✦	+2 +3 +4 98 Cf 锎▲ $5f^{10}7s^2$ 251.07959(3)✦	+2 +3 99 Es 锿▲ $5f^{11}7s^2$ 252.0830(3)✦	+2 +3 100 Fm 镄▲ $5f^{12}7s^2$ 257.09511(5)✦	+2 +3 101 Md 钔▲ $5f^{13}7s^2$ 258.09843(3)✦	+2 +3 102 No 锘▲ $5f^{14}7s^2$ 259.1010(7)✦	+3 103 Lr 铹▲ $5f^{14}6d^17s^2$ 262.110(2)✦